纳米纤维素功能应用

李 坚 刘一星 审

于海鹏 李 勍 陈文帅 等 著

科学出版社

北 京

内 容 简 介

本书结合纳米纤维素功能应用的发展问题,以作者课题组多年来通过多项研究所取得的成果为材料进行撰稿,力争拓展读者对纳米纤维素这一新兴材料功能应用潜力的了解。本书主要介绍纳米纤维素在柔性光透明膜材料、导电复合材料、超级电容器电极材料、电流变液材料、载药缓释材料、皮肤护理及修复材料、生物组织工程材料、脂肪替代品等方面的应用,从而促进纳米纤维素相关知识的传播。这些内容较前沿,具有较高的学术价值和参考意义。

本书可供生物质材料、木材科学、林产化学加工工程、高分子科学、复合材料科学、纳米材料技术等领域研究院所的科研人员、工程技术人员学习和参考。

图书在版编目(CIP)数据

纳米纤维素功能应用 / 于海鹏等著. —北京:科学出版社,2020.6
ISBN 978-7-03-065329-1

Ⅰ.①纳… Ⅱ.①于… Ⅲ.①纳米材料－纤维素－研究 Ⅳ.①TB383

中国版本图书馆 CIP 数据核字(2020)第 091109 号

责任编辑:贾 超 孙静惠 / 责任校对:杜子昂
责任印制:吴兆东 / 封面设计:东方人华

科 学 出 版 社 出版
北京东黄城根北街 16 号
邮政编码:100717
http://www.sciencep.com
北京九州迅驰传媒文化有限公司 印刷
科学出版社发行 各地新华书店经销
*
2020 年 6 月第 一 版 开本:720×1000 1/16
2020 年 6 月第一次印刷 印张:19 1/2
字数:370 000
定价:98.00 元
(如有印装质量问题,我社负责调换)

本书作者

（按姓氏笔画排序）

于海鹏　　王宇舒　　卢天鸿　　江海华

刘永壮　　孙　璐　　李　勍　　李晓贺

张　奇　　陈　鹏　　陈文帅　　范娟娟

高佳丽　　郭晓宇　　康雨宁　　谭　瑶

前　言

当前，倡导对可再生的生物质资源高效利用和高附加值转化的呼声日益高涨，其在政策层面和技术层面都成为热点，吸引了各国政府、大学、研究机构以及企业的高度重视。伴随着生物精炼主题的发展，对低质或废弃木质资源通过生物精炼制备出高附加值的生物质材料并开发功能性纳米复合材料是当前国际关注的热点，美国、加拿大、日本等发达国家纷纷展开结构调整和产业布局。

纳米纤维素是由植物生物质细胞壁原料通过可控的化学、物理或生物方法制备的一种直径在几纳米、长度为几十纳米至几微米的棒状、须状或纤丝状纤维素，通常具有纯度高、结晶度高、杨氏模量高、热膨胀系数低和热稳定性好等优点，同时具有生物质材料的密度低、可加工、可降解、生物相容及可再生特性，能够大幅度提高生物质的利用价值和产品效益。我国农林生物质的资源量十分巨大，应用空间和市场潜力广阔。以木质资源的绿色高效处理技术及功能化利用为目标，开发彰显纳米纤维素高附加值特性和功能性应用技术的产品原型，符合《国家中长期科学和技术发展规划纲要（2006—2020年）》的"农林生物质综合开发利用"优先主题，属于"战略性新兴产业"发展的重要支撑技术和培育性科研工作，具有积极意义。

纳米纤维素作为新兴发展起来的一个研究方向，是近年来国内外的研究热点。一方面，纳米纤维素的制备和产品形式日益丰富，规模化制备取得显著进展，能耗和成本正在明显降低；另一方面，许多学者正在进行一些非常有前途的技术研究和产品应用，如开发纳米纤维素增强高分子材料、高性能纳米纸、化妆品、食品、药品、包装材料、生物组织工程支架等。基于生物质资源制备纳米纤维素的功能应用技术研究已成为时代发展的需求，将有助于带动农林生物质资源的高性能、功能化和高附加值利用，大幅度提高生物质的利用价值和产品效益，引领生物质材料战略性新兴产业增长点的形成，充分推动此方面的发展。

作者所在课题组有幸进入纳米纤维素的研究领域并开展了多年的研究。本书将以本课题组的研究积累为主体，介绍高长径比纳米纤维素在改性水性高分子涂料、电流变液材料、分离/过滤材料、除湿干燥材料、载药缓释材料、脂肪替代品、皮肤护理及修复材料、生物组织工程材料、导电复合材料、柔性光透明膜材料、超级电容器电极材料等方面的功能应用。我们真诚地将这本书奉献给大家，希望能起到抛砖引玉的作用，帮助大家深入了解纳米纤维素这种新型材料，促进纳米纤维素相关知识的传播和更多功能应用的发展，推动纳米纤维素相关技术进步，提升我国在该领域的科技创新水平和国际竞争力。然而，受限于篇幅和结构，我们只能通过本书介绍自身对纳米纤维素功能应用的一隅之见和些许研究工作，无法全面反映国际此领域的创新思想和优秀研究成果，在此诚恳说明并真切抱歉。

　　　　本书所列研究内容，得到了国家自然科学基金（31622016、31670583）和黑龙江省自然科学基金（JC2016002）等的资助。本书的顺利出版，得益于研究过程中李坚院士、刘一星教授、王清文教授和刘守新教授的鼎力支持，在此向他们致以衷心的感谢！

　　　　鉴于作者的水平有限，疏漏之处在所难免，恳切希望得到各方面的及时批评和宝贵意见。

2020 年 3 月

目　　录

第 1 章　绪　　论

纳米纤维素（NFC）是一种主要源于高等植物的天然高分子纳米纤维材料。在过去的近二十年时间里，关于纳米纤维素的研究已成为材料、林业、造纸、化学、化工、能源等学科领域的热点[1-5]。相对于木纤维或纸浆纤维，纳米纤维素具有高比表面积和高结晶度等特点。相对于碳纳米管、石墨烯等纳米材料，纳米纤维素具有原料可再生、原料丰富、易加工制备、尺寸精细等特点。此外，相比于传统的聚合物材料，纳米纤维素还具有高热稳定性、低热膨胀系数等优点。因此，已有许多研究聚焦于开发纳米纤维素材料的结构和性能，使其成为一种非常有前景的生物基纳米新材料。

1.1　生物质材料中的纳米纤维素

纳米纤维素主要存在于生物质材料的细胞壁中，木材[6-8]、竹材[9, 10]、农作物秸秆[11, 12]等可再生生物质资源的细胞壁均由高长径比的纳米纤维素支撑构筑而成。此外，纳米纤维素还存在于被囊动物（tunicate）的体内，也可通过微生物发酵方法制备纳米纤维素（通常称为细菌纤维素）。以木材为例，木材源于树木，树木本身是一种具有多级尺度、多层级结构的生物体（图 1-1）[13]。在微观尺度下，树木是由细胞组成，其实体为细胞壁。在细胞壁中，微纤丝（10～30nm）是最主要的构筑单元，根据微纤丝排列方式和角度的不同将细胞壁主要分为初生壁、次生壁 S_1 层、次生壁 S_2 层和次生壁 S_3 层。在细胞壁内部，微纤丝主要镶嵌于半纤维素和木质素之中（图 1-2）[14]。在细小的微纤丝内部，同样存在着复杂的基元系统（图 1-3）[1]。微纤丝主要由直径为 2～5nm 的基元纤丝平行排列构筑而成，而基元纤丝间填充着厚度极薄的单分子层半纤维素。基元纤丝内部由几十条纤维素分子链平行聚集而成。每个纤维素分子链的葡萄糖环上拥有 3 个羟基，当羟基间的距离足够近时，就会形成氢键（图 1-4）[1]，因此纳米纤维素内部形成了许多的氢键，纤维素分子链的高度有序排列的氢键构成纳米纤维素内部的结晶区，赋予纤维素晶体特征。微纤丝和基元纤丝的宽度达到了纳米尺寸，因此可称为树木内部的纳米纤维素。

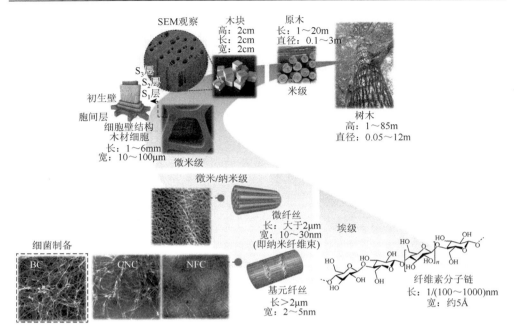

图 1-1　树木的层级结构[13]

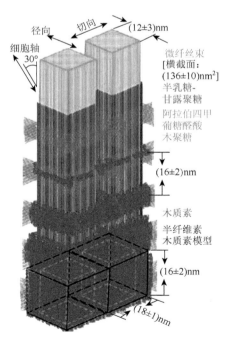

图 1-2　细胞壁中纤维素、半纤维素、木质素间相互关系的简化示意图[14]

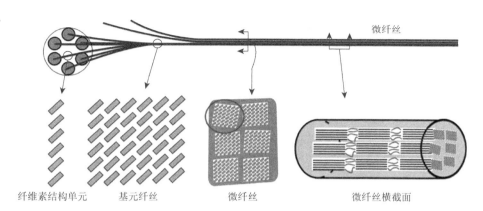

纤维素结构单元　　基元纤丝　　　微纤丝　　　　微纤丝横截面

图 1-3 不同层级下的木材纤丝的示意图[1]

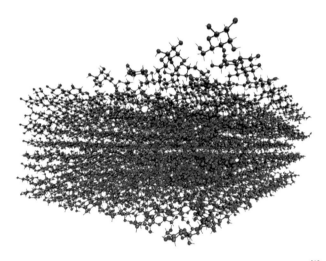

图 1-4 纤维素 Ⅰβ 型晶体的原子模型：4×4×8 结构单元[1]

灰色球体代表碳，蓝色球体代表氧，粉色线代表氢

事实上，除了木材以外，其他类型的生物质材料，如竹材、棉花，均具有多尺度、多层级结构，其本质均是由高长径比的纳米纤维素支撑并构筑而成（图 1-5）[15]。虽然在肉眼下观察到的生物质材料间存在明显差异，但在纳米尺度下，支撑不同生物质材料的纳米纤维素却存在极大的相似性，均具有高长径比的纳米纤维结构，且在不同的细胞壁层存在明显的排列方式差异。

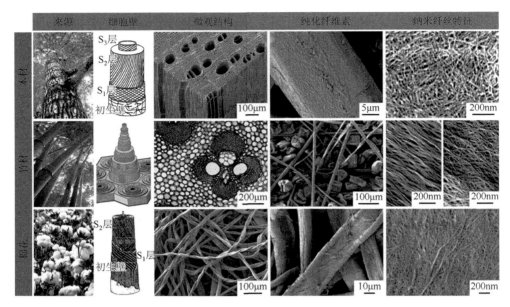

图 1-5　生物质材料（木材、竹材、棉花）细胞壁中的纳米纤维素[15]

1.2　纳米纤维素的制备方法

　　由于在木材等生物质材料的细胞壁内部，纳米尺寸的纤维素纤丝间仍然填充着大量的木质素以及半纤维素（图 1-2）[14]，而木质素与半纤维素之间，以及木质素、半纤维素与纤维素之间，仍然通过氢键与分子间作用力相互作用，紧密交织在一起，这在一定程度上对纳米纤维素的分离造成了束缚。因此，在制备纳米纤维素前，通常采用化学方法分批次地脱除掉生物质材料细胞壁中的木质素以及大部分的半纤维素，在得到纯化纤维素的基础上，对其进行"纳米纤丝化"解纤处理，即可制得纳米纤维素。

　　处理方法以及选用的生物质纤维素原料不同，得到的纳米纤维素的结构与表、界面化学性能各不相同。采用强酸水解（可选用浓盐酸[16]、浓硫酸[16, 17]、浓磷酸[18]）的方法可以水解掉纤维素材料中的无定形区，制备纳米纤维素晶体 [图 1-6（a，b）][17, 19]，这种晶体具有非常高的结晶度，但长度相对较短。所用强酸种类、酸浓度、酸浆比、水解温度、水解时间等都会对所得纳米纤维素晶体的结构产生较大影响。例如，采用硫酸等水解可以使纳米纤维素晶体表面带有一定的负电荷，有利于纳米纤维素晶体的高效制备以及其在水中的均匀分散。这种纳米纤维素晶体在水中以一定浓度存在时可以具有手性。采用机械方法直接处理化学纯化后的纤维素纤维可以得到机械解纤法纳米纤维素 [图 1-6（c，d）][6, 9]。常用的解纤设备包括高速研磨机（grinder）、高压匀质机（high-pressure homogenizer）、高强度超声波细胞粉碎机（high-intensity ultrasonicator）、高速搅拌机（high-speed blender）等。所得纳米纤维素继承了其在生物质材料细胞壁中的本源结构，具有非常高的长径比，并存在一定的聚集体。纳米纤维素及其聚集体相互交织成网状

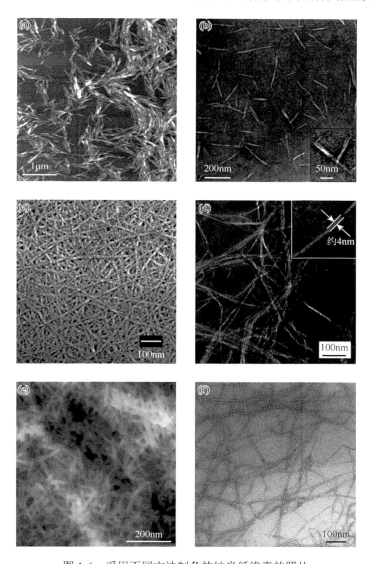

图 1-6 采用不同方法制备的纳米纤维素的照片

（a）强酸水解法制备的纳米纤维素的 AFM 图[17]；（b）强酸水解法制备的纳米纤维素的 TEM 图[19]；（c）高速研磨法制备的纳米纤维素的 SEM 图[6]；（d）超声法制备的纳米纤维素的 TEM 图[9]；（e）2, 2, 6, 6-四甲基哌啶-1-氧基（TEMPO）催化氧化法制备的纳米纤维素的 AFM 图[22]；（f）TEMPO 催化氧化法制备的纳米纤维素的 TEM 图[20]

缠结结构。另外一种代表性的纳米纤维素制备方法为 TEMPO 催化氧化方法结合机械解纤法。利用 TEMPO 结合相关氧化剂和共催化剂处理生物质纤维素，可以将纤维素表面 C6 上的伯醇羟基转化成羧酸根，进而使纳米纤维素表面的负电荷增加，增强纤维素内部纳米纤丝间的电斥力。在此基础上采用机械方法处理纤维素，可以制备分散均匀、尺寸精细的高长径比纳米纤维素 [图 1-6（e，f）][20-22]，单根纳米纤维素的直径为 2～5nm。

1.3　纳米纤维素衍生宏观体材料及功能应用

以纳米纤维素为构筑单元，采用不同的合成和组装策略，可以开发出一系列具有不同结构和特征的宏观体材料。纳米纤维素在宏观体的功能构筑方面发挥了重要的作用，使得纳米纤维素衍生宏观体在许多领域均展现出非常好的功能应用潜力。

1.3.1　复合薄膜

制备纳米纤维素增强聚合物复合薄膜，可以选用的聚合物很多，如聚乙烯醇[23]、聚乳酸[24]、聚己内酯[25]等都可以作为聚合物基体。将纳米纤维素与聚合物复合后，可以采用抽滤热压、浇注成膜等方法制备复合薄膜。通常，如果纳米纤维素与聚合物的相容性较好，将纳米纤维素与聚合物溶液直接混合后即可制备性能优异的纳米复合薄膜。但是，如果纳米纤维素与聚合物的界面相容性较差，如利用纳米纤维素增强聚己内酯等非极性聚合物，则两相很难在溶液中均相融合，制备的复合薄膜在受到外力作用时，会出现明显的应力集中现象，力学性能较差。因此，通常需要对纳米纤维素进行表面改性处理，使其表面带有一定的功能性基团，改善纳米纤维素与聚合物基体间的界面相容性，进而制备出高强度的纳米复合薄膜。但是，表面改性的实验工序比较烦琐，有时还会引入毒性、危害性较大的化学试剂，给实验操作带来一定的困难。此外，经过表面改性后，纳米纤维素自身的天然结构有时也发生变化，一些性能明显变差。例如，纳米纤维素的热稳定性会因一些表面改性处理而明显降低。因此，需要寻求一些合理的复合方法，使纳米纤维素的性能最大化地在聚合物基体中发挥出来。

Capadona 等[26,27]开发了一种以自组装/自聚集的纳米纤维素作为模板制备纳米复合材料的方法（图 1-7）。如图 1-7（a）所示，如果聚合物与纳米纤维素的极性不同，则将聚合物溶剂缓慢倒入到纳米纤维素水悬浊液中，这样经多次置换处理，即可用聚合物溶剂替换掉纳米纤维素悬浊液中的水，而由于纳米纤维素与聚合物溶剂的相容性一般，纳米纤维素在此过程中会自聚集并组装成一定的三维网状凝胶，但是纳米纤维素间的孔隙会被聚合物溶剂所填充。随后，将凝胶浸入到聚合物溶液之中，由于纳米纤维素凝胶内部的纳米纤维素孔隙间是聚合物溶剂，聚合物可以均匀地扩散入纳米纤维素的孔隙之中，并均匀填充。在此基础上，对复合组分进行干燥并模压处理，即可制备纳米纤维素在聚合物基体中分散均匀的纳米纤维素增强聚合物复合薄膜。在制备过程中，可以通过调整聚合物溶液的浓度来控制复合薄膜中纳米纤维素的含量［图 1-7（e）］。结果显示，复合薄膜的力学性能因纳米纤维素的加入而明显提高，且在复合薄膜中纳米纤维素的含量越高，复合薄膜的力学性能（剪切模量等）越高［图 1-7（g～i）］。

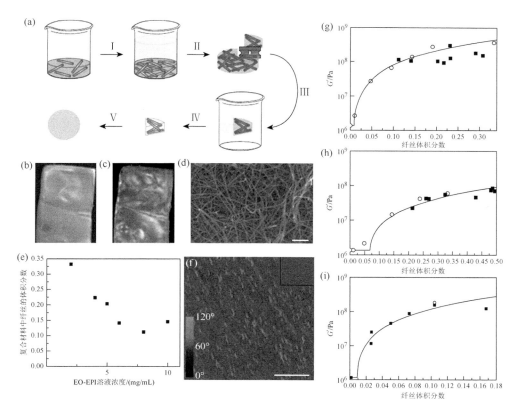

图 1-7 纳米纤维素自组装模板法制备纳米纤维素增强聚合物复合薄膜[27]

（a）纳米纤维素自组装模板法制备纳米纤维素增强聚合物复合薄膜流程图；（b）纳米纤维素气凝胶的数码照片；（c）偏光下纳米纤维素气凝胶的数码照片；（d）纳米纤维素气凝胶的 SEM 图；（e）纳米纤维素增强环氧树脂-表氯醇（EO-EPI）纳米复合薄膜的纳米纤维素含量图；（f）纳米纤维素增强 EO-EPI 纳米复合薄膜的 AMF 图（内嵌图为纯的 EO-EPI 薄膜）；（g）高长径比纳米纤维素增强 EO-EPI 纳米复合薄膜的剪切模量；（h）低长径比纳米纤维素增强 EO-EPI 纳米复合薄膜的剪切模量；（i）高长径比纳米纤维素增强聚苯乙烯纳米复合薄膜的剪切模量

利用纳米纤维素增强聚合物制备复合薄膜，如果所用聚合物为透明树脂，且纳米纤维素在聚合物中均匀分布，由于纳米纤维素直径低于可见光光波的 1/10，不会对光产生散射作用，而纳米纤维素间的孔隙被透明聚合物所填充，因此所制备的复合薄膜具有非常高的透明性。Yano 等[28-30]曾以细菌纤维素为原料，将干的细菌纤维素薄片浸渍于透明的丙烯酸树脂、环氧树脂之中，待树脂充分浸入到细菌纤维素的孔隙中后，采用紫外光固化方法将树脂固化，制得了透明的纳米纤维素增强聚合物复合薄膜 ［图 1-8（a，b）］。复合薄膜中纳米纤维素的含量可以达到60%以上，但仍然保持着非常高的透明性 ［图 1-8（c）］。主要原因就在于采用这

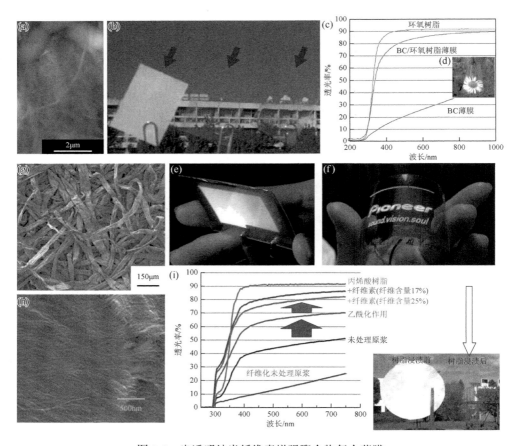

图 1-8　光透明纳米纤维素增强聚合物复合薄膜

（a）细菌纤维素的 AFM 图[28]；（b）光透明细菌纤维素增强聚合物复合薄膜的数码照片（左：细菌纤维素薄片；中：细菌纤维素增强丙烯酸树脂复合薄膜；右：细菌纤维素增强环氧树脂复合薄膜）[28]；（c）细菌纤维素增强聚合物复合薄膜的透光率曲线[28]；（d）弯曲的细菌纤维素增强聚合物复合薄膜的数码照片[28]；（e）将有机发光二极管沉积在细菌纤维素增强聚合物复合薄膜后发光的数码照片[29]；（f）将有机发光二极管沉积在木质纳米纤维素增强聚合物复合薄膜后发光的数码照片[31]；（g）木浆的 SEM 图[32]；（h）高倍下纳米结构的木浆的 SEM 图[32]；（i）木质纸浆基纳米复合材料的数码照片及透光率曲线[32]

种加工方法，复合薄膜中的透明树脂均匀地填充了纳米纤维素的孔隙，使得薄膜对光的散射以及反射作用降低，进而提高了复合薄膜的透明性。大量高长径比的纳米纤维素的加入，使得复合薄膜的力学强度显著增强。复合薄膜的杨氏模量达到了 20～21GPa。复合薄膜的另一个重要特征是具有非常低的热膨胀系数。细菌纤维素增强环氧树脂纳米复合薄膜在 50～150℃ 的热膨胀系数仅为 6×10^{-6} ℃$^{-1}$，而环氧树脂薄膜的热膨胀系数为 1.2×10^{-4} ℃$^{-1}$，表明细菌纤维素网络对环氧树脂具有显著的增强作用，使其热膨胀系数降为原来的 1/20。由于在复合薄膜中，细菌纤维素网络均匀地镶嵌于其中，复合薄膜具有非常好的柔韧性［图 1-8（d）］，可以弯曲，复合薄膜的屈服应变为 2%。这种透明、高强、低热膨胀系数的细菌纤维素增强复合薄膜在许多电子器件领域（如液晶显示器基底材料）都有望获得潜在应用［图 1-8（e）］。由于在木材等生物质资源中制备的纳米纤维素比细菌纤维素在直径上具有更加精细的尺寸，以木质纳米纤维素为增强体制备的纳米纤维素增强聚合物复合薄膜，同样可以应用于电子器件领域［图 1-8（f）］[31]。近年来，Yano 等[32]提出利用植物纤维素内部的纳米结构特征［图 1-8（g，h）］，在不将植物细胞壁破碎并分离纳米纤维素的基础上，通过化学改性（如乙酰化）方法，提高木质纤维素与透明树脂间的相容性，借此将透明树脂浸入木质纤维素内部的微纤丝间的孔隙，首次制备出了木质纸浆基透明复合薄膜，这种复合薄膜同样具有光透明、高强度、柔韧、低热膨胀系数等特征［图 1-8（i）］。

1.3.2　复合泡沫/气凝胶

纳米纤维素在水中可以形成分散均匀、具有一定黏度的胶体，而如果采用冷冻干燥、超临界干燥等方法将水分排出，则可最大限度保留纳米纤维素在水中的存在方式，形成具有非常高孔隙率的气凝胶/泡沫/海绵材料。由于纳米纤维素具有足够高的强度且在泡沫中形成缠结紧密的三维空间网状结构，所得泡沫等材料具有一定的力学强度。因此，可以用纳米纤维素作为增强体，制备具有一定形态结构及功能的纳米纤维素增强聚合物复合泡沫。Svagan 等[33]利用在纳米纤维素/聚合物复合溶液冷冻过程中水形成冰晶并挤压纳米纤维素及聚合物于冰晶边界，在冷冻干燥后冰晶移除并保留孔隙结构的原理，制备了具有类似木材细胞壁结构特征的纳米纤维素增强支链淀粉的仿生复合泡沫［图 1-9（a～d）］。这种仿生复合泡沫的"细胞"结构随着复合泡沫中纳米纤维素含量的变化而变化。由于纳米纤维素和支链淀粉具有比较好的相容性，在复合泡沫中，纳米纤维素均匀分散在支链淀粉基体中。由于纳米纤维素的加入，复合泡沫的力学性能明显提高［图 1-9（e）］，在纳米纤维素含量为 40% 时，所得泡沫的力学性能最佳。Hayase 等[34]将纳米纤维素与聚甲基硅倍半氧烷（PMSQ）复合制备复合泡沫（气凝胶）［图 1-9（f）］，所

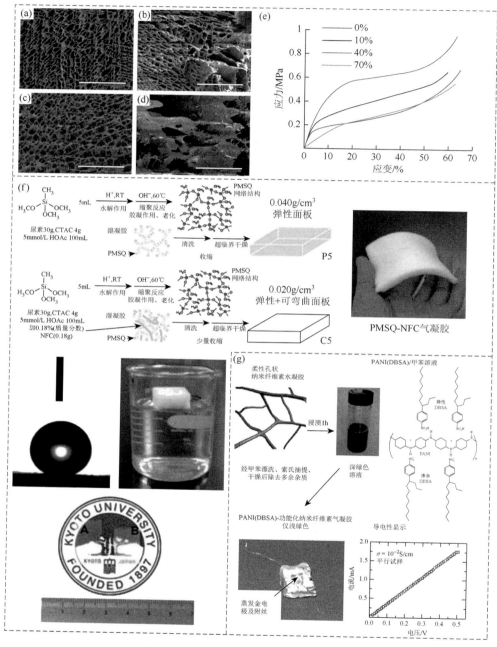

图 1-9　纳米纤维素增强聚合物复合泡沫

（a～d）纳米纤维素质量分数分别为0%、10%、40%和70%的复合泡沫的 SEM 图；（e）纳米纤维素增强支链淀粉仿生纳米复合泡沫的压缩应力应变曲线[33]；（f）纳米纤维素增强聚甲基硅倍半氧烷复合泡沫的制备及其疏水与透光性能[34]；（g）纳米纤维素增强聚苯胺（PANI）复合泡沫的制备与电学性能[35]

得泡沫具有优异的力学性能，同时还具有非常高的透明性。由于聚甲基硅倍半氧烷的引入，复合泡沫具有非常高的疏水性。但是整个复合过程中并未损坏复合泡沫的结构完整性，使其仍然具有非常高的孔隙率，复合泡沫因此展现出非常高的绝热性能。Pääkkö 等[35]在制备纳米纤维素泡沫（气凝胶）的基础上，将其与导电聚苯胺复合，制备纳米纤维素增强聚苯胺复合泡沫 [图 1-9（g）]，使复合泡沫具有导电性，制得导电复合泡沫。复合泡沫具有较高的电导率，电导率达到 1×10^{-2} S/cm。

1.3.3 碳基结构材料

纳米纤维素主要含有碳、氢、氧等元素，其宏观体材料在经高温碳化处理后，纳米纤维素表面的 C=O，C—O，C—H 和 O—H 等活性基团会发生热解，高结晶度的纳米纤维素会转变成无定形的碳纳米纤维。利用纳米纤维素宏观体开发碳基结构材料是近年来纳米纤维素科学领域的研究热点。Liang 等[36-38]以细菌纤维素为原料，将含有水分的细菌纤维素凝胶直接进行冷冻干燥处理后，制得细菌纤维素气凝胶。随后在氩气氛保护下，于 600～1450℃范围内对细菌纤维素气凝胶进行碳化处理，制得碳纳米纤维气凝胶 [图 1-10（a）]。研究发现，细菌纤维素气凝胶为三维网状结构，纳米纤维的直径为 20～80nm。经碳化处理后，碳纳米纤维的直径降低至 10～20nm。在不同碳化温度下所得碳纳米纤维气凝胶的形态及结构十分相似。细菌纤维素的 XRD 衍射峰出现在 14.78°，16.98° 和 22.78°，分别对应于纤维素 I 型材料的（1$\bar{1}$0），（110）和（020）晶面。而在碳化处理后，以上衍射峰全部消失，表明在碳化处理过程中，细菌纤维素的结晶结构消失，转变成了无定形的碳纳米纤维。

所得纳米纤维素碳气凝胶具有优秀的亲油疏水性能 [图 1-10（b）][36]，水接触角高于 110°。碳纳米纤维气凝胶还展现出优秀的密度（4～6mg/cm³），是一种十分理想的油污吸附剂材料，可吸附约为自身质量的 106～312 倍的"污染物"。在吸附油污后，还可通过挤压、燃烧、蒸馏等方法去除或回收"污染物"，而碳气凝胶仍可被重复使用，并仍然展现出优秀的吸附能力。

细菌纤维素碳气凝胶还具有非常好的弹性、高孔隙率、高电导率等特征，使其具有成为弹性导体或作为超级电容器用于能量储存领域的应用潜力。Liang 等[37]利用聚二甲基硅氧烷（PDMS）填充细菌纤维素碳气凝胶内部的孔隙，待 PDMS 固化后制得碳气凝胶/PDMS 复合材料。这一复合材料展现出较好的电导率（0.20～0.41S/cm）。此外，复合材料在承受拉伸及弯曲应力下，仍保持较好的导电性 [图 1-10（c）]。这一材料有望成为新型的柔韧、可拉伸、可折叠的电子器件材料。Chen 等[38]将细菌纤维素碳气凝胶与氨水复合，利用水热反应制得了氮掺杂碳纳米纤维气凝胶，并以此为电极材料制备超级电容器。所得超级电容

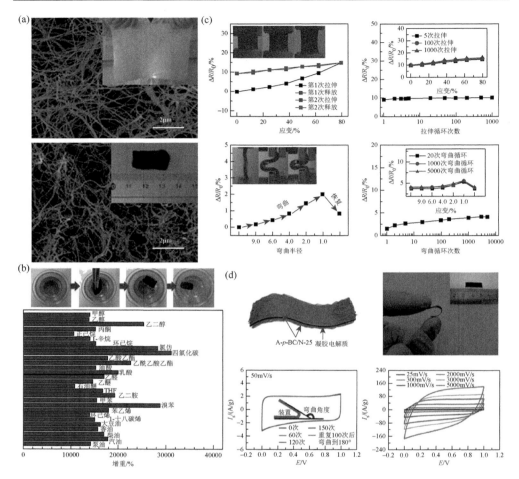

图 1-10　细菌纤维素碳气凝胶的制备（a）[36]及其在吸附剂（b）[36]、弹性导体（c）[37]及超级电容器（d）[38]中的应用

器具有非常高的电容，其最大功率密度达 390.53kW/kg。在进行 5000 次循环测试后，仍然保持较优的循环稳定性 [图 1-10（d）]。

　　研究者以木材等生物质资源为原料制备碳气凝胶材料，也开展了许多尝试。Bi 等[39]以棉花为原料，在氩气氛下进行热解处理，制备了碳纤维气凝胶，验证了这一气凝胶材料具有非常优异的油污及有机溶剂吸附能力，并可通过控制油污去除方法，将碳气凝胶回收并循环使用。Bi 等[40]还利用废纸为原料，将废纸浸入水中后，采用高强度磁力搅拌处理打碎废纸，制得纸浆。随后将纸浆冷冻干燥后制得纸浆纤维气凝胶。对样品进行碳化处理，制得微米级的带状纤维碳气凝胶。所得碳气凝胶表现出非常明显的疏水亲油性，具有非常强的油污吸附能力，并可回收再利用。Luo 等[41]以木质纳米纤维素为原料,将其碳化后制得了碳纳米纤维,并用这种碳纳米纤维制成了钠离子电池的阳极材料。这一材料具有高可逆容量、高倍率性能以及高循环稳定性等优异的电化学特征。Li 等以木质纳米纤维素为原料,首先构筑纳米纤维素水凝胶,随后采用溶剂/溶液置换策略在纳米纤维素凝胶内部引入对甲苯磺酸作为热解催化剂,经超临界干燥或冷冻干燥后制得复合气凝胶。在随后的热解过程中,对甲苯磺酸这一催化剂的引入显著地提升了纳米纤维素的残碳量,使得制得的碳气凝胶保留了非常好的碳纳米纤维形态和三维网状纳米纤维结构。这一木材纳米纤维素衍生的碳气凝胶在许多领域均具有功能应用潜力。

1.4 本书的思路与内容

经过近二十年的研究,人们对纳米纤维素的理解和认识日趋成熟。研究工作从纳米纤维素的高效制备、宏观体的可控构筑逐渐转向纳米纤维素宏观体的功能应用,以充分发挥纳米纤维素在尺寸、结构、表面化学、力学、声学、光学、热学等多方面的优势。如何充分挖掘纳米纤维素作为基本构筑单元的结构与性能优势,是实现其宏观体功能应用的关键。而实现纳米纤维素的功能应用,是开发纤维素的最终目的,也是对生物质资源高附加值化、多功能化开发的有益探索。因此,十分有必要结合纳米纤维素的基础科学研究,对纳米纤维素的功能应用进行有效的梳理和总结。鉴于以上所述,本书重点结合作者所在课题组在纳米纤维素领域十多年来的科学研究工作,总结介绍纳米纤维素及其宏观体的功能应用。重点介绍以纳米纤维素为基本构筑单元,开发纳米纤维素增强水性高分子涂料、纳米纤维素基凝胶过滤材料、纳米纤维素基吸湿凝胶、纳米纤维素基电流变液、纳米纤维素基复合泡沫、纳米纤维素/胶原蛋白复合材料、纳米纤维素基脂肪替代品、纳米纤维素基食品添加剂、纳米纤维素基药物包封缓释材料、纳米纤维素基组织工程支架、纳米纤维素基柔性导电材料、纳米纤维素基碳材料和纳米纤维素基能量储存材料。

参 考 文 献

[1] Moon R J, Martini A, Nairn J, et al. Cellulose nanomaterials review: structure, properties and nanocomposites[J]. Chemical Society Reviews, 2011, 40 (7): 3941-3994.

[2] Siró I, Plackett D. Microfibrillated cellulose and new nanocomposite materials: a review[J]. Cellulose, 2010, 17 (3): 459-494.

[3] Habibi Y, Lucia L A, Rojas O J. Cellulose nanocrystals: chemistry, self-assembly, and applications[J]. Chemical Reviews, 2010, 110 (6): 3479-3500.

[4] Klemm D, Kramer F, Moritz S, et al. Nanocelluloses: a new family of nature-based materials[J]. Angewandte Chemie International Edition, 2011, 50 (24): 5438-5466.

[5]　李勍，陈文帅，于海鹏，等. 纤维素纳米纤维增强聚合物复合材料研究进展[J]. 林业科学，2013，49（8）：126-131.

[6]　Abe K，Iwamoto S，Yano H. Obtaining cellulose nanofibers with a uniform width of 15nm from wood[J]. Biomacromolecules，2007，8（10）：3276-3278.

[7]　Iwamoto S，Abe K，Yano H. The effect of hemicelluloses on wood pulp nanofibrillation and nanofiber network characteristics[J]. Biomacromolecules，2008，9（3）：1022-1026.

[8]　Uetani K，Yano H. Nanofibrillation of wood pulp using a high-speed blender[J]. Biomacromolecules，2010，12（2）：348-353.

[9]　Chen W，Yu H，Liu Y. Preparation of millimeter-long cellulose I nanofibers with diameters of 30～80nm from bamboo fibers[J]. Carbohydrate Polymers，2011，86（2）：453-461.

[10]　Abe K，Yano H. Comparison of the characteristics of cellulose microfibril aggregates isolated from fiber and parenchyma cells of Moso bamboo（*Phyllostachys pubescens*）[J]. Cellulose，2010，17（2）：271-277.

[11]　Chen W，Yu H，Liu Y，et al. Isolation and characterization of cellulose nanofibers from four plant cellulose fibers using a chemical-ultrasonic process[J]. Cellulose，2011，18（2）：433-442.

[12]　Abe K，Yano H. Comparison of the characteristics of cellulose microfibril aggregates of wood，rice straw and potato tuber[J]. Cellulose，2009，16（6）：1017-1023.

[13]　Kim J H，Lee D，Lee Y H，et al. Nanocellulose for energy storage systems：beyond the limits of synthetic materials[J]. Advanced Materials，2019，31（20）：1804826.

[14]　Terashima N，Kitano K，Kojima M，et al. Nanostructural assembly of cellulose，hemicellulose，and lignin in the middle layer of secondary wall of ginkgo tracheid[J]. Journal of Wood Science，2009，55（6）：409-416.

[15]　Chen W，Yu H，Lee S Y，et al. Nanocellulose：a promising nanomaterial for advanced electrochemical energy storage[J]. Chemical Society Reviews，2018，47（8）：2837-2872.

[16]　van den Berg O，Capadona J R，Weder C. Preparation of homogeneous dispersions of tunicate cellulose whiskers in organic solvents[J]. Biomacromolecules，2007，8（4）：1353-1357.

[17]　Elazzouzi-Hafraoui S，Nishiyama Y，Putaux J L，et al. The shape and size distribution of crystalline nanoparticles prepared by acid hydrolysis of native cellulose[J]. Biomacromolecules，2007，9（1）：57-65.

[18]　Camarero-Espinosa S，Kuhnt T，Foster E J，et al. Isolation of thermally stable cellulose nanocrystals by phosphoric acid hydrolysis[J]. Biomacromolecules，2013，14（4）：1223-1230.

[19]　Kvien I，Tanem B S，Oksman K. Characterization of cellulose whiskers and their nanocomposites by atomic force and electron microscopy[J]. Biomacromolecules，2005，6（6）：3160-3165.

[20]　Saito T，Kimura S，Nishiyama Y，et al. Cellulose nanofibers prepared by TEMPO-mediated oxidation of native cellulose[J]. Biomacromolecules，2007，8（8）：2485-2491.

[21]　Saito T，Nishiyama Y，Putaux J L，et al. Homogeneous suspensions of individualized microfibrils from TEMPO-catalyzed oxidation of native cellulose[J]. Biomacromolecules，2006，7（6）：1687-1691.

[22]　Fukuzumi H，Saito T，Iwata T，et al. Transparent and high gas barrier films of cellulose nanofibers prepared by TEMPO-mediated oxidation[J]. Biomacromolecules，2008，10（1）：162-165.

[23]　Cheng Q，Wang S，Rials T G. Poly（vinyl alcohol）nanocomposites reinforced with cellulose fibrils isolated by high intensity ultrasonication[J]. Composites Part A：Applied Science and Manufacturing，2009，40（2）：218-224.

[24]　Nakagaito A N，Fujimura A，Sakai T，et al. Production of microfibrillated cellulose（MFC）-reinforced polylactic acid（PLA）nanocomposites from sheets obtained by a papermaking-like process[J]. Composites Science and Technology，2009，69（7-8）：1293-1297.

[25] Lönnberg H, Larsson K, Lindstrom T, et al. Synthesis of polycaprolactone-grafted microfibrillated cellulose for use in novel bionanocomposites-influence of the graft length on the mechanical properties[J]. ACS Applied Materials & Interfaces, 2011, 3 (5): 1426-1433.

[26] Capadona J R, Shanmuganathan K, Tyler D J, et al. Stimuli-responsive polymer nanocomposites inspired by the sea cucumber dermis[J]. Science, 2008, 319 (5868): 1370-1374.

[27] Capadona J R, van den Berg O, Capadona L A, et al. A versatile approach for the processing of polymer nanocomposites with self-assembled nanofibre templates[J]. Nature Nanotechnology, 2007, 2 (12): 765.

[28] Yano H, Sugiyama J, Nakagaito A N, et al. Optically transparent composites reinforced with networks of bacterial nanofibers[J]. Advanced Materials, 2005, 17 (2): 153-155.

[29] Nogi M, Yano H. Transparent nanocomposites based on cellulose produced by bacteria offer potential innovation in the electronics device industry[J]. Advanced Materials, 2008, 20 (10): 1849-1852.

[30] Ifuku S, Nogi M, Abe K, et al. Surface modification of bacterial cellulose nanofibers for property enhancement of optically transparent composites: dependence on acetyl-group DS[J]. Biomacromolecules, 2007, 8(6): 1973-1978.

[31] Okahisa Y, Yoshida A, Miyaguchi S, et al. Optically transparent wood-cellulose nanocomposite as a base substrate for flexible organic light-emitting diode displays[J]. Composites Science and Technology, 2009, 69 (11-12): 1958-1961.

[32] Yano H, Sasaki S, Shams M I, et al. Wood pulp-based optically transparent film: a paradigm from nanofibers to nanostructured fibers[J]. Advanced Optical Materials, 2014, 2 (3): 231-234.

[33] Svagan A J, Samir M A S A, Berglund L A. Biomimetic foams of high mechanical performance based on nanostructured cell walls reinforced by native cellulose nanofibrils[J]. Advanced Materials, 2008, 20 (7): 1263-1269.

[34] Hayase G, Kanamori K, Abe K, et al. Polymethylsilsesquioxane-cellulose nanofiber biocomposite aerogels with high thermal insulation, bendability, and superhydrophobicity[J]. ACS Applied Materials & Interfaces, 2014, 6 (12): 9466-9471.

[35] Pääkkö M, Vapaavuori J, Silvennoinen R, et al. Long and entangled native cellulose I nanofibers allow flexible aerogels and hierarchically porous templates for functionalities[J]. Soft Matter, 2008, 4 (12): 2492-2499.

[36] Wu Z Y, Li C, Liang H W, et al. Ultralight, flexible, and fire-resistant carbon nanofiber aerogels from bacterial cellulose[J]. Angewandte Chemie International Edition, 2013, 52 (10): 2925-2929.

[37] Liang H W, Guan Q F, Song L T, et al. Highly conductive and stretchable conductors fabricated from bacterial cellulose[J]. NPG Asia Materials, 2012, 4 (6): e19.

[38] Chen L F, Huang Z H, Liang H W, et al. Flexible all-solid-state high-power supercapacitor fabricated with nitrogen-doped carbon nanofiber electrode material derived from bacterial cellulose[J]. Energy & Environmental Science, 2013, 6 (11): 3331-3338.

[39] Bi H, Yin Z, Cao X, et al. Carbon fiber aerogel made from raw cotton: a novel, efficient and recyclable sorbent for oils and organic solvents[J]. Advanced Materials, 2013, 25 (41): 5916-5921.

[40] Bi H, Huang X, Wu X, et al. Carbon microbelt aerogel prepared by waste paper: an efficient and recyclable sorbent for oils and organic solvents[J]. Small, 2014, 10 (17): 3544-3550.

[41] Luo W, Schardt J, Bommier C, et al. Carbon nanofibers derived from cellulose nanofibers as a long-life anode material for rechargeable sodium-ion batteries[J]. Journal of Materials Chemistry A, 2013, 1 (36): 10662-10666.

第 2 章　纳米纤维素增强水性高分子涂料

2.1　背景概述

    水性高分子涂料是一种以水作为溶剂或者分散介质的聚合物涂料，有机挥发物极少，无刺激性气味，环保健康，是涂料市场上一种比较有发展前景的涂料。与传统溶剂型涂料相比，水性涂料具有环保、节能和安全等优势，但由于在水性涂料制备的过程中，引入了如—OH、—COOH 等亲水基团，所以在固含量、漆膜硬度、丰满度、耐水性和光泽度等方面表现不够理想。

    改善水性涂料上述问题的方法，除改变涂料配方外，添加纳米材料进行补强也是一个重要方法。将具有优良特性的纳米粒子通过一定的手段分散在涂料中，形成纳米复合涂料，使涂料的某些性能（如硬度、耐磨性和附着力等）得以提高或具备新性能（如抗菌性、抗紫外线等）。常用的方法有共混法、插层法、溶胶-凝胶法和纳米微粒原位聚合法。龙玲等[1]进行了纳米 Al_2O_3 浆料的制备及其对水性木器漆改性的研究，探讨分析不同制备方法和 Al_2O_3 添加量对漆膜耐磨性和硬度的影响。王延青等[2]通过原位聚合法，用多壁碳纳米管对聚碳酸酯型水性聚氨酯涂料进行了改性。其研究结果表明，碳纳米管在水性聚氨酯涂料中分散情况较好，所制得的复合涂料的玻璃态转变温度和耐热稳定性明显提高，且耐水性能也有很好改善。

    以往的研究中，纤维素纳米晶体（CNC）已被较多地应用于增强高分子材料，其中也包括一些水性高分子涂料[3-5]。例如，以亚麻为原料的 CNC 作为增强相，CNC 的平均长度为（327±108）nm，直径为（21±7）nm。将 CNC 添加到聚己内酯基水性聚氨酯涂料中，结果表明 CNC 可以在涂料中均匀分散，而且使涂料基质的软段和硬段之间的微相分离提高，产生协同作用。随着填料含量从 0%增加到30%，复合涂料薄膜的杨氏模量从 0.51MPa 提高到 344MPa，其拉伸强度也从4.7MPa 增加到 14.6MPa。Xu 等[6]利用 CNC 增强水性环氧树脂，发现水性环氧树脂与 CNC 之间有很好的附着力，提高了水性环氧树脂的热机械性能，复合涂料的玻璃态转变温度和储存模量也随着 CNC 含量的增加而提高。

    利用纳米纤维素（NFC）增强水性高分子涂料，选用的增强剂以 CNC 居多，主要原因是 CNC 在水中可均匀分散，在水性涂料中的聚集现象不明显，因此可与涂料基质产生协同作用，制备高强度的复合薄膜。同时，CNC 的加入并不会显著降低漆膜的透明性，影响基材的视觉装饰效果。但是，相比于高长径比的 NFC，CNC 的长径比较低，对漆膜的韧性增强较弱[7, 8]。因此，研究利用高长径比的 NFC 增强水性高分子涂料并制备高性能的漆膜具有重要意义[9-11]。但是，具有高长径比的 NFC，也更容易发生团聚现象，很难在有机涂料基质中分散均匀；加之亲水性的表面与非极性有机聚合物之间较差的相容性，导致无法达到理想的增强效果[12]。

本章以化学预处理结合高强度超声波处理方法制备出的 NFC 为增强相，采用双亲性化学偶联剂（硅烷偶联剂 KH550）来改性 NFC，使其在水中及水性涂料中能够均匀分散；随后通过共混法将其与水性丙烯酸涂料复合，NFC 通过与水性涂料基体形成化学交联、空间位阻效应的方式来实现在水性涂料中的均匀分散和长期稳定，制备出具有高透明性和力学性能的 NFC 增强水性复合涂料[13]。

2.2　制备加工方法

2.2.1　硅烷偶联剂改性纳米纤维素的制备

（1）制备不同浓度 NFC 水悬浊液：配制质量分数为 0.1%、0.2%、0.3%、0.4%、0.5% 和 0.8% 的 NFC 水悬浊液，依次抽取相同体积悬浊液于不同玻璃实验瓶中进行沉降试验，于 6h 后观察其分层情况。

（2）采用市售的硅烷偶联剂 KH550（英文名缩写为 APS）对 NFC 水悬浊液进行处理：分别将 0.08%、0.16%、0.24%、0.32% 和 0.48% 的 KH550 加入到 100mL 的蒸馏水中并置于磁力搅拌机上搅拌 15min，然后称取配制质量分数为 0.3% NFC 水悬浊液所需质量的纯化纤维素，加入 KH550 水溶液中搅拌均匀后，置于超声波细胞粉碎机中进行超声处理（超声功率 1200W，超声时间 30min），依次抽取相同体积悬浊液于不同玻璃实验瓶中静置，观察其分层情况。为了方便，依次记为 NFC-1、NFC-2、NFC-3、NFC-4 和 NFC-5。

2.2.2　纳米纤维素/水性丙烯酸复合涂料的制备

将质量分数为 0.3% 的 NFC/KH550 水悬混液，分别以质量分数为 5%、10%、15% 和 20% 的量加入到水性丙烯酸木器涂料中，室温下高速磁力搅拌 3h 后，依次取相同体积复合涂料于玻璃培养皿中浇注成膜，静置干燥至漆膜透明。

将制备得到的复合涂料刷涂到榉木胶合板（200mm×200mm×3mm）上，第一遍的刷涂量约为（1.0±0.1）g/dm²，干燥 24h 后用 400 目砂纸顺着木纹方向进行打磨后刷涂第二遍，刷涂量为（0.8±0.1）g/dm²，室温环境下至少干燥 7 天。

2.3　硅烷偶联剂改性纳米纤维素的结构性能分析

2.3.1　对纳米纤维素分散稳定性的影响

图 2-1 中 1～6 号依次为质量分数为 0.1%、0.2%、0.3%、0.4%、0.5% 和 0.8%的超声处理后的 NFC 水悬浊液，图 2-2 是不同浓度纤维素水悬浊液可见光透过性。从图 2-1 中可以看出，静置 6h 后，低浓度的试样中出现 NFC 沉降分层现象，但随着 NFC 浓度的增加，黏度也会越来越大，其分层越来越不明显，当浓度达到 0.8%就会出现凝胶现象。这是由于 NFC 表面的羟基相互之间或与水之间产生的氢键作用形成三维氢键网络结构，这种网络结构随着 NFC 的浓度增大而不断完善和加强。浓度越低，相同体积内 NFC 含量越少，形成的网络结构越弱，持水力越弱，同时因为重力的作用，越容易发生沉降分层。而在 NFC 浓度大的水悬浊液中，彼此之间的氢键作用和空间位阻作用增强，形成的网络结构增强而不易出现分层现象，因而稳定性增加，黏度也会随之增大。

图 2-1　不同浓度 NFC 水悬浊液的沉降分层情况

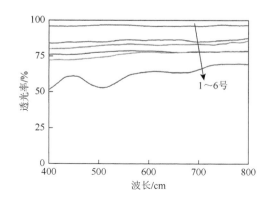

图 2-2　不同浓度 NFC 水悬浊液的可见光透过性

考虑到将 NFC 水悬浊液与水性涂料混合时，浓度高的 NFC 水悬浊液黏度大，纤丝间存在强的氢键作用，会使其不易在水性涂料中分散均匀，从而影响复合涂料的性能，所以选择浓度适中的既不容易发生沉降分层也没有出现凝胶现象的 0.3% 的 NFC 水悬浊液。采用超声处理虽然可以使 NFC 在水中分散均匀，但低 NFC 含量的悬浊液在经过一段时间的放置后仍然出现不同程度的沉降现象，说明这种分散方式是不稳定的。纳米粒子由于具有很大的比表面积和较高的表面能而处于一种不稳定的状态，所以它们易与周围其他粒子发生聚集结合，形成二级、三级粒子而达到能级稳定状态。虽然借助超声波空化、研磨和搅拌等强烈的外在机械力可以将团聚体打开，但它们会在外力撤除一段时间后重新发生团聚。

当利用 NFC 增强聚合物时，若直接将其与聚合物复合，一方面，容易出现在聚合物基质中分散不均匀的情况，另一方面，纤维素表面富含羟基而呈极性，与非极性的高分子聚合物之间存在着较差的界面黏结力，从而无法发挥纳米粒子独特的结构带来的优异的性能，复合涂料的性能也得不到改善甚至起到相反的效果，因此采用一定的化学手段使 NFC 均匀分散且与聚合物基质有良好的界面亲和性是十分必要的。

图 2-3 为不同含量 KH550 处理后的 NFC 水悬混液放置 0h、24h、1 个月和 7 个月的实物照片图。可以看出，所有试样在刚刚制备完成时都未出现分层现象，超声作用使 NFC 在水中分散均匀；但静置 24h 后，未添加 KH550 的和添加量为 0.32% 和 0.48% 的试样均出现明显的沉降分层现象，而 KH550 添加量为 0.16% 的试样从制备完成到静置 7 个月期间始终保持良好的分散稳定性，可初步判断 KH550 添加量为 0.16% 的试样的相对稳定性较好。

为进一步探究 KH550 对 NFC 的分散性影响，采用透射电子显微镜（TEM）对改性前后的 NFC 分散情况进行观测（图 2-4）。图 2-4（a）显示未添加 KH550 的水悬浊液中 NFC 多以簇状聚集体的形式存在，纤维与纤维之间相互缠绕搭接形成三维网状结构，同时表面具有大量氢键的 NFC 易通过氢键作用结合形成纤丝团聚体，它们在重力的作用下易出现沉降分层现象。KH550 在水存在的条件下会发生水解作用生成硅醇，NFC 表面含有的—OH 可以与硅醇上的—OH 发生反应，使表面被 KH550 包覆，从而减少了 NFC 羟基之间的氢键作用，而且包覆在表面的偶联剂还会产生空间位阻作用，对纤丝的碰撞团聚和重力沉淀产生阻障作用，使 NFC 在水中均匀分散。添加量为 0.08% KH550 的 NFC 出现少量的纤丝聚集体，可能是因为 KH550 含量不足导致 NFC 未被连接和包覆完全，剩下的羟基通过氢键作用与周围纤丝聚集结合。KH550 添加量为 0.16%［图 2-4（b）］的试样纤丝与纤丝之间彼此分离又相互搭接形成三维网状结构，未出现较粗的纤丝聚集体，间接证明 KH550 达到了对 NFC 的较佳包覆状态，很好地平衡了水、KH550、NFC 三维结构、氢键作用、空间位阻作用和重力作用之间的关系，从而达到一种分散

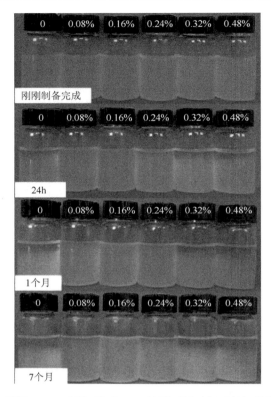

图 2-3　不同 KH550 添加量对 NFC 放置不同时间后的沉降影响照片

良好的稳定状态。而 KH550 添加量为 0.48%的 NFC 试样中，纤丝与纤丝之间分布聚集状态发生了变化，纤丝间的距离减小，彼此有规律地呈带状定向平行聚集在一起，失去了原本的三维网状结构［图 2-4（d）］。这可能是因为过量的 KH550 在水中水解生成了过多的硅醇，硅醇之间也可以相互反应形成硅醇低聚物，连接并促使 NFC 定向排列，这种结构的稳定性弱于原本的三维网状结构，从而在重力的作用下会发生明显的沉降分层现象。综合以上结果可以推断，采用 KH550 作为改性剂可以提高 NFC 在水中的分散稳定性，但添加量过少或过多都不能达到最好的分散稳定效果，在本节中 KH550 添加量为 0.16%时 NFC 水悬混液具有最好的分散稳定性。

2.3.2　与纳米纤维素的结合性能

为了解 KH550 的加入是否对纤维素的晶型和结晶度产生影响，采用 X 射线衍射仪对 KH550（0.16%）改性前后的 NFC 进行表征，结果如图 2-5 所示。经过 KH550 改性后的 NFC 并未出现新的衍射峰，与未改性 NFC 一样都存在着 16°和

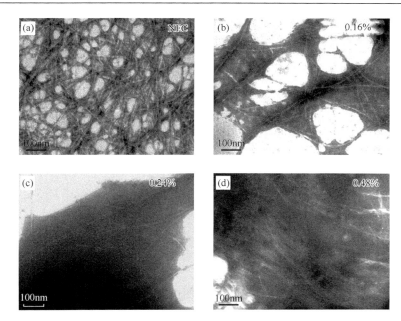

图 2-4　KH550 改性 NFC 前后的 TEM 图

（a）NFC；（b～d）KH550 添加量为 0.16%、0.24%和 0.48%时的 NFC 分散聚集情况

22.5°两处典型的衍射吸收峰，即晶型没有变化，仍为纤维素 Ⅰ 型。通过计算得到改性前后的 NFC 相对结晶度分别为 64.6%和 63.8%，其结晶度也没有发生明显的变化，由此说明使用 KH550 对 NFC 改性不会破坏纤维素内部的结晶区。这一点对于 NFC 增强聚合物是非常重要的，因为如果 NFC 的结晶区遭到破坏，造成聚合度以及结晶度下降，就会影响其对聚合物基质的增强效果。

利用傅里叶变换红外光谱（FTIR）比较未修饰的和 KH550 修饰的 NFC 之间的差异（图 2-6）。在 $1315cm^{-1}$ 和 $1429cm^{-1}$ 处的吸收峰归因于—CH_2 的对称弯曲和纤维素的 C—H 和 C—O 基团的弯曲振动，其在未修饰和 KH550 修饰 NFC 的谱线中都可以观察到。KH550 修饰 NFC 的红外谱线在 $1575cm^{-1}$ 附近显示吸收带，这是—NH_2 弯曲振动和 N—H 的面外弯曲吸收的特征。在 $1000\sim1200cm^{-1}$ 附近的宽吸收峰归因于 Si—O—Si 和 C—O—Si 键的影响。

在图 2-7（a）所示的 X 射线光电子能谱（XPS）宽扫谱线中，NFC 的谱线由 C 1s 和 O 1s 峰组成。在 KH550 修饰的 NFC 谱线中，出现了 Si 和 N 元素的特征峰（表 2-1）。KH550 修饰的 NFC 的 C/O 比值大于 NFC 的 C/O 比值，这是因为 KH550 烷基引入到了 NFC 上。图 2-7(b)中的 Si 2p 的高分辨率光谱揭示，在 105.1eV 和 102.7eV 结合能处存在 Si—O—Si 和—CH_2SiO_3（与三个氧原子结合的硅）。硅烷醇之间会发生自缩合，但是—CH_2SiO_3 也可以视为 Si—OH 或 Si—O—C 的化学

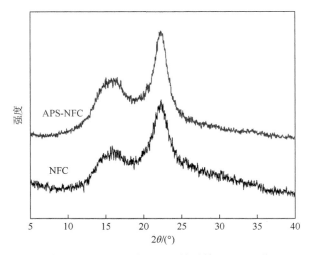

图 2-5　KH550 改性 NFC 前后的 XRD 图谱

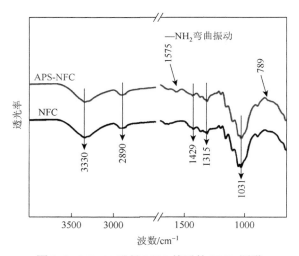

图 2-6　KH550 改性 NFC 前后的 FTIR 图谱

键合。通过分析 NFC［图 2-7（c）］和 KH550 修饰的 NFC［图 2-7（d）］的相对碳组成 C 1s 来进一步鉴定 Si—O—C 的形成。C 1s 谱通常显示三种类型的碳键：284.3eV 的 C—C、285.8eV 的 C—O 和 287.6eV 的 O—C—O。NFC 的 C—C 为 18.81%，C—O 为 69.11%，O—C—O 为 12.08%。然而，KH550 修饰的 NFC 中，C—C 和 O—C—O 碳组成显著降低，而 C—O 增加。这可能是由于 KH550 形成的低聚物通过氢键或酯键包裹 NFC，导致 C—C 和 O—C—O 相对减少。C—O 的增加归因于 C—O—Si 的形成，C—O—Si 的化学键可以在 NFC 和 KH550 低聚物之间形成，因此 C—O 相对提高（表 2-2）。

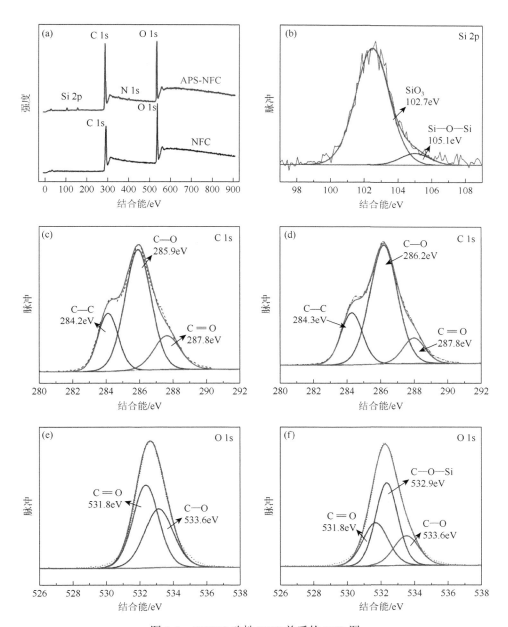

图 2-7　KH550 改性 NFC 前后的 XPS 图

（a）低分辨率宽谱扫描图；XPS 高分辨率光谱：（b）改性 NFC 的 Si 2p；（c）NFC 的 C 1s；（d）改性 NFC 的 C 1s；
（e）NFC 的 O 1s；（f）改性 NFC 的 O 1s

表 2-1　KH550 改性 NFC 前后的 XPS 分析结果

试样名称	化学键序号	化学键	结合能/eV	峰面积	元素所占比例/%	C/O
NFC	C 1s	C1　C—C	284.2	1481.78		
		C2　C—O	285.9	64172.90	68.08	
		C3　C=O	287.8	223.59		2.13
	O 1s	O1　C=O	531.8	48544.27	31.92	
		O2　C—O	533.6	30310.87		
KH550 改性的 NFC	C 1s	C1　C—C	284.3	1786.24		
		C2　C—O	286.2	53702.58	61.59	
		C3　C=O	287.8	59.07		2.07
	O 1s	O1　C=O	531.8	53152.47	29.23	
		O2　C—O	533.6	1181.44		
		O3　C—O—Si	532.9	14190.39		
	Si 2p	Si1　Si—O—Si	105.1	563202.53	3.87	
		Si2　O—Si—O（O）	102.7	3611.17		

表 2-2　NFC 和 KH550 改性的 NFC 的原子分数和相对碳组成

试样名称	C 1s/%	O 1s/%	C/O	N 1s/%	Si 2p/%	C—C/%	C—O/%	O—C—O/%
NFC	35.19	64.81	0.54	—	—	18.81	69.11	12.08
KH550 改性的 NFC	39.72	56.68	0.70	2.63	0.97	13.26	81.01	5.73

结合上述表征分析可以得出，硅烷偶联剂 KH550 与 NFC 的可能作用机制如图 2-8 所示，KH550 水解后产生双亲性的官能团，生成的硅羟基能够和 NFC 表面的羟基结合，彼此之间的氢键作用和空间位阻作用也变强，结合纤丝的交织特性和 Si—O—Si 键的网络结构空间位阻特性，使得它们在水溶液中的分散稳定性增加。

2.3.3　对纳米纤维素流变性能的影响

图 2-9 是改性前后 NFC 的储存模量 G'、损耗模量 G''、损耗角正切 tanδ 与角速度的关系图。在整个角速度扫描范围内，无论是原始 NFC 还是 KH550 改性后的 NFC，其储存模量和损耗模量都随着角速度的升高而逐渐增大，且始终保持

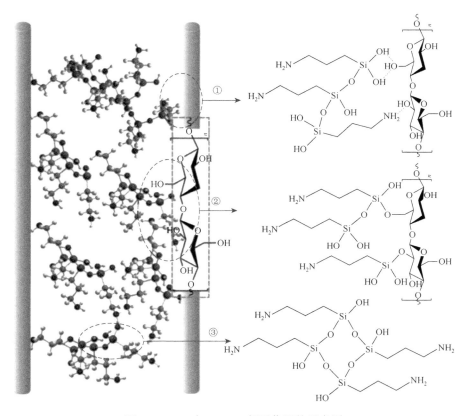

图 2-8　NFC 与 KH550 相互作用的示意图

①通过形成氢键进行化学交联；②脱水缩合后形成酯键；③形成 Si—O—Si 键，再生空间位阻影响

$G' > G''$（$\tan\delta < 0.2$），即表现出明显的弹性行为，也再次证明采用 0.16%添加量的 KH550 进行改性处理不会破坏 NFC 在水中的交联凝胶结构。经过 KH550 修饰后，NFC 的储存模量和损耗模量都明显增加。在低角速度范围内，两种试样的储存模量和损耗模量都呈现出平稳上升的趋势，说明在此范围内储存模量和损耗模量受角速度影响不大；但在高角速度范围内，两种试样的上升趋势明显增大。NFC 的上升程度大于经过改性后的 NFC，这是因为 KH550 改性后的 NFC 在水中分散得更加均匀、稳定。

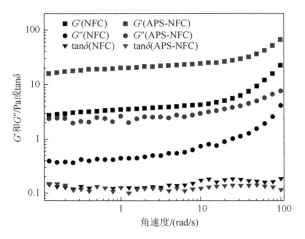

图 2-9　KH550 改性 NFC 水悬混液前后的角速度与储存模量、损耗模量和 tanδ 的关系图

2.4　改性纳米纤维素/水性丙烯酸复合涂料的结构性能分析

2.4.1　润湿性测试

采用纳米粒子增强聚合物时，要想取得理想的增强效果，分散相除了能够在分散介质中均匀分散外，还有非常重要的一点就是分散相与分散介质之间要有良好的界面亲和力，也就是分散介质对纳米粒子要有润湿性。润湿性就是液体在固体表面的铺展能力，而液体对固体的接触角就是反映润湿程度的一种度量。因此，采用接触角测量仪来测定液体涂料对改性前后纳米纤维素的接触角，来表征两者之间润湿性。

由图 2-10 可知，所有试样接触角随时间增加都表现出相同的变化趋势，因为涂料液滴刚接触到薄膜表面时并没有完全铺展开，所以起始接触角较高，随时间的增加液滴慢慢向周围铺展扩散，接触角开始降低，10s 后基本保持不变。而随着 NFC 中 KH550 添加量的升高，试样接触角总体上表现为先降低后升高的趋势，但均低于未改性的 NFC，它的起始接触角为 90.6°，10s 后保持在 83°。当 KH550 添加量为 0.16% 时，10s 后接触角保持在 69.4°。这可能是因为 KH550 在水解后，分子一端生成可以和纤维素表面羟基发生反应的硅醇，另一端则是非极性的氨丙基。硅烷偶联剂包覆在 NFC 表面，不仅减少了 NFC 表面的极性羟基，而且引入了非极性的基团，从而降低了 NFC 表面的极性，因此也更容易被涂料液体润湿。但是 KH550 添加量过多时，NFC 对同种涂料的接触角呈现增大现象，推测可能是因为虽然硅烷偶联剂可以降低纤维素表面的极性，但是水性涂料以水作为分散介质，二者极性差异过大，水性涂料也不能很好地铺展。因此，寻找到极性与非极性平衡点是很重要的。

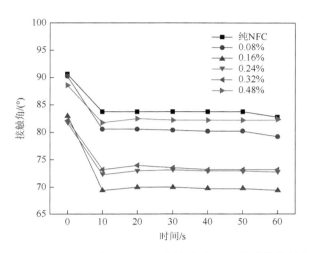

图 2-10　水性丙烯酸涂料对不同含量 KH550 改性前后 NFC 薄膜的接触角随时间的变化

2.4.2　热固化分析

差示扫描量热法（DSC）可以用来表征涂料的热固化过程。选取原涂料和添加改性后 NFC 水悬混液为 20% 的复合涂料进行 DSC 检测（图 2-11），其分析结果

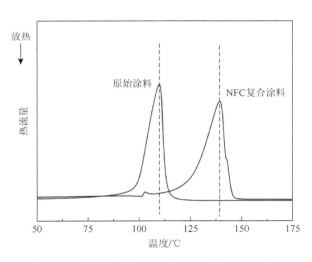

图 2-11　原始涂料和 NFC 复合涂料的 DSC 图谱

如表 2-3 所示。从图 2-11 可知,相比于原始涂料,添加改性 NFC 后的复合涂料在受热固化过程中的放热峰向高温移动。原始水性丙烯酸涂料从 100.17℃开始固化,到 112.55℃时结束固化,峰值温度出现在 109.96℃,放热焓为 1049J/g。复合涂料从 127.71℃开始固化,142.61℃时固化终止,峰值温度为 139.20℃,放热焓为 1254J/g。固化温度的提高可能是因为改性后 NFC 在涂料中形成三维网状结构,与涂料中丙烯酸分子链之间产生氢键作用或发生吸附缠结,限制了分子链段的移动,热焓增大。

表 2-3　DSC 图谱分析数据

样品名称	起始温度/℃	峰值温度/℃	终止温度/℃	放热焓/(J/g)
原始涂料	100.17	109.96	112.55	1049
NFC 复合涂料	127.71	139.20	142.61	1254

2.4.3　漆膜的透光性

在木材和家具表面涂刷涂料是为了装饰和保护,对于透明清漆要求漆膜干燥后光滑透明,可以看到物面原有的花纹。因此,采用 NFC 来改性涂料也不能降低其漆膜的透明性。虽然 NFC 的尺寸远小于可见光光波的波长,但是如果 NFC 在涂层中形成较大的团聚体,且导致分布不均匀,就会使光线发生散射,从而降低漆膜的透明性。由漆膜的宏观照片(图 2-12)可以看出,NFC 复合涂料的漆膜也很清澈透明,这说明 NFC 的加入在宏观上并未明显影响漆膜透明性。

图 2-12　改性 NFC 悬混液添加量对复合涂料漆膜透明性的影响

(a)0%;(b)10%;(c)15%;(d)20%

　　进一步采用紫外-可见分光光度计对漆膜的透光性进行定量检测，结果如图 2-13 所示。复合涂料的紫外-可见光透光率与原始涂料基本相同，都在 84% 左右，这是因为 NFC 的尺寸远小于可见光光波的波长，而且在涂层中分布均匀。

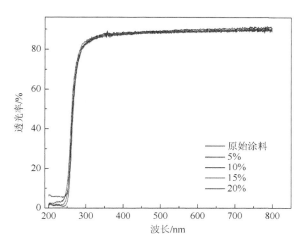

图 2-13　原始涂料和 NFC 复合涂料漆膜的 UV-Vis 透光率曲线

2.4.4　漆膜的微观形貌

　　由漆膜的表面和横截面的 SEM 图（图 2-14）对比可以看出，原始涂料［图 2-14（a）］的漆膜表面平整光滑，经过液氮脆断后的断裂面出现断纹［图 2-14（d）］，表现为脆性断裂。添加未改性 NFC 的漆膜［图 2-14（b）］表面露出较大的纤维聚集体，断裂面［图 2-14（e）］也出现大量的聚集在一起的纤维，说明未经过改性的 NFC 在涂料里发生团聚，不能均匀地分散在涂层中。添加改性 NFC 后的复合涂料漆膜表面并未出现较大的纤维聚集体［图 2-14（c）］，白色细小纤维分布均匀，在断裂面上有很多细小棒状物质均匀分布［图 2-14（f）］，这些是被涂料包裹的 NFC，说明 KH550 改性改善了 NFC 在涂料中的均匀分散性。

2.4.5　漆膜的物理力学性能

　　NFC 具有高结晶度和高杨氏模量等优异性能，将其与水性涂料复合有望提高漆膜的各项力学性能。但是，如果 NFC 不能在涂料基质中均匀分散，不但不能与之产生良好的亲和性，反而会降低漆膜的力学性能，因为在受到外力时，团聚的纳米纤维素会成为应力集中点，出现脱落现象甚至产生裂缝。

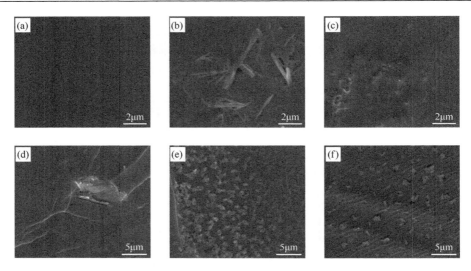

图 2-14　涂层表面 SEM 图

（a）原始涂料；（b）添加未改性 NFC 的涂料；（c）添加改性 NFC 的涂料。断裂截面 SEM 图：（d）原始涂料；（e）添加未改性 NFC 的涂料；（f）添加改性 NFC 的涂料

　　由漆膜杨氏模量与复合涂料中 NFC 含量的关系图（图 2-15）可知，原始涂料漆膜的杨氏模量为 70.19MPa。随着 NFC 水悬混液含量的增加，漆膜的杨氏模量增大；当添加量为 20%（换算得到 NFC 的实质含量为 1%）时，杨氏模量达到最大值 499.15MPa，与原始涂料相比增加了 611%，其增幅是非常惊人的。这是因为经过改性的 NFC 均匀地分散在涂料基质中，能够将漆膜所受应力转移到纤维上；而且 NFC 含量越高，这种应力转移的作用就越强，杨氏模量就增加越显著。

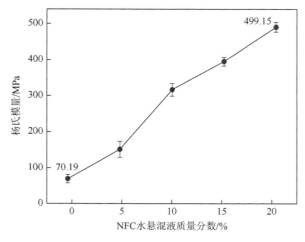

图 2-15　漆膜杨氏模量与复合涂料中 NFC 水悬混液的添加量关系图

　　图 2-16 表明漆膜的断裂伸长率出现与杨氏模量相反的变化。原始涂料的断裂伸长率为 143.33%，证明其具有很好的伸展性。随着 NFC 含量的增加，复合涂料的断裂伸长率呈现较平缓的下降趋势；当添加量为 20% 时，涂料的断裂伸长率达到最低点 101.67%，与原始涂料相比降低了 29%。这是因为 NFC 与涂料基质之间的相互作用限制了涂料基质丙烯酸酯分子链段的移动。但对于涂刷在木材或家具上的涂料来说几乎不会受到很强的拉伸作用力，所以断裂伸长率的降低对漆膜的常规性能不会产生影响。

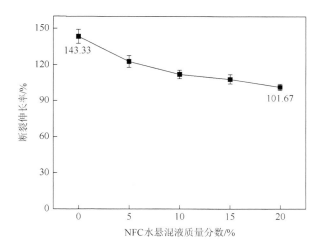

图 2-16　漆膜断裂伸长率与复合涂料中 NFC 水悬混液的添加量关系图

　　将实验制备得到的改性 NFC/水性丙烯酸复合涂料刷涂到胶合板表面，待漆膜完全干燥后，对其进行硬度、耐磨性和光泽度测试。图 2-17 为原始涂料和复合涂料的漆膜照片，可以看出复合涂料的漆膜依然光滑透明，与原始涂料漆膜相比并无显著差别。

　　漆膜的硬度是评价漆膜性能的重要指标之一，可以用来判断受到外来摩擦和碰撞等时的损害程度。采用铅笔硬度测试法来评估漆膜的硬度，参照 GB/T 6739—2006。

　　检测结果如图 2-18 所示。原始水性丙烯酸涂料漆膜的硬度为 2H，添加不同含量 NFC 的复合涂料的硬度都大于原始涂料，添加量为 5%~15% 的试样漆膜硬度为 3H，添加量为 20% 的漆膜硬度达到最高值 4H。这是因为 NFC 和硅烷具有较高的杨氏模量，在涂料漆膜里分散均匀时能形成较强的三维网状结构，从而也提高了漆膜的硬度。

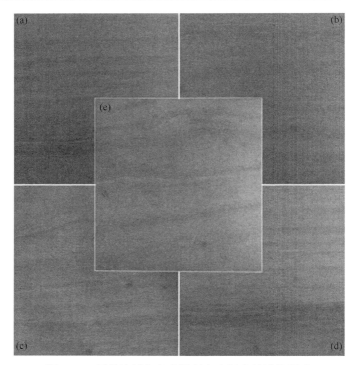

图 2-17 原始涂料和复合涂料在木板上的涂饰照片

（a～d）NFC 水悬混液添加量分别为 5%、10%、15%和 20%的复合涂料；（e）原始涂料

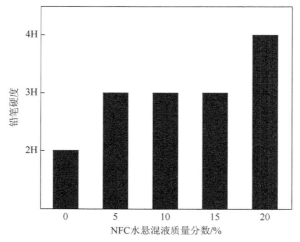

图 2-18 NFC 水悬混液添加量对复合涂料漆膜硬度的影响

漆膜抵抗外界机械摩擦作用的能力就是耐磨性，采用漆膜磨耗仪来测试研磨进行 1000 次旋转质量损失，磨损后漆膜的质量损失越小表示耐磨性越好。原始水

性丙烯酸涂料的质量损失为 7mg，添加改性后纳米纤维素可以降低漆膜的质量损失量，降低的幅度范围为 7%～35%（图 2-19）。漆膜的耐磨性与漆膜的硬度和粗糙度等因素有关，这可能是由于来自 KH550 的硅烷基团与共混物基质界面相容，因此硬度和耐磨性得到增强。

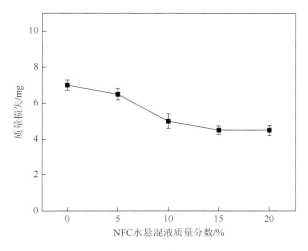

图 2-19　NFC 水悬混液添加量对复合涂料漆膜耐磨性的影响

　　漆膜表面对光的反射程度即为光泽度，按照光泽度大小，涂料分为无光涂料（<10）、半光涂料（20～40）和有光涂料（>40），采用便携式光泽度仪（投射角60°）对试样进行检测的结果如图 2-20 所示。原始涂料的光泽度为 25.56，为半光

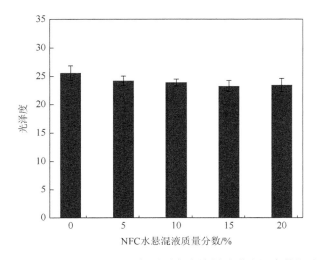

图 2-20　NFC 水悬混液添加量对复合涂料漆膜光泽度的影响

涂料，添加 NFC 的复合涂料光泽度有轻微降低，但几乎可以忽略不计，因此，添加改性后的 NFC 几乎不影响复合涂料漆膜的光泽度。

2.5　本章总结

（1）采用硅烷偶联剂 KH550 作为改性剂可以提高 NFC 在水相中的分散稳定性。当添加量适宜时，NFC 在水相中达到一种分散良好的稳定状态，放置七个月后仍然不会出现沉降分层现象。这种稳定作用归因于 KH550 与 NFC 之间的化学连接作用以及在水相中形成的空间位阻效应。

（2）KH550 改性后的 NFC 能够在水性丙烯酸涂料中分散均匀，与涂料高分子基质具有良好的亲和性，使得复合涂料的固化温度升高，储存模量显著增大，断裂伸长率有所降低。

（3）KH550 改性后 NFC 的添加，并不会明显影响复合涂料的成膜性和漆膜的光透明性，但能够显著改善漆膜的综合性能，如水性丙烯酸涂料的漆膜硬度可提高 2 个级度，质量损失量降低 35% 等。

参 考 文 献

[1]　龙玲，万祥龙，曲岩春. 纳米 Al_2O_3 改性水性木器漆耐磨性和硬度的研究[J]. 林业科学，2011，47（9）：108-113.

[2]　王延青，王全杰，蒋艳云，等. 多壁碳纳米管改性聚碳酸酯型聚氨酯的研究[J]. 聚氨酯工业，2010，（6）：24-27.

[3]　de Oliveira Patricio P S，Pereira I M，da Silva N C F，et al. Tailoring the morphology and properties of waterborne polyurethanes by the procedure of cellulose nanocrystal incorporation[J]. European Polymer Journal，2013，49（12）：3761-3769.

[4]　Gao Z，Peng J，Zhong T，et al. Biocompatible elastomer of waterborne polyurethane based on castor oil and polyethylene glycol with cellulose nanocrystals[J]. Carbohydrate Polymers，2012，87（3）：2068-2075.

[5]　Vardanyan V，Poaty B，Chauve G，et al. Mechanical properties of UV-waterborne varnishes reinforced by cellulose nanocrystals[J]. Journal of Coatings Technology and Research，2014，11（6）：841-852.

[6]　Xu S，Girouard N，Schueneman G，et al. Mechanical and thermal properties of waterborne epoxy composites containing cellulose nanocrystals[J]. Polymer，2013，54（24）：6589-6598.

[7]　Xu X，Liu F，Jiang L，et al. Cellulose nanocrystals vs. cellulose nanofibrils: a comparative study on their microstructures and effects as polymer reinforcing agents[J]. ACS Applied Materials & Interfaces，2013，5（8）：2999-3009.

[8]　Veigel S，Grüll G，Pinkl S，et al. Improving the mechanical resistance of waterborne wood coatings by adding cellulose nanofibres[J]. Reactive and Functional Polymers，2014，85：214-220.

[9]　Grüneberger F，Künniger T，Huch A，et al. Nanofibrillated cellulose in wood coatings: dispersion and stabilization of ZnO as UV absorber[J]. Progress in Organic Coatings，2015，87：112-121.

[10]　Grüneberger F，Künniger T，Zimmermann T，et al. Nanofibrillated cellulose in wood coatings: mechanical

properties of free composite films[J]. Journal of Materials Science，2014，49（18）：6437-6448.

[11]　Grüneberger F，Künniger T，Zimmermann T，et al. Rheology of nanofibrillated cellulose/acrylate systems for coating applications[J]. Cellulose，2014，21（3）：1313-1326.

[12]　Habibi Y. Key advances in the chemical modification of nanocelluloses[J]. Chemical Society Reviews，2014，43（5）：1519-1542.

[13]　Tan Y，Liu Y，Chen W，et al. Homogeneous dispersion of cellulose nanofibers in waterborne acrylic coatings with improved properties and unreduced transparency[J]. ACS Sustainable Chemistry & Engineering，2016，4（7）：3766-3772.

第3章 纳米纤维素基凝胶过滤材料

3.1 背景概述

纳米级颗粒的分离不仅对纳米粒子合成等基础研究至关重要，而且对水净化或污染空气的净化等实际应用也有重要意义。然而，微小尺寸纳米颗粒的分离通常比较困难，并且耗费时间和能量[1]。过滤是一种常见的纳米颗粒分离方法，主要是因为它简单有效，溶剂/溶液体积小，并且容易扩大操作规模。过滤时通常采用具有微小孔径和高液体通量的超薄纳米多孔过滤器，当液体通过过滤器时这些特性可以确保高液流渗透性下对纳米颗粒的截留。以上所说的这种过滤器在过滤少量纳米颗粒溶液方面取得了不错的进展，如过滤非常稀的溶液或少量的浓缩溶液。然而，截至目前，用于分离纳米颗粒的过滤器仍面临着两个重要挑战，一个是防污性能差，另一个是只能在相对低的液体通量下分离含高浓度纳米颗粒的溶液。在某些情况下，因为"较大的"纳米颗粒或其聚集体堵塞过滤器的纳米孔，过滤会变得非常低效甚至停止，严重限制了纳米颗粒分离的规模化应用。因此，通过设计过滤器的构筑模块从而开发出可以"连续过滤"的过滤器，实现含纳米颗粒的溶液在稳定通量下保持连续且高效分离，是十分关键的。

以往的研究中，广泛使用的过滤器大多由陶瓷基材料或聚合物基材料制成。而近年来使用生物聚合物纳米纤维（如纤维素和蚕丝纳米纤维）作为构筑体的过滤器的开发越来越受到关注。这主要是因为它们的原料丰富，自身具有有利于过滤的结构和性能，并且拥有从原始生物组织和细胞中保留的生物相容性。Mihranyan 课题组近年来开展了一系列用于纳米颗粒分离的纳米纤维素纸过滤器的研究[2, 3]，基于尺寸排阻原理，其可以有效地阻隔纳米尺寸的颗粒，如金纳米颗粒和病毒[4, 5]。尽管如此，由于纳米纤维素纸过滤器的低孔隙率（约35%）以及纳米孔的微小尺寸，其水力渗透率较低，液体通量仍有改进空间。木材衍生的具有高长径比的纳米纤维素（NFC）可用于制备具有互连网络结构和生物相容性的水凝胶过滤器，有望快速地通过液流并高效地分离纳米颗粒。

本章提出一种简单且具有成本效益的实现策略，使用木粉衍生的 NFC 作为构筑模块，制备出可用于分离纳米颗粒的自支撑和生物相容性 NFC 基水凝胶过滤器（NFC-HF）。NFC-HF 内部蕴藏的水确保了其体内结构的大孔隙率，这有利于实现快速过滤，NFC-HF 的超亲水性和水合特点也有利于快速地渗透和运输水分。此外，由密集堆积和缠结的 NFC 构成的 NFC-HF 的纳米孔较小且不规则，与相对大尺寸的纳米颗粒不匹配，因此这些纳米孔可以在过滤过程中阻隔纳米颗粒，但不会被纳米颗粒堵塞。得益于这种独特的结构，NFC-HF 具有稳健的对纳米颗粒高效阻隔性和尺寸选择分离性，即使对高浓度纳米颗粒溶液连续过滤也是如此。

3.2　制备加工方法

3.2.1　纳米纤维素基水凝胶过滤器的制备

在商用滤纸（孔径 0.45μm，直径 5.2cm）上简单地真空抽滤 NFC 水悬浊液后制得 NFC-HF（图 3-1）。通过调控 NFC 水悬浊液（NFC 质量分数：0.5%）的体积量，从 25mL 增加到 60mL 来制备不同厚度的 NFC-HF，并标记为 NFC-HF-x，其中 $x = 25$、30、40、50 和 60，以表示 NFC 水悬浊液的用量。

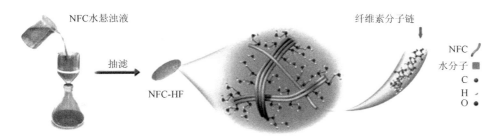

图 3-1　NFC-HF 的制备示意图

3.2.2　纳米纤维素基气凝胶过滤器的制备

NFC 气凝胶过滤器是通过冷冻干燥 NFC-HF-x 来制备，并将它们标记为 NFC-AF-x，其中 $x = 25$、30、40、50 和 60。

3.2.3　纳米纤维素基纳米纸的制备

通过在 60℃下重压和干燥 NFC-HF-x 来制备 NFC 基纳米纸，并将它们记录为 NFC-NP-x，其中 $x = 25$、30、40、50 和 60。

3.3　纳米纤维素基过滤器的结构性能分析

3.3.1　基本结构与性能

通过高强度超声处理而制备出的 NFC, 纤丝平均直径为 2~5nm, 并且呈现出细长的纤维结构, 也具有平行排列的 NFC 纳米纤维束, 分散性良好 (图 3-2)。由于 NFC 的主要成分是含有少量半纤维素的纤维素, 因此 NFC 的表面覆盖有大量的羟基, 能够与水分子的氢原子形成氢键, 同时 NFC 分子与水分子之间也存在范德瓦耳斯力。因此, NFC 水悬浊液的这些特性, 使得以其为原料制备成水凝胶过滤器后, 大部分水分子被保留并存储在 NFC-HF 网络的内部。

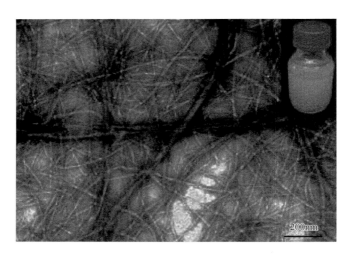

图 3-2　NFC 的 TEM 图像
插图：200mL 0.5%（质量分数）NFC 水悬浊液的照片

在 NFC-HF 的骨架内存在大量互连的纳米孔, 同时 NFC 表面带有大量的羟基, 使其具有较高的亲水性及高保水能力。高含水量的 NFC-HF 有利于避免 NFC 之间形成氢键而发生聚集, 具有高孔隙率和快速水渗透性。NFC-HF-30 由纳米尺寸的 NFC 制备而成并具有高孔隙率和含水率, 使其在与背景基板接触时表现出良好的透明度 (图 3-3)。

图 3-4 是水滴落在 NFC-HF-30 表面上的接触角照片。水滴落在 NFC-HF-30 的表面时被瞬间吸收, 可以认为此时水在 NFC-HF-30 表面的接触角为 0°, 证明表面带有大量羟基的 NFC-HF-30 具有超亲水性。

图 3-3　NFC-HF 的数码照片

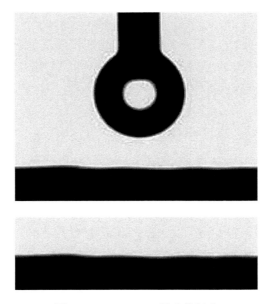

图 3-4　NFC-HF-30 的水接触角

　　NFC-HF 的"一步制造"法简单快速，NFC-HF-30 的制备时间短于 10min。NFC-HF 厚度容易控制：随着 NFC（0.5%，质量分数）水悬浊液的使用量从 25mL 增加到 60mL，厚度在 0.24～0.58mm 的范围内几乎呈线性增加。

　　如图 3-5 所示，在典型的工艺中，30mL 的 NFC 水悬浊液可制备厚度约为 0.29mm 的 NFC-HF-30，其含水率为 90.5%（质量分数）。相应的 NFC-AF-30 的密度为 0.19g/cm³，孔隙率为 88.4%。作为对比，NFC-NP-30 的厚度为 0.15mm，密度为 0.63g/cm³，孔隙率为 60.8%。

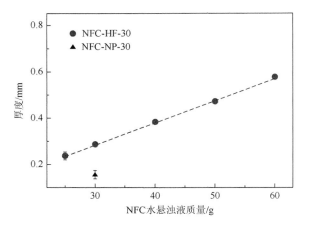

图 3-5　NFC-HF 厚度与所过滤的 NFC 水悬浊液用量的关系

利用旋转流变仪对 NFC-HF-30 的储存模量和损耗模量进行表征，以反映其动态流变性能。如图 3-6 所示，室温下 NFC-HF-30 的储存模量高于损耗模量，表明 NFC-HF-30 具有近乎固体相的黏弹性凝胶结构，并伴有一定的力学强度。

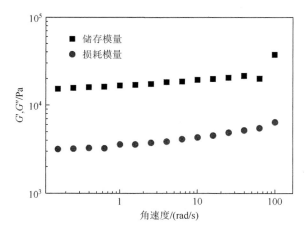

图 3-6　NFC-HF-30 的动态流变性能曲线（角速度-储存模量、损耗模量）

为了评估渗透性能，测试了不同厚度 NFC-HF 与水通量的关系，如图 3-7 所示。NFC-HF-30 的水通量高达 151.6L/(m²·h·bar[①])，显著高于水通量仅为 1.8L/(m²·h·bar)

---

① 1bar = 10⁵Pa。

的 NFC-NP-30。NFC-HF-30 的较高水通量主要是由于其高孔隙率以及其内部蕴含的水提供了过滤水快速通过的相似相溶介质。当 NFC-HF 的厚度从 0.24mm 增加到 0.58mm 时，凝胶对水流的阻碍增大，水通量从 231.5L/(m²·h·bar)降至 27.9L/(m²·h·bar)，说明水通量与 NFC-HF 的厚度呈明显的负相关关系。

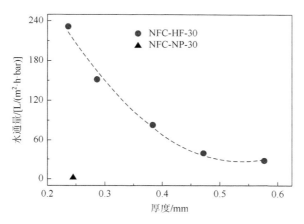

图 3-7　不同 NFC-HF 厚度和水通量的关系图

水通量与抽真空压力的变化关系如图 3-8 所示。随着压力的增加，水通量几乎线性地从 9.9L/(m²·h·bar)增加到 47L/(m²·h·bar)，说明真空压力与水通量近乎呈线性正相关关系。

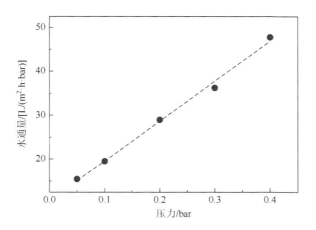

图 3-8　水通量与抽真空压力的关系图

对于以上所有过滤过程，过滤后的滤液经 UV-Vis 检测后，并未检测到痕量级的 NFC，证明了自支撑 NFC-HF 在液体流动下的稳定性。

NFC-AF-30 由高含水率的 NFC-HF-30 在−20℃冰箱中冷冻后进一步真空干燥得到。NFC-AF-30 的微观结构如图 3-9 所示，NFC-AF 由 NFC 密集编织并形成三维网络纳米多孔结构。在冷冻过程中，冰晶的形成使 NFC-AF-30 产生了一些大孔。

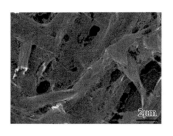

图 3-9　NFC-AF-30 的 SEM 图像

3.3.2　对纳米颗粒的过滤效果

1. NFC-HF-30 过滤纳米二氧化钛

纳米级颗粒与水的分离在图 3-10 所示的装置中进行。NFC-HF 被固定在两个容器之间，通过真空抽滤法对纳米级颗粒进行过滤分离，即"死端过滤"法。

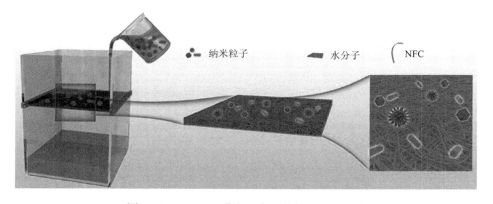

图 3-10　NFC-HF 截留纳米颗粒装置的示意图

为了研究 NFC-HF 用于分离截留纳米颗粒的效率，使用有效过滤面积约为 $12.56cm^2$ 的 NFC-HF 分别过滤不同浓度的 20nm TiO_2 纳米颗粒水溶液。首先用 NFC-HF-30 过滤 20mL 质量分数为 0.005%的 TiO_2 溶液。过滤后，NFC-HF-30 的顶表面大部分被 TiO_2 纳米颗粒覆盖［图 3-11（a，b）］，而在 NFC-HF-30 的底表面没有观察到肉眼可见的 TiO_2 纳米颗粒［图 3-11（c，d）］，表明 TiO_2 纳米颗粒被 NFC-HF-30 完全阻隔。

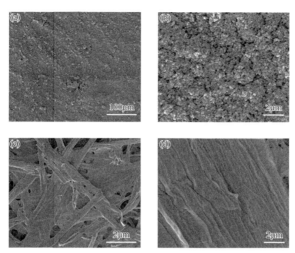

图 3-11　NFC-HF-30 截留 TiO$_2$ 纳米颗粒的 SEM 图

（a，b）过滤后的顶表面；（c，d）过滤后的底表面

为了进一步研究纳米颗粒的阻隔过程，通过 NFC-HF-30 过滤增大浓度的 20mL TiO$_2$ 纳米颗粒溶液（图 3-12）。当溶液质量分数不高于 0.005% 时，TiO$_2$ 纳米颗粒随机分布在 NFC-HF-30 的顶表面上 [图 3-12（a～d）]。当溶液质量分数增至 0.01% 时，纳米颗粒量增加并完全覆盖 NFC-HF-30 的顶表面 [图 3-12（e）]。随着溶液质量分数进一步增加至 0.2% [图 3-12（h）]，TiO$_2$ 纳米颗粒连续沉积在 NFC-HF-30 的顶表面，并形成厚度为几十微米的厚 "饼" 层。上述结果说明，即使溶液中的纳米颗粒质量分数高达 0.2%，NFC-HF 依然可以有效阻隔 TiO$_2$ 纳米颗粒。

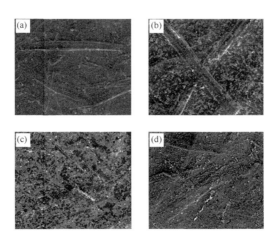

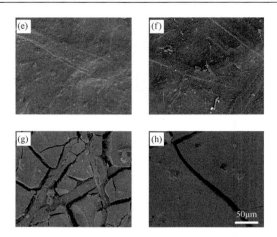

图 3-12　NFC-HF-30 过滤 20mL 质量分数分别为 0.0001%（a）、0.0005%（b）、0.001%（c）、0.005%（d）、0.01%（e）、0.05%（f）、0.1%（g）和 0.2%（h）的 TiO₂ 纳米颗粒溶液的顶表面 SEM 图，图中的比例尺均为 50μm

2. NFC-HF-30 过滤病毒

由微生物污染的水引起的水传播疾病，仍然是发展中国家死亡和疾病的主要原因。在常见的微生物中，病毒由于体积小而难以完全除去。因此，有效净化病毒污染的水对于与人类健康有关的实践应用是非常重要的。选择直径为 80～100nm 的 Lenti-GFP 病毒作为模拟污染源，其尺寸接近于人类甲型肝炎病毒和埃博拉病毒等，评估 NFC-HF-30 对三种不同浓度 Lenti-GFP 病毒溶液的过滤截留效率。

制备三种不同浓度的病毒溶液，以模拟不同程度污染的水，作为过滤实验的待过滤溶液。实验结果表明，NFC-HF-30 可以快速有效地过滤病毒溶液，平均过滤病毒溶液的流通量为 123.3L/(m²·h·bar)。三种不同浓度的被增强绿色荧光蛋白（eGFP）标记的 Lenti-GFP 病毒溶液、经 NFC-HF-30 过滤后的病毒滤液以及相应未经过滤的病毒溶液作为对照组进行细胞培养实验，实验所选细胞为人胚胎肾细胞系（HEK293FT），用荧光显微镜观察转染 48h 后的细胞状态。图 3-13 所示为 HEK293FT 细胞分别在亮场和荧光场的荧光显微镜照片。HEK293FT 细胞在未经 NFC-HF-30 过滤的病毒溶液转染 48h 后，亮场可见 HEK293FT 细胞，荧光场可见明显的绿色荧光表达；相反，HEK293FT 细胞在经 NFC-HF-30 过滤后的病毒溶液转染 48h 后，亮场可见 HEK293FT 细胞，荧光场却未见绿色荧光表达。图 3-14～图 3-16 分别为图 3-13 中过滤三种不同浓度病毒溶液的平行实验，并分别重复三次。以上结果说明，三种不同浓度的 Lenti-GFP 病毒溶液都可以高效地被 NFC-HF-30 截留，过滤后滤液均不含有 HEK293FT 细胞。

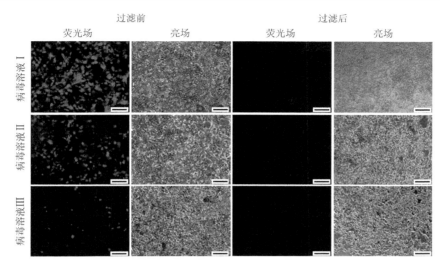

图 3-13　NFC-HF-30 的病毒过滤实验。HEK293FT 细胞分别与不同浓度的经 NFC-HF-30 过滤前后的 Lenti-GFP 病毒溶液转染 48h 后的荧光场和亮场荧光显微镜照片。比例尺为 100μm

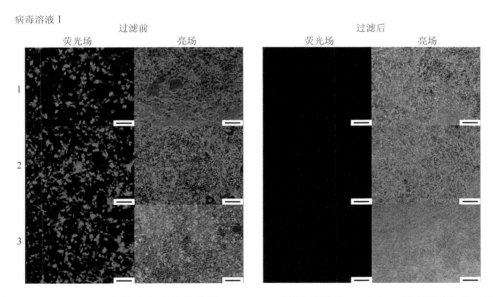

图 3-14　HEK293FT 细胞在与高浓度的经 NFC-HF-30 过滤前后的 Lenti-GFP 病毒溶液转染 48h 后分别在荧光场和亮场荧光显微镜照片。比例尺为 100μm

　　使用流式细胞仪对过滤前后病毒溶液的转染效率进行定量分析。经过滤前的三种浓度的 Lenti-GFP 溶液转染后的增强绿色荧光蛋白（eGFP）呈阳性表达的

病毒溶液Ⅱ

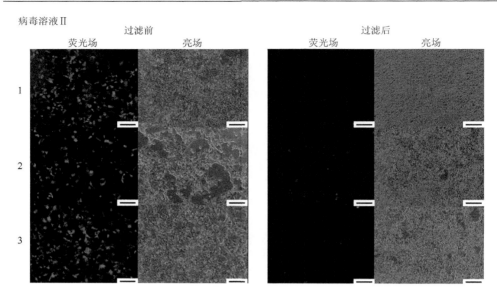

图 3-15　HEK293FT 细胞在与中等浓度的经 NFC-HF-30 过滤前后的 Lenti-GFP 病毒溶液
　　　　转染 48h 后分别在荧光场和亮场荧光显微镜照片。比例尺为 100μm

病毒溶液Ⅲ

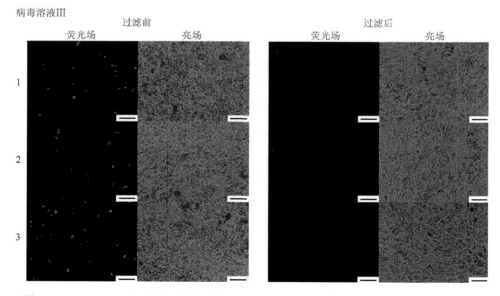

图 3-16　HEK293FT 细胞在与较低浓度的经 NFC-HF-30 过滤前后的 Lenti-GFP 病毒溶液
　　　　转染 48h 后分别在荧光场和亮场荧光显微镜照片。比例尺为 100μm

HEK293FT 细胞计数百分比分别为 50%，23.8%和 6.02%（图 3-17）；过滤后则显
著降低为 0.110%，0.0759%和 0.072%。相较于未过滤的病毒转染的细胞，在过滤

后，eGFP 阳性细胞的平均荧光强度（MFI）全部显著降低至低于检测限（图 3-18）。以上实验结论再次证明了 NFC-HF-30 对高中低三种浓度 Lenti-GFP 溶液的病毒颗粒的高效过滤效果。

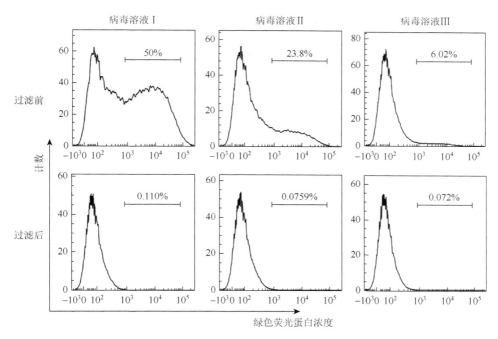

图 3-17　经 NFC-HF-30 过滤前后的三种不同浓度的 Lenti-GFP 溶液滤液转染 HEK293FT 细胞后的阳性 eGFP 细胞流式分析

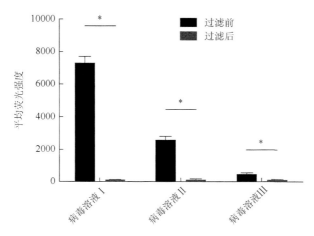

图 3-18　如上处理的转染后的 HEK293FT 细胞表达的 eGFP 的平均荧光强度

：$P < 0.0005$；*：$P < 0.0001$；—：检出限

　　如图 3-19 所示，对经 NFC-HF-30 过滤前后的三种不同浓度的病毒溶液滤液的滴度进行计算,过滤后的病毒的滤液滴度显著降低且低于检测限。被 NFC-HF-30 截留掉的病毒的对数降低值（lg reduction value）大于 3（此值受限于组织培养感染性测试的灵敏性及待滤液的滴度）。以上结果均证明了即使被病毒高度污染的污水仍可以经 NFC-HF-30 过滤而实现高效净化。

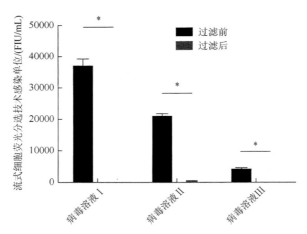

图 3-19　通过 NFC-HF-30 过滤前后的病毒溶液的流式细胞荧光分选技术感染单位

一：检测限

3.3.3　高浓度纳米颗粒溶液的连续过滤分离

　　当过滤含高浓度纳米颗粒的溶液时，过滤器的纳米孔容易被纳米颗粒阻塞，这显然会降低通量或停止过滤行为。NFC-HF-30 具有稳定的水通量和纳米颗粒的高阻隔分离效率，即使对高浓度的纳米颗粒溶液也可以保持阻隔效果。NFC-HF-30 可以在 5min 内分离 5mL TiO_2 水溶液（0.005%，质量分数）（图 3-20）。当 TiO_2 溶

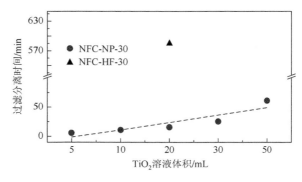

图 3-20　使用 NFC-HF-30 过滤不同体积的高浓度 TiO_2 溶液的分离时间

液的量增加至 10mL 和 20mL 时，过滤时间分别增加至 10.5min 和 15.5min。在过滤 50mL 溶液时，NFC-HF-30 的顶表面完全被 TiO$_2$ 纳米颗粒覆盖，过滤时间增加至 60min，平均通量为 83.8L/(m^2·h·bar)。与 NFC-NP-30 相比，NFC-HF-30 的过滤速度明显较高，NFC-NP-30 需要 585min 来过滤 20mL 的 TiO$_2$ 溶液（0.005%，质量分数），而 NFC-HF-30 仅需 15.5min。

　　进一步评估 NFC-HF 用于连续过滤纳米颗粒溶液的效率和效果，过滤实验在死端模式装置中进行，并以 300r/min 连续搅拌。将 200mL 0.005%（质量分数）的 TiO$_2$ 纳米颗粒溶液加入 400mL 容器中过滤，使之连续通过 NFC-HF-30，而 TiO$_2$ 纳米颗粒被截留。由于连续搅拌和水量减少，随着过滤的进行，TiO$_2$ 纳米颗粒的进料浓度迅速增加。值得注意的是，在整个过滤过程中，水通量稳定在 120L/(m^2·h·bar)左右［图 3-21（a）］。对于那些超薄过滤器，很难实现在大量纳米颗粒溶液的连续过滤中拥有这种稳定的水通量。在整个过滤过程，在过滤溶液的 UV-Vis 分析中未检测到 TiO$_2$ 的吸收峰［图 3-21（b）］。

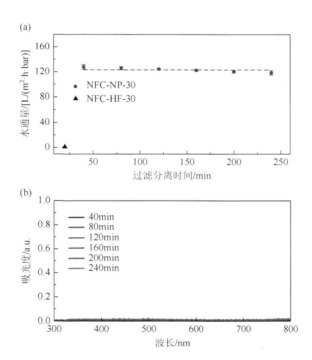

图 3-21　（a）在死端模式下连续过滤 200mL 的 20nm TiO$_2$ 纳米颗粒溶液（0.005%，质量分数）期间 NFC-HF-30 的水通量；（b）过滤 20nm TiO$_2$ 纳米颗粒溶液后滤液的 UV-Vis 透光率曲线

　　为了进一步评估 NFC-HF 对高浓度溶液的稳定过滤效率，通过 NFC-HF-30 对

纳米颗粒浓度为 0.005%～2%（质量分数）的 20mL TiO$_2$ 溶液进行纳米颗粒分离，并获得所有样品的清液。如 UV-Vis 透光率曲线所示，其彻底阻隔了所有的 20nm TiO$_2$ 纳米颗粒（图 3-22）。

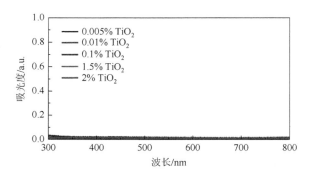

图 3-22　过滤 20mL 20nm TiO$_2$ 纳米颗粒溶液后的滤液的 UV-Vis 透光率曲线，纳米颗粒浓度从 0.005%增至 2%

NFC-HF 能够稳定且高效地分离纳米颗粒的原因主要是 NFC-HF 的超亲水性和纳米多孔以及互连的纳米纤维网络结构。NFC-HF 的超亲水性和高孔隙率确保了液体的快速通过，而密集的 NFC 网络内互连的纳米孔可以有效地阻隔纳米颗粒。对于高浓度纳米颗粒溶液的过滤和连续过滤分离，与过滤时纳米孔完全被纳米颗粒封闭致使过滤速度明显降低的超薄过滤器不同，NFC-HF 的纳米孔由 NFC 纳米纤维和纳米纤维束编织构成，尺寸小且不规则，与相对规则的大尺寸的纳米颗粒尺寸不匹配。因此，NFC-HF 的纳米孔未被纳米颗粒阻挡。即使纳米颗粒累积到滤饼中，液体仍然可以连续地通过具有稳定通量的纳米颗粒滤饼和 NFC-HF 基底。

从来源、加工、过滤特性和过滤效率的角度，将 NFC-HF 与其他 17 种过滤器进行全面比较，结果如表 3-1 所示。NFC-HF 在大多数评估指标中具有一定的优势，包括来源丰富、制备方法简便和快速，用于过滤高浓度纳米颗粒溶液时展现稳定的液体通量，以及高纳米粒子阻隔率。综上，NFC-HF 用于纳米颗粒的过滤分离显示出明显的优势。

3.3.4　尺寸选择性分离性能分析

通过过滤不同种类的尺寸在 5～20nm 范围的纳米颗粒水溶液，来评估 NFC-HF-30 的尺寸选择性分离特性。首先通过 TEM 确认纳米颗粒的形态和尺寸（图 3-23）。

表 3-1　NFC-HF 与其他类别过滤器的比较

来源原材料	工艺				过滤特性					过滤效率		参考文献
	储量丰富	方法	耗能	添加剂	生物相容性	厚度/μm	基底	阻断尺寸	过滤溶剂体积/mL	过滤溶剂浓度	通量/[L/(m²·h·bar)]	
木粉	是	过滤	低	无	是	270	无	12nm	400	0.0001%~2%（质量分数）	152	当前工作
刚毛藻纤维素	是	热压	低	—	是	70	—	50nm	20	—	5	[3]
丝绸纳米纤维	是	过滤	低	有	是	0.04~1.5	有	5nm	20	多倍	600	[6]
丝绸纳米纤维HAP		过滤	低	有	是	0~14	有	5nm	600~1200	多倍	1200	[7]
纤维素-NMMO	—	冷冻移除：过滤	低	有	—	0.023~0.05	有	5nm	50		1830	[8]
聚苯乙烯	—	过滤；交联	—	有	否	0.05~0.08	有	5nm	10	原始溶液稀释20倍	237~542	[9]
磺化聚醚醚酮	—	过滤	—	有	否	12~45	有	5nm	3	0.1mmol/L	110	[10]
磺化聚醚醚酮阴阳离子聚合物	—	过滤牺牲层	—	有	否	0.09~0.41	有	5~12nm	8	—	1414~3306	[11]
聚（4-乙烯基吡啶）阳离子聚合物	—	过滤；交联	—	有	—	0.039~0.135	有	3.7nm	10		275~725	[12]
PS-b-P2VP胶束衍生复合材料	—	牺牲层沉积；过滤	—	有	否	0.1~0.2	有	67000Da	—	0.05g/L	710	[13]
化学转化石墨烯	否	过滤-辅助层组装	高	有	—	0.02~0.05	有	1~2nm	10~35	0.02mol/L	21.8	[14]
碳质纳米纤维	否	溶剂蒸发诱导自组装	高	有	—	10	无	25nm	20	20mg/mL	1150	[15]
氧化石墨烯	否	逐层沉积	—	有	—	0.014	有	约500Da	—	7.5mg/L	8~28	[16]
纳米线通道氧化GO	否	热波纹GO	高	有	—	1.85	无	3~5nm	20	—	695±20	[17]
还原氧化石墨烯薄膜	否	过滤	—	有	—	0.018~0.025	有	3.4nm	50	2~10mg/L	73~90	[18]
陶瓷	—	旋涂	高	有	—	1~10	有	60nm	30	0.01%（质量分数）	3000~4500	[19]
SiO₂-TiO₂	—	静电纺丝	高	—	—	75	—	1.43nm	45	20mg/L	1326	[20]
层流 MoS₂	—	过滤	高	有	—	约1.7	无	约3nm	—	15mmol/L	245	[21]

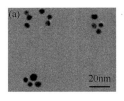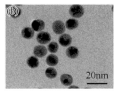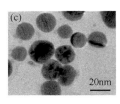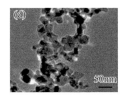

图 3-23　用于评估 NFC-HF-30 尺寸选择性分离特性的纳米颗粒 TEM 图

（a）5nm Au 纳米颗粒；（b）12nm Au 纳米颗粒；（c）20nm Ag 纳米颗粒；（d）20nm TiO₂ 纳米颗粒

　　根据 UV-Vis 透光率曲线中 520nm 处的峰吸附强度计算，约 80% 的 5nm Au 纳米颗粒被 NFC-HF-30 过滤器有效地截留 [图 3-24（a）]。与之形成对比的是，12nm Au 纳米颗粒 [图 3-24（b）]、20nm Ag 纳米颗粒 [图 3-24（c）] 和 20nm TiO₂ 纳米颗粒 [图 3-24（d）] 的截留率都是 100%，证明 NFC-HF-30 的纳米颗粒分离性能的普遍适用性。

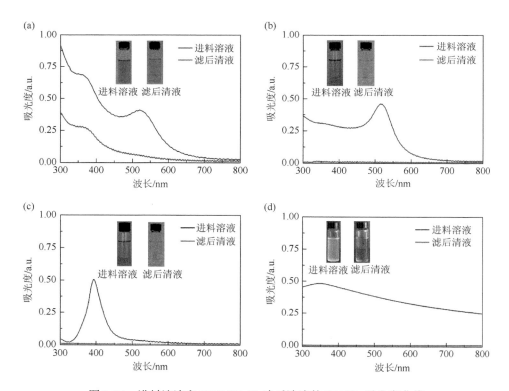

图 3-24　进料溶液和 NFC-HF-30 滤后清液的 UV-Vis 透光率曲线

（a）5nm Au 纳米颗粒；（b）12nm Au 纳米颗粒；（c）20nm Ag 纳米颗粒；（d）20nm TiO₂ 纳米颗粒

　　基于截留尺寸的不同,NFC-HF 可用于从溶剂/溶液中选择性地分离纳米颗粒。例如,在红葡萄酒生产中,Ag 纳米颗粒可用于灭菌,但应在生成最终产品之前将其除去。在去除 Ag 纳米颗粒期间,应保留红葡萄酒中的活性成分,如单宁和花青素。此外,在纳米颗粒去除过程中不应污染红葡萄酒。在这里,使用 NFC-HF-20 作为过滤器,在整个过滤过程中,过滤速度相对高效稳定,通量为 48.2～34.9L/(m²·h·bar)。

　　根据电感耦合等离子体-质谱法(ICP-MS)检测结果,由于红葡萄酒主要成分的尺寸非常小,大部分红葡萄酒都通过 NFC-HF-20 并作为滤液被收集。经 NFC-HF-20 过滤前红葡萄酒中 Ag 纳米颗粒的浓度为 0.34mg/L,而过滤后的浓度则低于检出限(<0.05mg/L)[图 3-25(a)和表 3-2],这意味着红酒中的 Ag 纳米粒子已经被有效地隔离清除。根据 UV-Vis 结果,NFC-HF-20 过滤前和过滤后,红葡萄酒中单宁的浓度均为 0.202g/100g(表 3-3),这表明红葡萄酒中的所有单宁都被保留了[图 3-25(b)]。

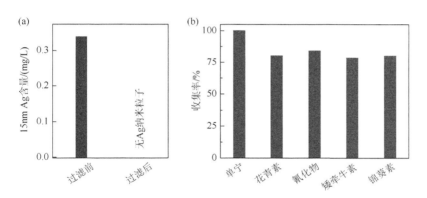

图 3-25　(a)通过 NFC-HF-20 过滤前后的红葡萄酒中纳米颗粒的含量;(b)通过 NFC-HF-20 过滤后红葡萄酒中活性成分的收集率

表 3-2　NFC-HF-20 过滤前后红葡萄酒中 15nm Ag 纳米颗粒的浓度与截留率

项目	过滤前/(mg/L)	过滤后/(mg/L)	截留率/%
15nm Ag	0.34	低于检出限	100

表 3-3　NFC-HF-20 过滤前后红葡萄酒中单宁的浓度

项目	过滤前/(g/g)	过滤后/(g/g)	收集率/%
单宁	0.202/100	0.202/100	100

使用高效液相色谱（HPLC）评估过滤后花色素苷的收集率，检测到的花青素的四种成分（包括花青素、氰化物、矮牵牛素和锦葵素）的浓度见表 3-4。过滤后所有组分的收集率均高于 78%。由于 NFC 具有大量羟基，花青素的损失成分主要吸附在 NFC-HF-20 中。肉眼也可观察到，过滤后红葡萄酒的颜色几乎没有变化。

表 3-4　用 NFC-HF-20 过滤前后红葡萄酒中花青素的浓度

成分	过滤前/(mg/kg)	过滤后/(mg/kg)	收集率/%
花翠素/Delphinidin	32.6	26.2	80.37
氰化物/Cyaniding	18.5	15.6	84.32
矮牵牛素/Petunidin	2.68	2.1	78.36
锦葵素/Malvidin	46.4	36.5	78.66

3.4　本 章 总 结

使用木材中提取出的NFC作为构筑模块,实现了滤膜水凝胶NFC-HF的制备,并证明了其在 TiO$_2$、Au、Ag 和病毒纳米颗粒的分离中稳定的液体通量和较高的阻隔效率。与市售和大多数报道的超薄过滤器相比，NFC-HF 即使用于过滤大量含纳米颗粒的溶液和高浓度的溶液,也能保持高水平且稳定的水通量以及高纳米颗粒阻隔效率。这是由 NFC-HF 的超亲水性、高孔隙率和互连的纳米纤维网络结构所决定的,可以实现对纳米颗粒溶液的连续分离。这种 NFC 基质的纳米多孔结构水凝胶过滤器,在纳米粒子分离、溶剂提纯和水净化方面具有很大的应用潜力。

参 考 文 献

[1] Xia Y，Yang P，Sun Y，et al. One-dimensional nanostructures：synthesis，characterization，and applications[J]. Advanced Materials，2003，15（5）：353-389.

[2] Metreveli G，Wågberg L，Emmoth E，et al. A size-exclusion nanocellulose filter paper for virus removal[J]. Advanced Healthcare Materials，2014，3（10）：1546-1550.

[3] Quellmalz A，Mihranyan A. Citric acid cross-linked nanocellulose-based paper for size-exclusion nanofiltration[J]. ACS Biomaterials Science & Engineering，2015，1（4）：271-276.

[4] Gustafsson S，Mihranyan A. Strategies for tailoring the pore-size distribution of virus retention filter papers[J]. ACS Applied Materials & Interfaces，2016，8（22）：13759-13767.

[5] Gustafsson S，Lordat P，Hanrieder T，et al. Mille-feuille paper: a novel type of filter architecture for advanced virus separation applications[J]. Materials Horizons，2016，3（4）：320-327.

[6] Ling S，Jin K，Kaplan D L，et al. Ultrathin free-standing *Bombyx mori* silk nanofibril membranes[J]. Nano Letters，2016，16（6）：3795-3800.

[7]　Ling S，Qin Z，Huang W，et al. Design and function of biomimetic multilayer water purification membranes[J]. Science Advances，2017，3（4）：e1601939.

[8]　Zhang Q G，Deng C，Soyekwo F，et al. Sub-10nm wide cellulose nanofibers for ultrathin nanoporous membranes with high organic permeation[J]. Advanced Functional Materials，2016，26（5）：792-800.

[9]　Zhang Q，Ghosh S，Samitsu S，et al. Ultrathin freestanding nanoporous membranes prepared from polystyrene nanoparticles[J]. Journal of Materials Chemistry，2011，21（6）：1684-1688.

[10]　Deng C，Zhang Q G，Han G L，et al. A recyclable supramolecular membrane for size-selective separation of nanoparticles[J]. Nature Nanotechnology，2011，6（3）：141.

[11]　Zhang Q G，Han G L，Zhu A M，et al. Ultrathin self-assembled anionic polymer membranes for superfast size-selective separation[J]. Nanoscale，2013，5（22）：11028-11034.

[12]　Wang Q，Samitsu S，Ichinose I. Ultrafiltration membranes composed of highly cross-linked cationic polymer gel：the network structure and superior separation performance[J]. Advanced Materials，2011，23（17）：2004-2008.

[13]　Yao X，Guo L，Chen X，et al. 2015. Filtration-based synthesis of micelle-derived composite membranes for high-flux ultrafiltration[J]. ACS Applied Materials & Interfaces，7（12）：6974-6981.

[14]　Han Y，Xu Z，Gao C. Ultrathin graphene nanofiltration membrane for water purification[J]. Advanced Functional Materials，2013，23（29）：3693-3700.

[15]　Liang H W，Wang L，Chen P Y，et al. Carbonaceous nanofiber membranes for selective filtration and separation of nanoparticles[J]. Advanced Materials，2010，22（42）：4691-4695.

[16]　Hu M，Mi B. Enabling graphene oxide nanosheets as water separation membranes[J]. Environmental Science & Technology，2013，47（8）：3715-3723.

[17]　Huang H，Song Z，Wei N，et al. Ultrafast viscous water flow through nanostrand-channelled graphene oxide membranes[J]. Nature Communications，2013，4：2979.

[18]　Huang L，Chen J，Gao T，et al. Reduced graphene oxide membranes for ultrafast organic solvent nanofiltration[J]. Advanced Materials，2016，28（39）：8669-8674.

[19]　Ke X B，Zhu H Y，Gao X P，et al. High-performance ceramic membranes with a separation layer of metal oxide nanofibers[J]. Advanced Materials，2007，19（6）：785-790.

[20]　Wen Q，Di J，Zhao Y，et al. Flexible inorganic nanofibrous membranes with hierarchical porosity for efficient water purification[J]. Chemical Science，2013，4（12）：4378-4382.

[21]　Sun L，Huang H，Peng X. Laminar MoS$_2$ membranes for molecule separation[J]. Chemical Communications，2013，49（91）：10718-10720.

第4章　纳米纤维素负载氯化锂制备高效吸湿材料

4.1　背景概述

湿度是衡量空气干燥程度的物理量，通常人们所说的湿度是指相对湿度（RH），即空气中水气压与相同温度下饱和水气压的百分比。科学研究表明：最适宜人类生活的相对湿度是 30%～60%。高湿度会诱发人体疾病，也会导致细菌和微生物繁殖、金属元件生锈、仪器精度下降等；对于库房的文件等[1]，高湿度会导致纸张中纤维水解、纸张变黄发脆等问题的发生。

利用吸附干燥剂来调控湿度成为广泛关注的研究热点。吸附干燥剂主要包括液体干燥剂、固体干燥剂、膜除湿材料、复合干燥剂。常用的液体干燥剂有吸湿性盐溶液如氯化锂溶液[2]、氯化钙溶液、溴化锂溶液等。液体干燥剂的吸附能力强、饱和蒸气压低，但易腐蚀设备，使得整个干燥成本升高。固体干燥剂主要是利用毛细凝聚作用、表面的蒸气压与大气环境的蒸气压之间的差值作为吸湿动力，如氯化钙、氯化锂的吸湿量高，但是易潮解，容易腐蚀设备；硅胶、分子筛、沸石等是利用自身孔状结构及大的比表面积来吸附水分，但是吸湿量较低，且硅胶、分子筛的再生温度高，不易重复使用。膜除湿材料主要是亲水性膜，应用于气体干燥，是利用水汽在高分子膜中具有比其他气体高的渗透率，从而将水气分离[3]，但目前膜除湿材料对水汽的渗透率较低，力学强度不高，且成本较高。

将吸湿性盐如氯化钙、氯化锂等与硅胶、分子筛等多孔性材料结合，制备性能优异的干燥剂，其中吸湿量和再生性是评价干燥剂质量的重要指标，前人对此已开展了大量的研究。刘业凤等研究了粗孔硅胶和氯化钙组成的新型复合吸附干燥剂，在空气温度恒为 35℃、相对湿度为 30% 的条件下，这种复合吸附剂对水汽的平衡吸附量可达 0.263g/g，是粗孔球形硅胶的 5.6 倍、细孔球形硅胶的 3.4 倍、分子筛 13X 的 1.17 倍。吸附解吸速度曲线表明，这种复合吸附剂的吸附量大，吸附速度快，解吸速度快[4]。后期他们又对其吸附动力学建立了模型，发现：减小干燥剂的颗粒大小并增大空气的流速，能显著增大吸附速度[5]。李军等将不同质量分数的氯化钙与沸石复合，得到的复合材料最大吸附量达到 0.553g/g[6]。Zhang 等将氯化钙与硅胶复合，吸湿率在相对湿度为 70% 时达到 26%，且吸水后材料仍为固态[7]。刘川文等将改性后的聚乙烯醇和氯化钙共混，氯化钙吸水后，液态水向树脂内部扩散；在相对湿度为 95% 的环境中测得吸湿率达到 2.47g/g，该复合剂可再生并反复利用,具有一定的使用寿命[8]。Jia 等[9]将氯化锂负载在硅胶中,得到的复合干燥剂的平衡吸附量是硅胶的 2 倍左右,是分子筛的 2~5 倍左右,尤其适合于低湿环境。徐素梅[10]将氯化钙与聚丙烯酰胺聚合,得到的干燥剂最大吸湿率达到 196.6%。该作者探讨了复合凝胶干燥剂表面吸附特点和聚合网络与水的作用方式:复合材料表面吸附着的大量的氯化钙颗粒将水分子凝聚于其表面;随着吸附的进行,凝聚的液态水渗透进复合材料内表面被氯化钙化学吸附变成溶液后,又进入聚合物网络与高分子链上的酰胺基结合形成氢键,水分子被紧紧地锁住,解决了氯化钙的液解现象。

本章制备出木质纳米纤维素(NFC)悬浊液,采用氯化锂溶液置换的方法将氯化锂负载在 NFC 基凝胶中,经冷冻干燥或烘箱干燥方法制备出 NFC/LiCl 的复合干燥剂,然后研究其吸湿性能和除湿性能,旨在提高干燥剂的吸湿能力,并解决卤素盐的液解现象。

4.2　制备加工方法

4.2.1　固体吸湿盐的选择

由图 4-1 可见,在室内温度 25℃左右、相对湿度 27%上下浮动的条件下不同固体吸湿性盐的吸湿率。吸湿率是指在一定温度、湿度和时间条件下,干燥剂所吸附的水汽质量 W_2 与干燥剂吸湿前干质量 W_1 的比值。同一室内环境下,固体干燥剂硫酸镁、硫酸铜的吸湿率在 24h 达到最大,但吸湿率分别只有 0.05g/g 和 0.38g/g;氯化锂和氯化钙在 24h 时也已经完成大部分吸湿,但仍在继续吸湿,最后达到稳定时的吸湿率分别为 1.69g/g 和 0.81g/g。根据这一结果,选择吸湿率最大的无水氯化锂作为填充吸湿剂与 NFC 复合。

4.2.2　氯化锂的液解现象

将氯化锂颗粒放在体视显微镜下,可以观察到在相对湿度 28%左右、温度 23℃条件下,氯化锂固体颗粒逐渐潮解成液态盐水。吸附过程是化学吸附,氯化锂分子和水分子之间发生络合反应,由图 4-2 可看到,单个氯化锂颗粒逐渐与水分子结合,生成水合物晶体后,继续与水结合,最后转变成液态盐水后,仍可以继续吸水。

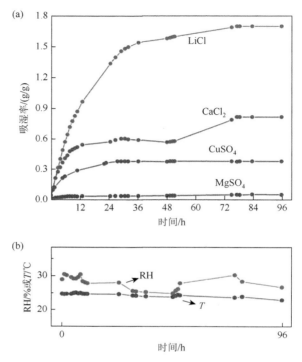

图 4-1 （a）不同固体吸湿性盐的吸湿率；（b）环境的温湿度

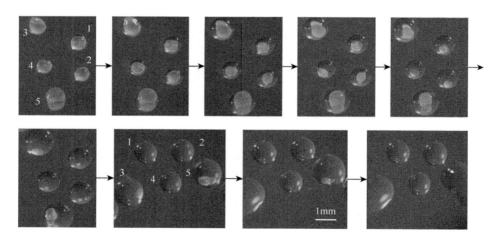

图 4-2 体视显微镜下氯化锂的液解现象

因此，氯化锂的液解现象会导致其变为盐水并从装置中流出来，一方面污染设备和环境，另一方面吸湿速率会变得很缓慢。因此所制备的 NFC/LiCl 复合干燥剂旨在将吸附的水分饱含在多孔材料中，解决液解现象，同时提高其吸湿速率。

4.2.3　制备方法

方法一：方法及工艺流程如图 4-3 所示，将 40mL 质量分数为 5%的氯化锂溶液缓慢地倒入 20mL 质量分数为 1%的 NFC 悬浊液中，产生凝胶并静置 12h，取出后得到自支撑的 NFC-LiCl 凝胶。将该凝胶放置于冰箱中冷冻一夜，经冷冻干燥得到 NFC/LiCl 的气凝胶复合干燥剂，命名为 NCAD-1，测得复合干燥剂的质量约为 1g。

图 4-3　LiCl 溶液置换法制备 NFC/LiCl 气凝胶干燥剂的流程图

方法二：改变干燥方法，将得到的 NFC/LiCl 凝胶直接在 60℃的烘箱中干燥，直至质量不再变化，得到纳米纸型的 NFC/LiCl 复合干燥剂，命名为 NCAD-2。

方法三：将 20g 质量分数为 1%的 NFC 悬浊液与 0.8g 固体氯化锂颗粒混合，然后搅拌 20min，使其混合均匀，接着放置在 60℃的烘箱中干燥，直至质量不再变化，得到纳米纸型的 NFC/LiCl 复合干燥剂，命名为 NCAD-3。

方法四：改变方法三的干燥方式，将混合均匀的样品冷冻干燥，得到气凝胶型的 NFC/LiCl 复合干燥剂，命名为 NCAD-4。

4.3　纳米纤维素/氯化锂复合干燥剂的结构性能分析

4.3.1　复合凝胶的流变性能

测试 NFC-LiCl 凝胶的动态流变性能，可以从中推测凝胶内部的凝聚结构状态及动态抗剪切强度。由图 4-4 可知，储存模量 G' 和损耗模量 G'' 随频率升高的变化并不明显，且 G' 高于 G'' 几乎一个数量级，表明该凝胶具有典型的网络交联型结构且体现的是弹性体行为。这种自支撑的 NFC-LiCl 凝胶，储存模量峰值高达 8kPa。这是因为 LiCl 在 NFC 悬浊液中电离出正负离子，从而使得整个体系电荷发生变化，其内部纤维的聚集交联度增大，内部形成了致密的三维网状结构，LiCl 分散在这种网络中。

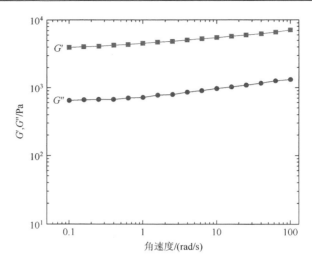

图 4-4 NFC-LiCl 凝胶的动态流变性能曲线（角速度-储存模量、损耗模量图）

4.3.2 制备方法对复合干燥剂吸湿率的影响

观察四种方法所制备的复合干燥剂，NCAD-1 和 NCAD-2 能够被完整地从烧杯中取出，但 NCAD-3 完全贴在培养皿上，不容易取出，NCAD-4 也无规则地贴在烧杯底部和壁上，取出过程中会造成破碎和损失。因此，对样品 NCAD-3 和 NCAD-4 的吸湿率直接在培养皿和烧杯中测试。环境的温湿度和对应的四种干燥剂的吸湿率如图 4-5 所示。

由图 4-5 可知，室内温度在 23℃左右，湿度在 25%上下浮动。NCAD-1 具有最高的吸湿率，约 1.2g/g，且水分均饱含在纤维中，无溢出现象，其原因可能是冷冻干燥避免了纤维三维网络结构的坍塌。NCAD-2 也具有相当高的吸湿率，为 1.1g/g 左右，但是样品上面溢出大量的盐水，说明烘箱干燥过程中，LiCl 主要结晶在样品表面，纤维内部的三维网络结构塌陷紧密，水分不容易传输和进入内部，因此不能容纳大量的吸湿水分。NCAD-3 和 NCAD-4 虽然在吸湿的过程中没有水分溢出，但吸湿率较低，只有 0.7g/g 左右，说明直接将固态 LiCl 颗粒与 NFC 复合的方式会导致其比表面积减小，与 NFC 复合不够紧密充分。

4.3.3 原料配比对复合干燥剂吸湿率的影响

基于筛选出的制备方法一，研究 NFC 和 LiCl 的不同配比对所制备出的 NCAD-1 的吸湿率的影响。不同配比最后所产生的 LiCl 负载量列于表 4-1。由于

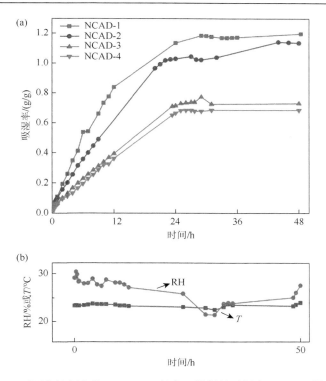

图 4-5　（a）不同方法制备的 NFC/LiCl 复合干燥剂的吸湿率；（b）环境的温湿度

LiCl 质量分数在 20%时，负载到 1% NFC 中，其冰点降低得过低，冷冻时无法在凝胶网络中产生冰晶，进而无法得到多孔型材料，因此本章主要研究 LiCl 质量分数在 15%以内的最优配比。

表 4-1　不同配比制备的 NCAD 中 LiCl 的负载量

NFC 悬浊液			LiCl 溶液			NFC/LiCl 复合干燥剂		
NFC 质量/g	H$_2$O 质量/g	质量分数/%	LiCl 质量/g	H$_2$O 质量/g	质量分数/%	NCAD 质量/g	LiCl 负载量/(g/g)	LiCl 负载量质量分数/%
0.2	19.8	1	0.2	39.8	0.5	0.2795	0.0795	28
0.2	19.8	1	0.4	39.6	1	0.3841	0.1841	48
0.2	19.8	1	0.8	39.2	2	0.5244	0.3244	62
0.2	19.8	1	2	38	5	1.0019	0.8019	80
0.2	19.8	1	4	36	10	2.3064	2.1064	91
0.2	19.8	1	6	34	15	2.5967	2.3967	92

　　由表 4-1 可知，随着 LiCl 溶液浓度的增大，所制备出的复合干燥剂中负载的 LiCl 也越多。当 LiCl 质量分数从 0.5%增加到 5%时，复合干燥剂中的 LiCl 含量增加了 9 倍左右，而从 5%增加到 15%，复合干燥剂中的 LiCl 含量只增加了约 2 倍，说明 NFC 网络的比表面积和容纳体积是一定的。

　　随着 LiCl 溶液浓度的增加，溶液的利用率反而会降低。下面比较采用这几种浓度 LiCl 配制的干燥剂的吸湿率，如图 4-6 所示。

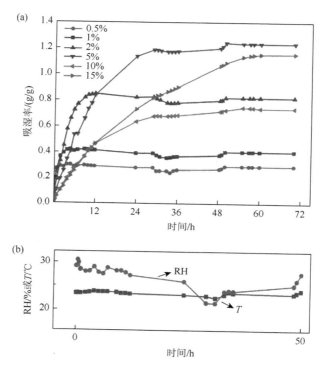

图 4-6 （a）不同 LiCl 含量所制备的 NCAD 的吸湿率；（b）环境的温湿度

　　由图 4-6（a）可知，LiCl 的浓度越低，其制备的复合干燥剂的初始吸湿率越高，主要是因为浓度低，增大了氯化锂颗粒与空气的接触面积。但由于浓度低，负载在 NFC 中的 LiCl 含量少，达到饱和吸湿率时的最大吸湿率会比较低。质量分数为 5%的 LiCl 制备的复合干燥剂具有最大的吸湿率，主要是因为浓度高的 LiCl 溶液在 NFC 的孔道中负载的量也多，负载量的增多会降低吸附剂与水汽的接触面积。从图 4-7 中可看到不同浓度的干燥剂，在吸湿的过程中都有水滴出现，且水分均饱含在纤维中，并未出现水滴溢出的现象。因此，从吸湿率和经济角度出发，应选择质量分数为 5%的 LiCl 溶液。

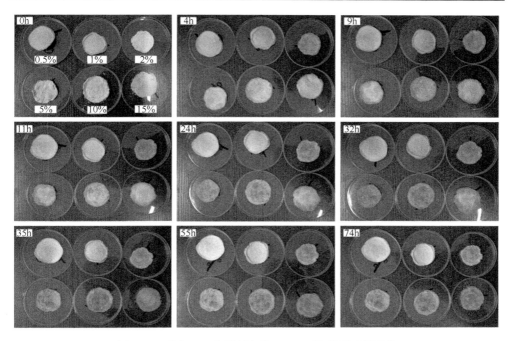

图 4-7　不同 LiCl 含量制备的 NCAD 的吸湿过程照片

4.3.4　复合干燥剂的结构与性能分析

1. NCAD 的结构分析

在 NFC-LiCl 凝胶冷冻过程中，水在凝胶中形成冰晶，LiCl 和 NFC 在冰晶的间隙中分布；在冷冻干燥过程中，在高度真空的环境下，凝胶中的固体冰晶升华为气态，LiCl 会重结晶在 NFC 表面和其内部，从而形成了复合干燥剂。这种复合干燥剂是由无机填充物 LiCl 和高分子 NFC 骨架复合而成，这使得其具有复杂的交联结构，从而影响复合纤维干燥剂的吸湿溶胀过程。

为了进一步探究 NCAD 中 LiCl 的负载和分布方式，将 NFC-LiCl 凝胶浸泡于水中，利用溶剂置换将 LiCl 溶出凝胶网络，经过反复水洗，氯化锂已经全部溶出，接着冷冻干燥制备 LiCl 气凝胶，样品均放置于干燥器中。图 4-8 展现了 LiCl 气凝胶和 NCAD 表面及断面的微观形貌结构。由图 4-8（a～c）可看出，水洗后的 LiCl 气凝胶的结构是由高长径比的纤维及其聚集体沿长度方向自聚集成二维片状结构，多层二维片状结构又相互缠结成三维网状结构；片层间的微孔尺寸在 100μm 之内；同时，表面和断面都观察不到 LiCl 颗粒存在，结合测试的 LiCl 气凝胶的质量为 0.198g，说明 NFC 和 LiCl 之间主要是物理吸附结晶方式，水洗过程中 LiCl 会全部溶出凝胶。

表面　　　　　　　　　　　　横截面　　　　　　　　　　　　竖断面

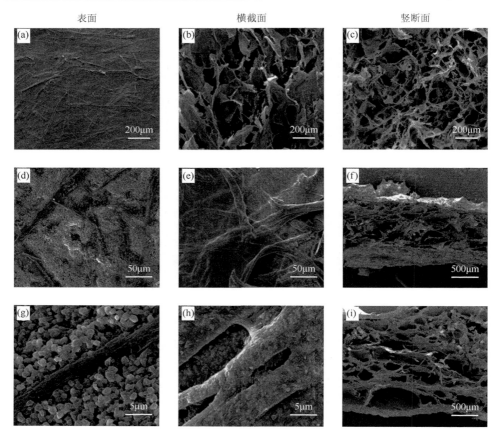

图 4-8　LiCl 气凝胶和 NCAD 的 SEM 图

（a～c）LiCl 气凝胶；（d～i）NCAD

　　观察图 4-8（d，g）可以发现，大量的 LiCl 以较均匀的尺寸（约为 1～2μm）分布在 NFC 表面及片层孔隙中；图 4-8（e，h）也展示了复合干燥剂内部堆积了部分 LiCl 颗粒，LiCl 颗粒主要包裹在纤维聚集体表面，尺寸在 1μm 之内。由于制备的复合干燥剂形状类似凹透镜，因此对于断面的结构选取中间和四周的样品进行观察。图 4-8（f）和图 4-8（i）分别是复合干燥剂的中间和四周的结构图，图片清晰地展示了复合干燥剂凹的部分上下表面的孔隙中填充了大量的氯化锂，而中间是具有微米级孔隙的三维网络结构。相比较凹的部分，复合干燥剂四周的孔隙结构更发达，其表面的 LiCl 覆盖层也更薄一点。这种结构的形成是因为在冷冻干燥过程中，LiCl 主要重结晶在凝胶四周的纤维上及纤维之间的孔隙中，构成了具有中空网络结构的"凹透镜"形貌。综合 NCAD 内部结构的特征，由于 LiCl 在复合干燥剂中起主要的吸湿作用，因此表面上大量的 LiCl 有利于增大其与空气中的水汽的接触面积，提高吸湿速率。LiCl 吸附水汽变成 LiCl 溶液之后，向其内部的网络结构渗透，由于 NFC 交织的多孔网络结构具有优异的锁水性能，因此解决了 LiCl 的液解现象。

进一步采用 X 射线 3D 显微镜对 NCAD 的内部结构进行研究，如图 4-9 所示。图 4-9（a）清晰地揭示了 NCAD 的立体宏观结构，黄色和绿色部分为 LiCl，蓝色部分为 NFC 纤维。从图中可以看到 LiCl 主要分布在上下两侧，中间是 NFC 构成的骨架，LiCl 结晶包覆在纤维表面。也可在表面看到有部分红色出现，这主要是因为在测试过程中吸收了一部分水，表面有少量的水滴出现。图 4-9（d）展示了 NCAD 的断面，也进一步说明了 NCAD 具有"三明治"结构，上下 LiCl 层中包含许多 NFC 纤维，而中间的 NFC 层中也同样分布着少量的 LiCl。

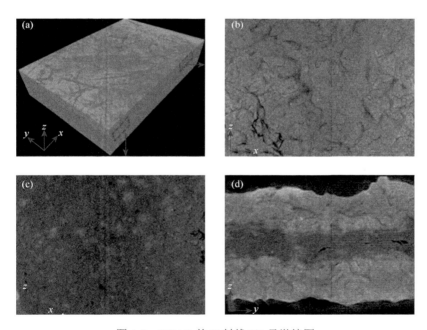

图 4-9　NCAD 的 X 射线 3D 显微镜图

（a）立体宏观照片；上面（b）和中心（c）部位的断面照片；（d）整体的断面结构照片

2. NCAD 的吸湿性能

在环境温度维持在 25℃，相对湿度在 25%上下浮动的环境中，研究低湿环境下复合气凝胶干燥剂 NCAD 和商用干燥剂硅胶、分子筛的吸湿性能比较，同时也测试了质量分数为 1%的 NFC 气凝胶的吸湿性能作为参照。

NCAD 和常用的商用干燥剂 4A 分子筛、硅胶以及 NFC 气凝胶的吸湿曲线比较如图 4-10 所示。由图可看出，与各类商用干燥剂相比，NCAD 具有相当高的吸湿率以及饱和吸附能力。在 25% 的低相对湿度下，一块 1g 的 NCAD 在 10min 内能吸附 0.03g 水，而相同质量的 4A 分子筛和硅胶吸附 0.03g 水分别需要 30min 和 2h。同样吸附 30h 后，NCAD 的吸水率达到 1.18g/g，分别是 4A 分子筛和硅胶的 6 倍和 30 倍；且 NCAD 在 24h 内其吸附量已达到 90%，具有很高的吸附速率。这些结果说明所制备的复合干燥剂 NCAD 在低湿下具有优良的吸湿能力。

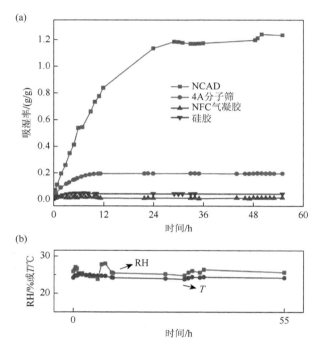

图 4-10　（a）NCAD、商用干燥剂以及纯 NFC 气凝胶的吸湿率的比较；（b）环境温湿度

　　借助体视显微镜，采用一定的放大倍数观察 NCAD 的吸湿过程。其方法为，从 NCAD 中心部位剪取一块 8mm×6mm×0.5mm 大小的样品，将其放在显微镜下调整采光，微调使物像清晰后，观察 NCAD 的上表面吸湿过程的形貌，记录环境的温湿度，并用照相机在相机接口处拍照。如图 4-11 所示，在温度为 23℃、相对湿度在 28% 上下的环境中，将近乎绝干的 NCAD 暴露在空气中时，由于样品表面和断面上有大量的氯化锂存在，当 NCAD 四周的区域快速地从空气中吸附水分，30min 内四周的 NFC 网络便已经润湿，呈现透明的形态。随着吸附的继续进行，NCAD 继续从空气中吸附水分，干燥剂湿润的区域逐渐从四周延伸到中心区域直至 NCAD 全部被水分填充，大概 4h 左右就全部润湿，材料的形态也从开始的白色固体转变成半透明直至最后透明的形貌。

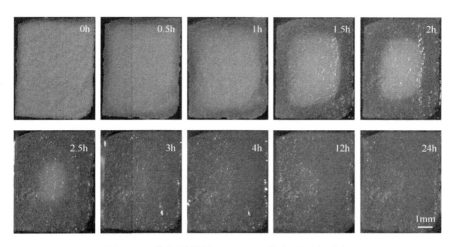

图 4-11　体视显微镜下 NCAD 的表面吸水过程

采用接触角测试仪观察 NCAD 吸湿过程中的厚度形态变化，结果见图 4-12。可以看到，30min 后样品厚度已有增加，主要是 LiCl 吸附的水汽在样品表面凝聚成水珠。1.5h 时，整个样品在吸附水分的过程中逐渐向内塌陷，紧贴在样品台上。其后直到 12h，可以看到样品在厚度方向的变化已不太明显，表明其已被液态水充分润胀。

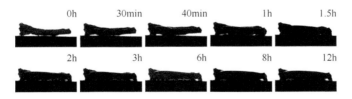

图 4-12　吸水过程中 NCAD 的断面润胀过程

相较于无机盐 LiCl 在吸附水汽后会快速液解，转化成 LiCl 溶液［图 4-13（a）］，制备的 NCAD 可手持，展示了较高的水储存能力，且无液解现象［图 4-13（b）］。同时作为对比的 NFC 气凝胶，在空气中暴露一天后，吸水非常少。因此，NCAD 中的 LiCl 和 NFC 复合后，二者呈现协同效应，连续地从空气中吸附水汽，同时快速将水汽凝结成液态水而储存在网络中。

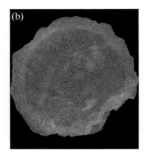

图 4-13　（a）LiCl 液解前后的对比照片；（b）NCAD 吸水饱和后的照片；
（c）吸水后的 NCAD 的透明性

　　由 NCAD 的结构和 LiCl 在其中的分布，结合图 4-11 的吸水过程，可得出以下水吸附机理：作为一种很强的吸湿性盐，大气中的蒸气压高于 LiCl 表面的蒸气压，这种压力的差值作为 LiCl 的吸湿动力。NCAD 表面的 LiCl、表面的褶皱和微孔结构对空气中的水分子表现出吸附势，使水分子凝聚在材料表面，随着水分子浓度的增大，逐渐转化为液态盐水，NCAD 的表面被液态水浸湿。随着吸附的进行，液态盐水增加，随后液态盐水进入 NFC 网络中，在亲水基团和渗透压的共同作用下，NFC 网络迅速润胀，直至全部填充至 NCAD 的孔隙中。NFC 网络中含有大量的亲水性基团，因此能牢牢地将盐水锁在纤维网络中。

　　3. NCAD 的再生性能

　　再生性能是指对吸水饱和后的吸湿材料，经加热脱水后，对其吸湿能力进行测试并观察变化情况，若每次的吸湿能力不变化，可说明该吸湿材料可多次高质量地使用。NCAD 的 10 次循环吸附/脱附后的吸湿性能测试结果如图 4-14 所示，环境平均温湿度记录在表 4-2 中。从表 4-2 中可知，测试温度基本稳定在 24℃，相对湿度在 25% 上下，相较于硅胶的再生温度（120℃）、分子筛的再生温度（250℃以上）和氯化锂的再生温度（120℃），吸水后的 NCAD 在 60℃烘箱中蒸

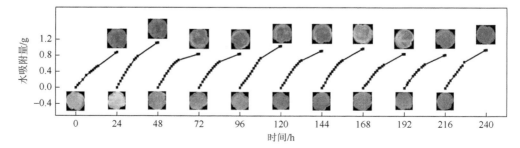

图 4-14　NCAD 的 10 次循环吸附/脱附后的吸湿性能

发干燥后就能再生，在循环的过程中能节约能源。再生之后的 NCAD 能继续从空气中吸水，在反复吸附/脱附 10 次后的吸湿能力基本不变，仍在 24h 后吸附约 0.9g 水，吸湿后的形态也保持稳定。

表 4-2　环境的平均温湿度

循环次数	1	2	3	4	5	6	7	8	9	10
$T/℃$	24	23	24	24	24	24	24	24	24	24
RH/%	23	29	28	26	25	25	25	23	23	23

4. NCAD 的除湿性能

将 NCAD 复合气凝胶干燥剂的高吸水特性应用于空气除湿中，在体积约为 9525cm³ 的玻璃干燥器中对比了相同质量的 NCAD、硅胶以及分子筛的除湿能力，结果见图 4-15。除湿结果证明，质量仅 1g 的 NCAD 便能快速地吸收水分，且将干燥器内的相对湿度从 95% 降低到 30% 仅用 1h，而相同质量的 4A 分子筛和硅胶分别用 2h 才能将干燥器内的湿度从 95% 降低到 80% 和 57%。后期干燥器中含有的水分越来越少，因此降低速率变得非常缓慢。最终含有 NCAD 的干燥器内的相对湿度在 7h 降低到 14%，即使超过 36h，相对湿度也仍稳定在约 13%。数据的比较证实了 NCAD 的快速和高效的空气除湿能力。

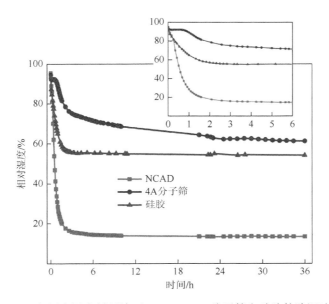

图 4-15　相同高湿密封环境下 NCAD、4A 分子筛和硅胶的除湿速率

在玻璃干燥器中对比不同质量的 NCAD 的除湿所需时间，以及不同体积的干燥器内的 NCAD 除湿所需时间，旨在为实际生活中对应不同体积的房间、库房等提供适量的干燥剂，从而快速高效地解决高湿问题。实验结果见图 4-16 和图 4-17。

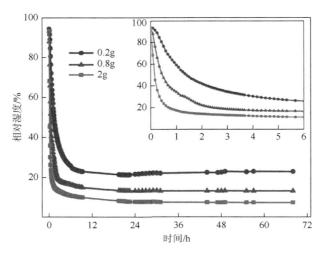

图 4-16　相同高湿密封环境下不同 NCAD 质量对除湿速率的影响

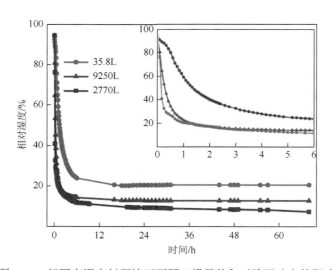

图 4-17　相同高湿密封环境下不同干燥器体积对除湿速率的影响

比较不同质量的 NCAD 在相同体积的干燥器中的除湿能力。从图 4-16 可以看出，随着 NCAD 质量的增加，相对湿度降低的速率增大，干燥器中的湿度能快速达到低平衡点。对于人体，夏季最适宜的相对湿度是 40%～60%，从曲线中可以看到相对湿度从 95% 下降到 40%，2g 的 NCAD 只需要 15min。即使是 0.2g 的 NCAD，将相对湿度从 95% 降到 40% 也最多只需 2h，也能在 2h 内用 0.4kg 样品将 20m³ 室内的湿度降低到适宜的湿度，具有经济高效的实用效果。

对于不同体积的干燥器，1g 的 NCAD 在最小体积的干燥器内 1h 内就能将相对湿度降低到 20% 以下，而对于高容积（35.8L）的干燥器，4h 之后相对湿度也能从 95% 降到 30%。最终发现在达到 NCAD 的最大饱和吸附量范围内，室内的相对湿度都能降低到 20% 左右，这有利于需要在 20% 以下较干燥环境中工作的半导体、精密分析仪器如红外光谱仪、透射电镜等的保存。

由于一些档案、古董字画、枪支机械等所需要的环境湿度既不能太高也不能太低，因此要求一些干燥剂能较精密地调控室内的相对湿度。制备的复合气凝胶干燥剂 NCAD 是固态、可手持且能快速降低湿度，因此可快速便捷地取出，开口的瞬间湿度的降低能忽略不计。如图 4-18 所示，利用 NCAD 能精确地将相对湿度调控到中等湿度 70%、60% 或 50%，且在相应的湿度范围内能稳定 72h 以上。同时调控低湿时，NCAD 能快速将干燥器中湿度降低到一定程度，会导致干燥剂旁边的湿度很快降低，而其他高湿空气正慢慢地向低湿空间扩散，因此在湿度 40% 将其取出时，会出现湿度仍然继续降低后再缓慢回升的现象，最终仍处于 40% 左右，因此干燥剂 NCAD 能够将室内的环境湿度调控在 40%～70% 的适宜范围内。

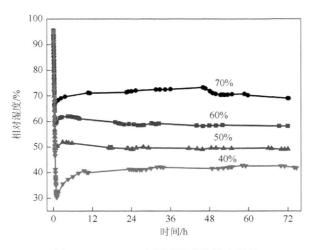

图 4-18　NCAD 对环境湿度的精确调控

4.4　本章总结

本章主要介绍了将多孔性纳米纤维素网络与吸湿性盐复合制备生物基纳米复合气凝胶干燥剂，探讨了制备方法、优化配比、干燥剂的结构、吸湿性能、除湿性能以及再生性能。得到的结论如下：

（1）利用盐溶液渗透置换的方法制备出复合凝胶，接着冷冻干燥得到复合气凝胶干燥剂 NCAD。相较于其他三种制备方法，这种方法制备的样品明显表现出结构稳定和高吸湿率。

（2）NFC 和 LiCl 的复合机理为，在凝胶和干燥过程中，LiCl 重结晶在凝胶四周的 NFC 表面及 NFC 构成的孔隙之间，这种结构有利于增大其与空气中水汽的接触面积，提高吸湿速率。LiCl 吸附水汽变成 LiCl 溶液之后，向干燥剂内部的网络结构渗透，由 NFC 交织的多孔网络结构具有优异的锁水性能，因此解决了LiCl 的液解现象。

（3）随着 LiCl 溶液浓度的增加，LiCl 的利用效率逐渐降低；在 25% 的低相对湿度下，质量分数为 5% 的 LiCl 溶液制备的 NCAD 具有最大的吸湿率，相较于商用干燥剂分子筛和硅胶提高 6 倍和 30 倍。NCAD 在 24h 内吸附量达到 90%，具有高的吸附速率。60℃烘干即可脱附和再生，反复吸附/脱附 10 次后，NCAD 的吸湿能力也基本不变。

（4）NCAD 具有快速、高效的空气除湿能力和室内相对湿度调控能力。对于一间 $20m^3$ 的仓库，能在 2h 内用 0.4kg 样品将环境相对湿度从 90% 降低到 40%，具有很经济的实际应用性。在达到 NCAD 的最大饱和吸附量范围内，室内的湿度都能降低到 20% 左右，这有利于在对保存环境要求较高的精密仪器工作场合使用。

参 考 文 献

[1]　但丛鲜. 浅谈库房温湿度过高过低对档案的危害[J]. 中国保健营养（上旬刊），2013，23（7）：2180-2180.

[2]　Zhao X，Li X，Zhang X. Selection of optimal mixed liquid desiccants and performance analysis of the liquid desiccant cooling system[J]. Applied Thermal Engineering，2016，94：622-634.

[3]　张立志，王洪大. 膜在空气除湿中的应用——压力除湿与湿泵[J]. 制冷空调与电力机械，2002，23（3）：7-10.

[4]　刘业凤，范宏武，王如竹. 新型空气取水复合吸附剂在沙漠气候下的吸附性能实验研究[J]. 离子交换与吸附，2002，18（5）：440-445.

[5]　刘业凤，王如竹. 新型复合吸附干燥剂的吸附动力学特性研究[J]. 上海理工大学学报，2006，28（2）：107-110.

[6]　李军，赵肃清，朱冬生. 以沸石 13X 和 CaCl₂ 组成的复合吸附储能材料[J]. 材料导报，2005，19（8）：109-110.

[7]　Zhang X J，Sumathy K，Dai Y J，et al. Dynamic hygroscopic effect of the composite material used in desiccant rotary wheel[J]. Solar Energy，2006，80（8）：1058-1061.

[8] 刘川文，黄红军，李志广，等. 改性聚乙烯醇-氯化钙共混物的吸湿性能研究[J]. 科学技术与工程，2007，7（6）：1169-1171.

[9] Jia C X，Dai Y J，Wu J Y，et al. Experimental comparison of two honeycombed desiccant wheels fabricated with silica gel and composite desiccant material[J]. Energy Conversion and Management，2006，47（15-16）：2523-2534.

[10] 徐素梅. CaCl$_2$/PAM 复合凝胶干燥剂[D]. 武汉：中国地质大学（武汉），2011.

第5章 纳米纤维素复合二氧化钛改善电流变液性能

5.1 背景概述

电流变液（electro rheological fluid）是一种由微米至纳米级高介电固体微粒与绝缘油混合而成的悬混体系，正常情况下电流变液呈现牛顿流体的性质[1]。电流变液一般由分散相、连续相以及少量添加剂三部分构成。一般认为，电流变液的性能以及稳定性不但需要电流变液分散相与连续相有较高的介电常数比值，还受温度和湿度、材料的分解、聚合或脱落以及沉降等影响[2]。

根据电流变液的不同性能需求，目前电流变液材料以 Ti-O 等高介电性体系为核心的无机材料、半导体、具有链状极性基团等高分子有机材料及复合材料为主[3]。Ti-O 体系电流变液是一种 Ti-O 微粒分散在油相中所形成的液体材料，但这类电流变液普遍存在易团聚和沉降、电流变性能低和不稳定等限制其实用的因素。当前，电流变液材料更倾向于选择高极性、高介电性纤维状材料以增加其电流变性能的稳定性，而纤维素拥有低密度、高介电性、侧链对极性基团的强吸附性、可降解、可再生以及低成本等优点[4]。Davies 等将微晶纤维素配在不同油液中发现，在零电场下其更趋于宾厄姆流体性质[5]。研究发现，将二氧化钛与纤维素复合有助于提高电流变液电流变效果[6-8]。但以往研究中所选用的纤维素纤维尺寸大，导致其分散性和稳定性不好，难以满足新型电流变液的要求。

纳米纤维素拥有比普通纤维素更为突出的纳米尺寸、长径比、高介电性、侧链对极性基团的强吸附性以及形成的流变调节特性，这些特性通常意味着能赋予电流变液更稳定的剪切性能。通过不同方法制备出的纳米纤维素会显示出各自独有的性质，这种特性差异也会影响它们的电流变性能。Tilki 等制备了不同浓度 CNC（纤维素纳米晶体）并与植物油混合成电流变液，结果显示，即使在低浓度下，剪切强度在剪切速率与温度变化过程中依旧非常稳定，并且表现出较高抗沉降性[9]。Li 等利用 NFC 制备出管状的 TiO_2，在利用毛细现象光解水方向有着显著效果[10]。Korhonen 等的研究证明，利用具有高比表面积和高活性的 NFC 为模板，在其表面原子转移沉积无机材料，可以形成均匀的纳米管状的气凝胶结构材料[11]。

本章采用溶胶-凝胶法和低温水热法，将 CNC 和 NFC 分别复合 TiO_2，并与硅油配制成复合材料的电流变液，探究纳米纤维素作为电流变液材料的特性优势，通过自身的低密度与结构特点增强复合材料的抗沉降性；通过纳米纤维素侧链羟基与 Ti-O 体系复合,利用纳米纤维素高长径比的形貌优势提高复合材料电流变液的剪切强度;通过极性分子的联结使其在剪切场下不易流失从而增强电流变液的稳定性与寿命,进而使复合材料的电流变性能整体得到提高。

5.2　制备加工方法

5.2.1　纳米纤维素晶须的制备

将提纯的纤维素抽滤水分,抽滤后的纤维素质量分数为 25%左右。在 200mL 的烧杯中加入 42.9g 蒸馏水后向其缓慢滴入浓硫酸(98%)至 100g。将所配制的浓度为 56%的硫酸溶液密封冷却至常温后,将抽滤后的纤维素缓慢加入其中并用玻璃棒搅拌。充分接触浓硫酸的纤维素放入 60℃的水浴锅中反应 2h,这期间每 15min 搅拌一次。将反应后的产物进行第一次稀释处理(使浓硫酸浓度降低到 5% 以下),之后在透析袋与抽滤交替作用下反复稀释使所得纤维素溶液呈中性为止。将所得纤维素配制成 1%(质量分数)的水溶液,利用超声波植物细胞粉碎机对其进行 800W 超声处理 30min,得到 CNC。

5.2.2　纳米纤维素晶须/二氧化钛复合物的制备

采用溶胶-凝胶法制备 CNC-TiO$_2$ 复合物。将 CNC 悬浊液与乙醇溶液按质量比 1:3 混合摇匀,超声 10min 形成溶液 A。将钛酸四丁酯加入乙醇配制成质量比为 1:3 的混合溶液,按照钛酸四丁酯质量的 1/10 加入冰醋酸后用盐酸调节 pH 至 3 左右形成溶液 B。利用磁力搅拌器将 B 溶液搅拌均匀,在搅拌状态下将溶液 A 缓慢滴入 B 中并加入 5%和 10%尿素作为分散剂,待形成稳定均匀溶胶后继续搅拌 12h。溶液密封静置放于 40℃水浴锅中,5~7d 后形成 CNC-TiO$_2$ 复合凝胶。将该凝胶在 60℃烘箱中干燥 8~12h 形成松散颗粒,将其研磨形成粉末,最后在 120℃ 下干燥至质量稳定。将干燥后粉末放入乙醇中配制成 1%的复合物溶液,对溶液进行 10min 超声处理。采用同样的步骤由水替代 CNC 制备出纯 TiO$_2$ 粉末作为电流变性能测试对比材料。

5.2.3　纳米纤维素/二氧化钛复合物的制备

制备前先对超声制得的 NFC 进行溶剂置换处理。向 NFC 水悬浊液中利用滴定管以 10 滴/min 的速率滴入乙醇,这期间 NFC 溶液需静置,不宜晃动。之后每

3h 通过吸管将 NFC 悬浊液表面置换出的水吸出来。水被大部分置换后，取小部分形成的 NFC 乙醇凝胶通过烘干来测定凝胶中 NFC 的含量。采用水热法制备 NFC-TiO₂ 复合物。将钛酸四丁酯与乙醇以质量比 1∶3 进行混合后将 NFC 凝胶放入其中并搅拌，加入盐酸，将 pH 调节至 1 左右。将混合物放入 50mL 的反应釜中，加入微量十二烷基硫酸钠再次搅拌密封。反应釜于 120℃环境中放置 24h，待其自然冷却至常温后将反应物取出。干燥后研磨成粉末，放入乙醇中配制成 1%的悬混液，对悬浊液进行 10min 超声处理。处理后的产物放入 120℃真空干燥箱干燥至质量稳定即可作为电流变液材料使用。以同样的步骤由水/醇混合液替代 NFC 凝胶制备出 TiO₂ 粉末作为电流变性能测试对比材料。

5.3　纳米纤维素晶须/二氧化钛复合物的结构性能分析

5.3.1　复合物的结构和性能

　　图 5-1 为制备得到的 CNC 及 CNC-TiO₂ 复合物溶胶的 TEM 图。图 5-1（a）中的纤维状物质为 CNC，黑色部分为染色时采用的磷钨酸，可以看出 CNC 整体尺寸均匀，直径为 3～8nm，部分有聚集现象。图 5-1（b）显示 CNC 含量为 30%

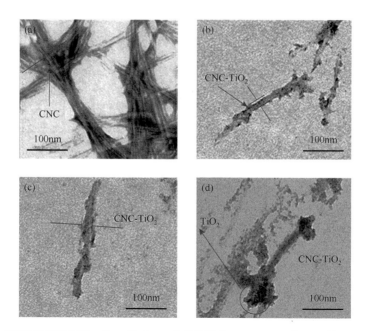

图 5-1　（a）CNC 的 TEM 图；（b～d）CNC 含量依次为 30%、20%和 10%的 CNC-TiO₂ 复合物的 TEM 图

的 CNC-TiO₂ 复合物的微观形貌,图中 TiO₂ 吸附包裹在 CNC 的表面形成纤维状复合体,长度为 200~300nm,直径约为 10nm,复合物上存在未被均匀覆盖的部分,团聚和搭接现象不明显。与图 5-1(a)对比可发现,CNC 直径变化很小,推测 TiO₂ 覆盖厚度仅 2~3nm。图 5-1(c)为 CNC 含量 20% 的 CNC-TiO₂ 复合物的微观形貌,与图 5-1(b)中复合体的整体尺寸相似,但 TiO₂ 包覆得比较完整和均匀。复合物的平均直径为 15~18nm,推测 TiO₂ 包覆层厚度在 6~8nm。图 5-1(d)展示了 CNC 含量为 10% 的 CNC-TiO₂ 复合物的微观形貌,由于 TiO₂ 的含量进一步增大,其覆盖明显加厚,且出现部分凝聚现象。这样的复合结构也容易导致复合体之间通过 Ti(OH)₄ 胶体或残余有机物形成弱连接。

图 5-2 为 CNC、CNC-TiO₂ 复合物与 TiO₂ 的 XRD 图谱。对比 CNC 的衍射曲线,复合物的衍射曲线在标记处出现了 CNC 的特征衍射峰,证明了复合物中纳米晶体的存在。作为对照样制备的 TiO₂ 的衍射曲线中并没有明显衍射峰出现[图 5-2(c)],但在 2θ 为 20°~35° 之间出现了宽弥散峰,并且除特征峰外区域与图 5-2(b)相近,说明复合物中的 TiO₂ 以及单独制备的 TiO₂ 均呈无定形态。

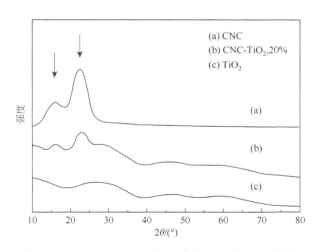

图 5-2　CNC、CNC-TiO₂ 复合物与 TiO₂ 的 XRD 图谱

图 5-3 为 CNC-TiO₂ 复合物与 TiO₂ 的 FTIR 图谱。相较于作为对照样的 TiO₂,CNC-TiO₂ 复合物的谱线中在 3212cm^{-1} 处出现 N—H 收缩振动吸收峰,1532cm^{-1} 处为 C=O 收缩振动吸收峰,1423cm^{-1} 处为 C—N 收缩振动吸收峰,这三处吸收峰是制备复合物过程中的尿素所产生的,说明尿素依然通过反应掺杂于复合物及 TiO₂ 中。在 2902cm^{-1} 处出现 C—H 收缩振动吸收峰,1059cm^{-1} 处出现 C—O 的收缩振动吸收峰,这两处吸收峰均由 CNC 所产生。1622cm^{-1} 处的 O—H 收缩振动吸收峰是在溶胶-凝胶法制备过程中残留的未缩聚的 Ti—OH 所引起的,并且—OH 同

样也影响着 3212cm^{-1} 处的宽带峰。而 1161cm^{-1} 处的收缩振动吸收峰为 Ti—O—C 所产生。由 FTIR 图谱可知，复合物成功地负载或包覆了尿素。

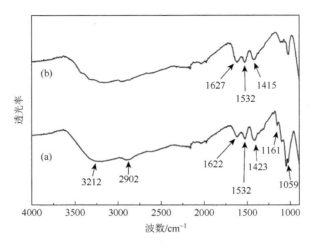

图 5-3　CNC-TiO$_2$ 复合物（a）、TiO$_2$（b）的 FTIR 图谱

5.3.2　电流变液性能

图 5-4～图 5-8 为不同比例 CNC-TiO$_2$ 复合物、5%尿素和二甲基硅油混合制得的电流变液性能测试结果。图 5-4 为第 1 次电场强度与剪切强度的关系图，可以看出 4 种电流变液由于均含有 TiO$_2$，所以都具备一定的电流变性能。在低电场强度下，添加少量的极性分子无法对剪切强度产生太大的影响，4 种电流变液

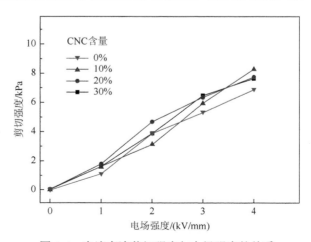

图 5-4　电流变液剪切强度与电场强度的关系

的剪切强度无明显差别。当电场强度高于 2kV/mm 后，3 种复合物电流变液的剪切强度增长超过 TiO₂，但彼此间差别并不显著。在电场强度为 4kV/mm 时，复合物电流变液的平均剪切强度为 7.9kPa，比 TiO₂ 电流变液的剪切强度高出 16.2%，最高值可高出 22.1%。根据巨电流变理论模型，这主要是由于在材料制备过程中，尿素作为 CNC 分散剂被吸附在 CNC 表面并一同被 TiO₂ 所包覆，从试验结果来看，CNC 的添加并未对材料本身电流变性能产生明显影响，但复合材料包覆层结构更能使极性分子在高电场下发挥作用[12]。

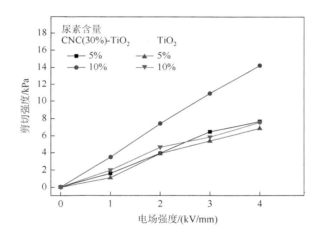

图 5-5　不同尿素含量对电流变液剪切强度与电场强度的影响

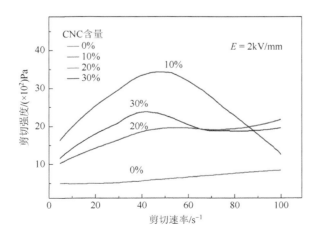

图 5-6　电流变液剪切强度与剪切速率的关系

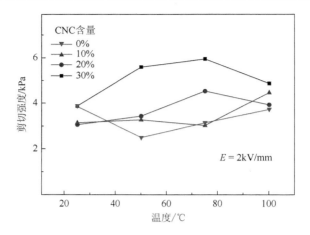

图 5-7　电流变液剪切强度与温度的关系

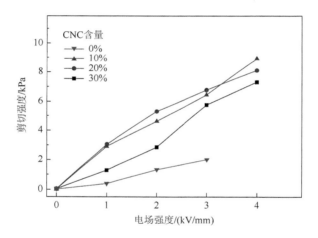

图 5-8　连续测试后剪切强度与电场强度的关系

极性分子对电流变液剪切强度的影响在图 5-5 中有更加清晰的印证。比较 30% CNC 含量的 CNC-TiO$_2$ 复合物与 TiO$_2$ 电流变液的剪切测试结果，可以发现尿素含量由 5% 增加到 10% 时，在 4kV/mm 电场强度下复合物电流变液的剪切强度增加了约 1 倍，且剪切强度随电场强度呈线性递增的表现是新型电流变液的主要特征。相比之下，TiO$_2$ 在同样尿素增量的情况下电场强度却几乎没有提升。从试验结果推测，CNC 侧链上分布着极性的羟基，使尿素这种极性分子在中性油液中表现出比 TiO$_2$ 更强的吸附性，降低了尿素被吸附后团聚的可能性。

在实际应用中，电流变液往往需要在一定剪切速率下工作，所以常把在一定剪切速率下的剪切强度作为主要参考值。图 5-6 为电流变液剪切速率与剪切强度的关系图。电流变液的剪切强度在电场强度中受剪切速率的影响显著。在较高速率的剪切作用下，CNC-TiO$_2$ 复合物电流变液的剪切强度明显比 TiO$_2$ 的高，且受 CNC 含量的影响。提升幅度最高点发生在剪切速率 44s^{-1} 处，达到 550%。不仅如此，通过测试样品各自的前、后态剪切强度对比可发现，TiO$_2$ 平均剪切强度降低至 17%，而 CNC（10%～30%）-TiO$_2$ 复合物电流变液的剪切强度依次降至 82%、38% 和 50%。根据试验结果推测，在一定剪切速率下，剪切强度显著提升的原因是复合物的纤维状形貌和长径比特性，比球状颗粒在剪切下更容易相互间产生作用力而增加剪切强度。另外，含有 CNC 的电流变液在剪切作用下会获得一定的黏度提升，而纤维状形貌比球状颗粒在这方面提升得更多。CNC 含量为 10% 的 CNC-TiO$_2$ 复合物电流变液的剪切强度在剪切速率增加过程中变化最明显，推测主要原因在于材料内部含有 TiO$_2$ 纳米块连接数个纤维状复合材料所组成的交联体，这种形貌在低剪切速率下与其他颗粒连接更具优势。但当剪切速率超过 50s^{-1} 时，颗粒被高转数剪切打散成复合物与 TiO$_2$ 的混合物，导致整体剪切强度快速下降。综合剪切强度随剪切速率的变化来看，CNC 含量为 20% 和 30% 的平稳性较含量 10% 的更优秀。

电流变液在实际应用中不可避免地会遇到工作温度变化很大的情况，因此温度稳定性也是考察电流变液的重要指标。图 5-7 为温度与电流变液剪切强度的关系图，可以发现温度变化对电流变液的剪切强度略有影响，但整体影响不大。从而可推测复合物电流变液的剪切强度具有一定的温度稳定性。

图 5-8 为电流变液经过连续测试后的剪切强度变化，主要反映电流变液在连续使用后的稳定性。可以看出，CNC-TiO$_2$ 复合物电流变液在反复测试中剪切强度无明显下降，也无击穿现象出现，表明其具有可重复应用的性能。而作为对照样的 TiO$_2$ 电流变液反复使用后不但剪切强度大幅度下降，而且在高电场强度下出现击穿现象。强度下降的可能原因是，在反复测试过程中表面的极性分子脱落，并且脱落的极性分子在测试过程中会聚集在一起使电流变液在高电场下出现击穿现象。同样制备方法下，CNC 的极性基团以及外部 TiO$_2$ 的包覆作用增强了极性分子的吸附性，防止了在反复测试过程中的脱落问题。

5.3.3　电流变液的抗沉降性

图 5-9 为电流变液静置一周后的沉降率图。在整个静置过程中，各样品在陈放后均出现一定程度的沉降。通过数据对比发现，无 CNC 添加的纯 TiO$_2$ 电流变液出现明显的沉降，沉降率为 46.2%；而添加 CNC 后，CNC-TiO$_2$ 复合物电流变液的沉降率明显降低，沉降率变为 11.7%～19.2%。这种特性说明与 CNC 复合后 TiO$_2$ 电流变液的抗沉降性明显提升，这也可以作为添加分散剂以外的另一种探索。

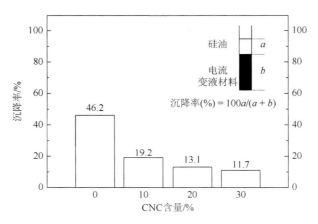

图 5-9　电流变液静置一周后的沉降率

5.4　纳米纤维素/二氧化钛复合物的结构性能分析

5.4.1　复合物的结构和性能

图 5-10 为 NFC、NFC-TiO$_2$ 复合物及作为对照样的 TiO$_2$ 的 TEM 图。从图 5-10（a，b）中，可以看出 NFC 整体尺寸均匀，直径分布在 5～10nm。在制样过程中表面能较大，随溶剂的去除而产生网状交联现象。图 5-10（c，d）为 NFC-TiO$_2$ 复合物（NFC 含量 30%）的微观形貌图，可以看出 TiO$_2$ 颗粒均匀地包覆在 NFC 表面。复合物的直径约为 10nm，长度为微米级，整体保持了 NFC 的形貌特点，并呈一定的分散性。图 5-10（e，f）为 NFC 占 20% 的复合物的微观形貌，从图中可以看出 TiO$_2$ 的包覆随着其比例的上升而增大，部分位置甚至出现块状 TiO$_2$ 将 NFC 覆盖连接的情况。图 5-10（g，h）为 NFC 含量为 10% 的复合物的微观形貌，可以看出 NFC 完全被 TiO$_2$ 所包覆，包覆层由于其比例增加而加厚，这使得整个复合物直径增大至近 100nm，长度在微米级，未发生变化。图 5-10（i，j）为对照样 TiO$_2$，可以看出 TiO$_2$ 呈圆形颗粒状，直径为 30～50nm，聚集在一起。整体来看，复合物总体保持了复合前纳米纤丝的尺寸形貌，TiO$_2$ 的包覆随其复合比例增加而趋于完整，复合物的直径相应增加，但仍在纳米尺度内。

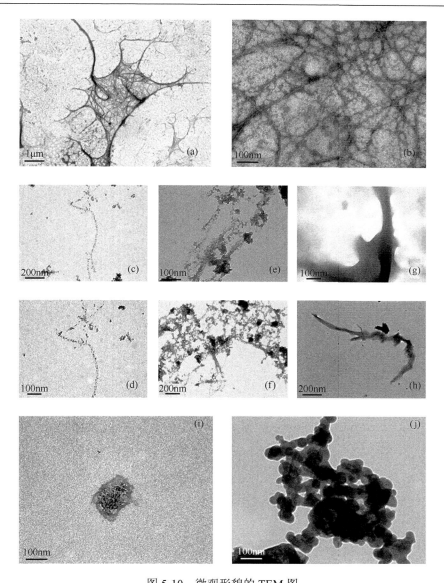

图 5-10　微观形貌的 TEM 图

（a，b）NFC；（c，d）、（e，f）、（g，h）NFC 含量分别为 30%、20%、10%形成的 NFC-TiO$_2$ 复合物；
（i，j）TiO$_2$

图 5-11 为 NFC、NFC-TiO$_2$ 复合物与 TiO$_2$ 的 XRD 图谱，其中图 5-11（a）为
NFC 的衍射曲线，图 5-11（b）为 TiO$_2$ 的衍射曲线，图 5-11（c）为 NFC-TiO$_2$ 复
合物的衍射曲线。2θ 在 16.04°和 22.94°处的衍射峰来自 NFC，为 I 型纤维素的特
征衍射峰。2θ 在 25.14°、37.68°、47.84°、54.34°和 62.48°处的衍射峰来自锐钛矿

TiO_2，说明所制备的 TiO_2 为锐钛矿型。复合物中含有 NFC 与锐钛矿 TiO_2 两种特征峰，结合 TEM 图片可以说明锐钛矿型 TiO_2 成功地包覆了 NFC。锐钛矿 TiO_2 的特征峰值较宽，说明晶化程度不高，其中也含有结晶不完全或无定形的 TiO_2，这样保留了少量 Ti—OH 来吸附极性分子，防止其流失。

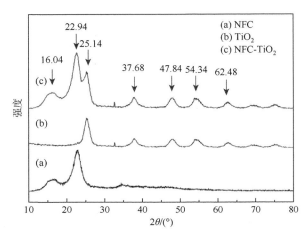

图 5-11　NFC（a）、TiO_2（b）、NFC-TiO_2 复合物（c）的 XRD 图谱

图 5-12 为 NFC-TiO_2 复合物与对照样 TiO_2 的 FTIR 图谱。与 TiO_2 相比，NFC-TiO_2 复合物在 $3224cm^{-1}$ 处出现 N—H 收缩振动吸收峰，$1536cm^{-1}$ 处出现 C = O 收缩振动吸收峰，$1417cm^{-1}$ 处出现 C—N 收缩振动吸收峰，这三处吸收峰同样存在于 TiO_2 中，是制备过程中所添加的尿素产生的，这说明尿素参与了复

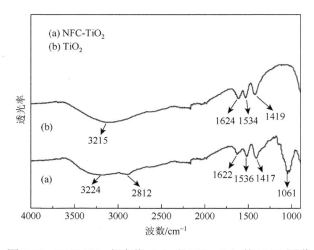

图 5-12　NFC-TiO_2 复合物（a）和 TiO_2（b）的 FTIR 图谱

合物的合成反应。在 2812cm^{-1} 处出现的 C—H 收缩振动吸收峰，1061cm^{-1} 处出现的 C—O 收缩振动吸收峰，是由 NFC 所产生的。1622cm^{-1} 处的 O—H 收缩振动吸收峰则说明复合物中残留了部分未缩聚的 Ti—OH，并且—OH 同样也影响着 3324cm^{-1} 处的宽峰。

5.4.2　电流变液性能

图 5-13～图 5-17 为 NFC-TiO$_2$ 复合物和对照样 TiO$_2$ 的电流变液性能测试结果，其中图 5-13 为 5%尿素添加量时 NFC-TiO$_2$ 复合物电流变液的电场强度与剪切强度关系图。从图中可以看出相比于 TiO$_2$，复合 NFC 后的 NFC-TiO$_2$ 复合物电流变液的剪切强度随电场增加显著提升，在 4kV/mm 电场强度下，剪切强度都接近或超过 10kPa。而作为对照样的 TiO$_2$ 在同样电场强度下的剪切强度只有 3kPa。在电场强度由 0 上升到 4kV/mm 的过程中，四种材料的电流密度在 10μA/cm^2 范围没有变动。从实验结果来看，含 10% NFC 复合物电流变液的剪切强度略低于其他两种，这种强度的差距可能是由于 TiO$_2$ 包覆过厚致使材料整体尺寸增大。含 20%和 30%NFC 复合物电流变液的剪切强度基本相同，说明复合过程中 NFC 裸露与否对剪切强度影响程度不大。而 TiO$_2$ 与复合物间明显的剪切强度差异则是由于锐钛矿型 TiO$_2$ 本身无法吸附极性分子，并没有明显的电流变效应，在制备过程中虽然刻意保留 Ti—OH，但能吸附的极性分子也非常有限。在整个电流变效应过程中，只有少部分极性分子参与，使整体电流变性能远低于复合物电流变液。

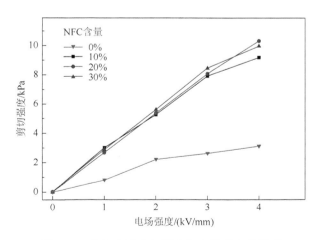

图 5-13　电流变液剪切强度与电场强度的关系

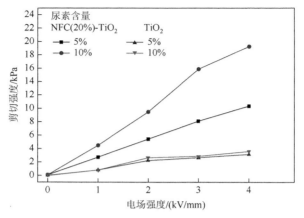

图 5-14　电流变液剪切强度与尿素添加量的关系

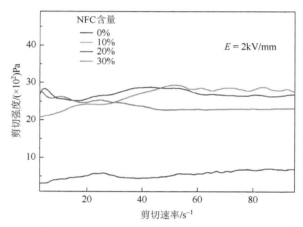

图 5-15　电流变液剪切强度与剪切速率的关系

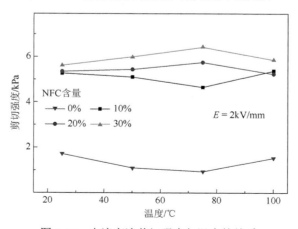

图 5-16　电流变液剪切强度与温度的关系

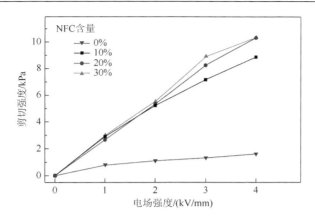

图 5-17　重复测试后电流变液剪切强度与电场强度的关系

　　图 5-14 为将尿素添加量由 5%增加至 10%制备的 20%NFC-TiO$_2$ 复合物电流变液的电场强度-剪切强度关系图。图中复合物在尿素含量增加后剪切强度随电场强度整体呈线性增长，并且对比 5%尿素含量复合物电流变液剪切强度以一倍的增长速度增长。在 4kV/mm 的电场强度下，其剪切强度达到 19.2kPa，比 10.3kPa 增加将近一倍，符合理论预期。而作为对照样的 TiO$_2$ 在尿素含量从 5%增加至 10%后，剪切强度并未出现明显变化，在 4kV/mm 的电场强度下剪切强度为 3.1kPa（5%尿素）和 3.6kPa（10%尿素）。但从电流密度上看，尿素增加后，TiO$_2$ 电流变液在 4kV/mm 场强下由 10μA/cm^2 增至 160μA/cm^2，而 NFC-TiO$_2$ 复合物在尿素增加后依旧保持电流密度在 10μA/cm^2 以内。从实验中可发现，增加的尿素并未吸附在锐钛矿表面，而是在电流变剪切测试中脱落游离在油液之中。游离的尿素本身会提供少量的剪切强度，但更多的是使整个电流密度增大而使电流变性能降低。这种问题不会在复合物电流变液中出现，其主要原因就是 NFC 对极性分子的强吸附性使其在测试中无法脱落游离，并且从电流密度判断复合物对极性分子的吸附仍未到达上限。

　　图 5-15 为电流变液剪切速率与剪切强度的关系图。从图中可以看出，在 2kV/mm 电场下，TiO$_2$ 的电流变液无论在低速还是高速剪切速率下均只有很低的剪切强度。NFC-TiO$_2$ 复合物电流变液的剪切强度在整个剪切速率范围保持稳定，不随剪切速率浮动而大幅变化。三种复合物的电流密度均在 10μA/cm^2 以内，而 TiO$_2$ 的电流密度随剪切速率从 10μA/cm^2 升至 30μA/cm^2。从实验结果可知，TiO$_2$ 剪切强度如此大的降幅（77.6%）不仅是由于高速剪切速率对颗粒的影响，还由于 Ti—OH 吸附能力不强使极性分子脱落。NFC 的复合使电流变液的剪切强度平均提高 220%，并且更加稳定。对比 CNC-TiO$_2$ 复合物的剪切强度-剪切速率关系图可以看出，NFC-锐钛矿 TiO$_2$ 复合物电流变液在剪切强度的保留上虽略低，但在工作稳定性上更优。

图 5-16 为电流变液剪切强度受温度影响的变化图。从图中可以看出，TiO_2 电流变液的剪切强度经过高剪切速率测试后出现劣化。由于电流变液受温度影响，主要是颗粒自身的极性与热运动两方面，所以极性分子的脱落使 TiO_2 电流变液性能劣化并不影响其电流变温度特性。TiO_2 电流变液的剪切强度随温度增加是先降低后增加的状态，在 100℃时剪切强度对比常温略有降低。NFC-TiO_2 复合物电流变液的剪切强度较 TiO_2 电流变液更大，在 75℃时变化较明显，但最终在 100℃回归至常温剪切强度。TiO_2 电流变液的电流密度在 30μA/cm^2 上下波动，而复合物的电流密度保持在 10μA/cm^2 以内。通过对比可以发现，TiO_2 与 NFC-TiO_2 复合物展现出相似的特性，但 NFC-TiO_2 复合物在温度稳定性上表现得更出色一些。

一般来说，电流变液在一种测试方式下会检测出一定的使用寿命。当电流变液在环境与测试条件大幅改变时，连续测试可以加速材料的使用寿命消耗，这种测试方式不仅可以增加寿命测试效率，同时也可以检测电流变液在不同条件下的表现情况。图 5-17 为经过以上连续综合测试后的电场强度与剪切强度的关系图。从图中可以看出，TiO_2 电流变液虽未发生击穿，但其性能已经出现大幅度劣化，一般来说如此大的降幅下电流变液的寿命已被认定完结。NFC-TiO_2 复合物电流变液的剪切强度对比第一次测试基本相同，对比第一次测试的变化幅度在 5%以内。在 4kV/mm 电场下，TiO_2 电流变液的电流密度随电场增强达到 760μA/cm^2，而三种 NFC-TiO_2 复合物电流变液的电流密度仍控制在 14μA/cm^2 以内，这说明 NFC 对极性分子的吸附作用在不同电流变条件下依旧能够完美发挥。

5.4.3　电流变液的抗沉降性

图 5-18 为电流变液的沉降率图。配制的电流变液与测试用电流变液浓度相同，均为 2g/mL，沉降率由电流变液在密封状态下静置一周后测试所得。由于体系内无分散剂，TiO_2 在放置 1h 之后开始出现沉降，并在一天之内完全沉降。其余三种 NFC-TiO_2 复合物则是在 4~24h 间相继出现沉降，在 3~5 天后完全沉降，沉降速率与 NFC 的含量成反比。通过数据对比发现，TiO_2 电流变液的最终沉降率为 53.7%。三种复合物电流变液的沉降率分别为 21.2%、10.9%和 7.3%，对比 TiO_2 电流变液明显减少。30% NFC-TiO_2 复合物的沉降率小于 10%，这对电流变液的实用性至关重要。在实际应用中，如果 NFC 参与的电流变元器件的工作间隙小于发生沉降时间，则完全可解决电流变液的沉降问题。

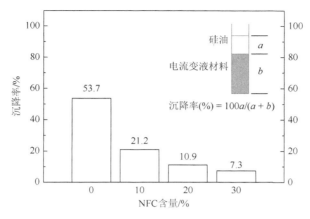

图 5-18　电流变液静置一周后的沉降率

5.5　本章总结

（1）纳米纤维素与 Ti-O 体系复合是改善电流变性能的一种新思路，纳米纤维素具有形态尺寸精细、比表面积大、表面能高和极性高等特点，可在油液中更好地吸附极性分子，在电场作用下反应更加迅速、更加容易聚合成链，与油液相近的密度也增强了抗沉降性，对 Ti-O 体系电流变液的综合性能有很大提升。

（2）采用溶胶-凝胶法制备出的 CNC-TiO$_2$ 复合物，直径在 10nm 左右，长度为 200～300nm，无定形态的 TiO$_2$ 能够覆盖其表面。采用水热法制备出的 NFC-TiO$_2$ 复合物，TiO$_2$ 呈颗粒状覆盖其表面并使直径增加，直径在 10～50nm，长度为数微米。两种纳米纤维素与 TiO$_2$ 的复合物均符合新型电流变液材料的尺寸需求，可作为电流变液材料使用。

（3）纳米纤维素的添加使复合物电流变液的剪切强度得到很大的提升。其中 CNC-TiO$_2$ 复合物电流变液的剪切强度比 TiO$_2$ 电流变液提升 350%，NFC-TiO$_2$ 复合物电流变液的剪切强度比 TiO$_2$ 电流变液提升 220%。纤维状形貌优势使其在高剪切作用下拥有更短的响应时间，使剪切强度得到充分保留，随着纳米纤维素含量的增加剪切强度均趋于稳定。对比两种复合材料电流变性能可发现，CNC 对剪切强度的提升更明显，NFC 则产生更加优秀的剪切强度稳定性、更好的温度稳定性和整体抗沉降性。

（4）综合上述结论，纳米纤维素的应用使得 Ti-O 体系电流变液减少极性分子流失，在电场强度和温度等环境变化中的剪切强度以及在电流变液的使用寿命上都有明显的提升，整体电流变效果得到了明显改善，这归功于纳米纤维素的诸多特性。而拥有更强极性与长径比的 NFC 对极性分子的吸附作用更加明显，使其电流密度更小，在高温、高剪切速率变化下的电流变强度稳定性更优，同时拥有更好的抗沉降性，拓宽了应用范围，同时延长了其电流变液的使用寿命，证明纳米纤维素特性对电流变稳定性的促进作用。

参 考 文 献

[1]　Sun J M，Tao R. Shear flow of one-component polarizable fluid in a strong electric field[J]. Physical Review E，1996，53（4）：3732.

[2]　Halsey T C，Martin J E. Electrorheological fluids[J]. Scientific American，1993，269（4）：58-64.

[3]　尹剑波，赵晓鹏. 电流变材料设计与制备研究进展[J]. 材料导报，2000，14（9）：10-13.

[4]　张春红，王荣华，陈秋玲，等. 植物纤维在全生物降解复合材料中的应用研究进展[J]. 材料导报，2007，21（10）：35-38.

[5]　Davies J L，Blagbrough I S，Staniforth J N. Electrorheological behaviour at low applied electric fields of microcrystalline cellulose in BP oils[J]. Chemical Communications，1998，（19）：2157-2158.

[6]　Kim S G，Kim J W，Jang W H，et al. Electrorheological characteristics of phosphate cellulose-based suspensions[J]. Polymer，2001，42（11）：5005-5012.

[7]　Rejon L，Ramírez A，Paz F，et al. Response time and electrorheology of semidiluted gellan，xanthan and cellulose suspensions[J]. Carbohydrate Polymers，2002，48（4）：413-421.

[8]　Zhang S，Winter W T，Stipanovic A J. Water-activated cellulose-based electrorheological fluids[J]. Cellulose，2005，12（2）：135-144.

[9]　Tilki T，Yavuz M，Karabacak Ç，et al. Investigation of electrorheological properties of biodegradable modified cellulose/corn oil suspensions[J]. Carbohydrate Research，2010，345（5）：672-679.

[10]　Li Z，Yao C，Yu Y，et al. Highly efficient capillary photoelectrochemical water splitting using cellulose nanofiber-templated TiO_2 photoanodes[J]. Advanced Materials，2014，26（14）：2262-2267.

[11]　Korhonen J T，Hiekkataipale P，Malm J，et al. Inorganic hollow nanotube aerogels by atomic layer deposition onto native nanocellulose templates[J]. ACS Nano，2011，5（3）：1967-1974.

[12]　Shen R，Liu R，Wang D，et al. Frequency response of giant electrorheological fluids in AC electric field[J]. RSC Advances，2014，4（106）：61968-61974.

第6章　纳米纤维素复合壳聚糖功能生物泡沫材料

6.1　背景概述

制备低成本，同时拥有选择性吸附、热力学稳定性、生物相容性和优异力学性质的多功能性泡沫材料一直是实际应用领域面临的挑战。为解决原油[1]和塑料微粒[2]引发的日益严重的水体污染问题，吸附污染物和过滤水净化系统已经引起了全球关注[3-5]。碳基泡沫作为一种高效的吸附材料也获得了极大关注，但是有些碳基泡沫是由碳纳米管[6-8]、碳纳米纤维[9, 10]、石墨烯[11-13]等高价原材料制备，且用其前驱体合成的过程中具有一定的危险性。还有一些碳基材料是由细菌纤维素[14, 15]或环境友好的纳米纤维素气凝胶[16]制备而来，但这类材料制备时需要耗费较多的能源将其进行高温热解炭化。石油衍生的聚合物也被用于制备功能性材料以适应各种应用领域。然而，考虑在各种场景中水净化的实际用途，泡沫材料需要具有良好的可操作性，包括对人的无害性和环境可接受性，如生物相容性和生物可降解性，因此亟须利用无毒害和可持续的生物高分子研发新一代的功能泡沫材料。

高性能的泡沫或气凝胶通常需要具有高孔隙率、耐热性和力学耐久性等性能。以往的研究中，一些学者利用木质纤维素[17]、细菌纤维素[18]、海藻酸盐[19]和纳米纤维素[20]也尝试开展了基于生物高分子的泡沫或气凝胶制备研究，发现纳米纤维尤其纳米纤维素（NFC）是编织泡沫或气凝胶骨架的理想材料。NFC 是半刚性的高分子材料，具有低密度、高长径比、力学和热学稳定性，表面还存在大量的羟基，使得这些纤维能够刚柔互济并构建出高性能泡沫，以 NFC 为构造单元开发三维结构材料的研究受到关注。

出于生物相容性的考虑，本章选择同样是生物高分子的壳聚糖作为与 NFC 制备复合泡沫的基体填充相，NFC 在壳聚糖基质中良好分散，二者通过羟基与氨基的氢键作用来互连补强，从而改善泡沫的结构和力学稳定性。除了生物相容性以外，NFC 增强壳聚糖的三维互连网络作为生物复合泡沫还能赋予其他良好特性，包括超亲水性和水下疏油性等，从而使其在水体净化、食品包装材料和生物组织支架等领域的应用中展现出巨大潜力。

6.2 制备加工方法

将市购的壳聚糖粉末加入到乙酸水溶液中，然后使用磁力搅拌器连续搅拌直至溶液变得均匀透明。将具有不同质量比的 NFC 悬浊液和壳聚糖溶液混合（表 6-1），连续搅拌直至溶液变得均匀并观察不到沉淀。随后，将混合的悬混液倒入模具中，然后置于–15℃的冰箱中冰冻 24h。使用宁波新芝生物科技股份有限公司的 Scientz-10N 型冷冻干燥机对样品进行冷冻干燥，从而形成 NFC-壳聚糖纳米复合泡沫。

表 6-1 制备 NFC-壳聚糖纳米复合泡沫的实验配比

NFC 悬浮液			壳聚糖溶液			复合泡沫中 NFC 质量分数/%	样品名称[①]
NFC 质量量/g	水质量/g	质量分数/%	壳聚糖质量/g	稀乙酸质量/g	质量分数/%		
0	0	0	0.5	99.5	0.5	0	纯壳聚糖-泡沫-0.5%
0.05	9.95	0.5	0.45	89.55	0.5	10	NFC-壳聚糖-10%-0.5%泡沫
0.225	44.775	0.5	0.275	54.725	0.5	45	NFC-壳聚糖-45%-0.5%泡沫
0.35	69.65	0.5	0.15	29.85	0.5	70	NFC-壳聚糖-70%-0.5%泡沫
0	0	0	1	99	1	0	纯壳聚糖-泡沫-1%
0.1	9.9	1	0.9	89.1	1	10	NFC-壳聚糖-10%-1%泡沫
0.45	44.55	1	0.55	54.45	1	45	NFC-壳聚糖-45%-1%泡沫
0.7	69.3	1	0.3	29.7	1	70	NFC-壳聚糖-70%-1%泡沫

①NFC-壳聚糖纳米复合泡沫可以命名为NFC-壳聚糖-x-y泡沫，其中 x 和 y 分别是 NFC-壳聚糖泡沫中的 NFC 和冻干前悬浊液中固体的质量分数。

6.3 纳米纤维素/壳聚糖复合泡沫的结构性能分析

6.3.1 基本特性表征

图 6-1 从左到右展示了实验所用的原料壳聚糖和 NFC 溶液，中间产物（二者的悬混液）和制备出的 NFC-壳聚糖纳米复合泡沫的照片。通过木质纤维素纸浆纳米原纤化的方法用高强度超声波设备制备 NFC 水性悬浊液。

NFC 主要是由纤维素的纳米纤丝束组成，包含以平行方式排列的直径在 2～5nm 的纳米聚集体（图 6-2）。这些纳米纤丝和纳米纤丝束聚集体相互连接，在悬混液中形成交联的网状结构[21]。将脱乙酰壳聚糖（纯度≥95%）溶解在稀乙酸溶液中，得到均匀且透明的溶液。将上述两个样品混合，然后连续搅拌使 NFC 和壳聚糖分子之间完全作用。然后，将悬混液冷冻并冷冻干燥后，冰晶升华，具有纳米尺寸的 NFC 嵌入到壳聚糖基质产生了如植物细胞壁般的三维多孔结构。NFC-壳聚糖纳米复合泡沫的 NFC 含量和密度可以通过改变悬混液中的 NFC/壳聚糖质量比和悬混液的固体含量而进行调节。

图 6-1　从左到右分别是壳聚糖溶液、NFC 溶液、NFC 和壳聚糖的悬混液、
悬混液的冷冻样品和制备出的 NFC-壳聚糖纳米复合泡沫照片

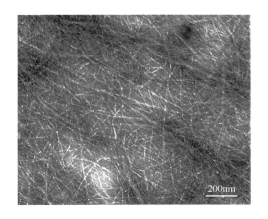

图 6-2　NFC 的 TEM 图像

NFC-壳聚糖纳米复合泡沫 [图 6-3（a）] 可以通过改变冷冻前模具的形状而制成不同的形状和尺寸 [图 6-3（b）]。冷冻干燥后，NFC-壳聚糖纳米复合泡沫具有非常高的孔隙率和非常低的密度 [图 6-3（c）]。NFC-壳聚糖-x-0.5%泡沫的密度几乎是 NFC-壳聚糖-x-1%泡沫的一半。NFC 有利于使复合泡沫形成稳定的多孔结

构，这种三维孔隙结构可以保护 NFC-壳聚糖复合泡沫在冷冻干燥过程中免于严重收缩。因此，NFC-壳聚糖-*x*-0.5%泡沫由于冷冻前较低的固体含量，相较于固体含量较高的 NFC-壳聚糖-*x*-1%泡沫具有更低的密度。NFC-壳聚糖-70%-0.5%泡沫的密度低至 6.1mg/cm³，接近于密度最小的 CNC 气凝胶（5.6mg/cm³）[22]以及石墨烯泡沫（5mg/cm³）[23]，并且远低于微纤化纤维素（MFC）增强的支链淀粉泡沫的密度（86.5mg/cm³）[24]。

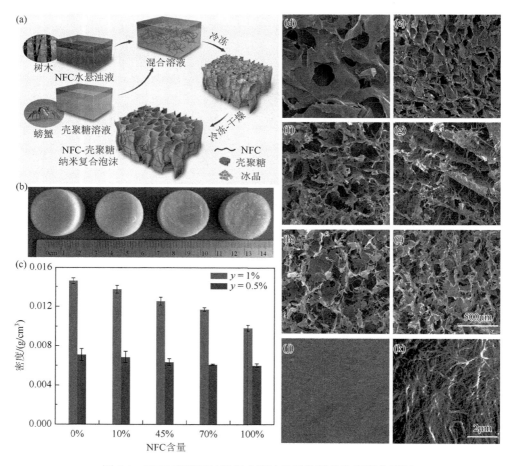

图 6-3　NFC-壳聚糖纳米复合泡沫的结构照片和密度曲线图

（a）NFC-壳聚糖复合泡沫的制备原理图；（b）NFC-壳聚糖纳米复合泡沫的数码照片，从左至右：纯壳聚糖-泡沫-1%、NFC-壳聚糖-10%-1%泡沫、NFC-壳聚糖-45%-1%泡沫和 NFC-壳聚糖-70%-1%泡沫；（c）NFC-壳聚糖复合泡沫的密度；（d~k）NFC-壳聚糖纳米复合泡沫的 SEM 图像：（d, e）纯壳聚糖-泡沫-1%，（f, g）NFC-壳聚糖-45%-1%泡沫，（h, i）NFC-壳聚糖-70%-1%泡沫，（d, f, h）是表面结构，（e, g, i）是横截面结构，（i）中的比例尺 500μm，也适用于（d~h）；（j, k）分别是（e）和（i）的放大图像，（k）中的比例尺为 2μm，也适用于（j）

　　为进一步了解 NFC-壳聚糖纳米复合泡沫的微观结构，利用扫描电镜观察了它们的表面和截面形貌 [图 6-3 （d～i）]。所有样品的悬混液经冷冻干燥后，都具有类似相互连接的壁层组成的类细胞结构。NFC-壳聚糖-0%-1%泡沫显示出片层状结构 [图 6-3 （d）]；NFC 纤维束与壳聚糖的复合泡沫则明显可见纤维结构 [图 6-3 （f～i）]，并与周围的片状结构相连接而构成三维交联网络结构。随着 NFC 含量的增加，复合泡沫的纤维结构增多，孔隙率增高。NFC-壳聚糖-70%-1%泡沫的显微镜图像清楚地证实了其具有非常高的孔隙互连的精细结构。由高放大倍数的 SEM 图可以看出，纯壳聚糖-泡沫-1%的壁面非常光滑 [图 6-3 （j）]。但是随着 NFC 含量的增加，NFC-壳聚糖复合泡沫的壁面变得粗糙，并且可以观察到纳米尺寸的长丝结构。这进一步证实了 NFC-壳聚糖纳米复合泡沫的细胞壁是由具有纤维结构的 NFC 作为支撑骨架结构，并与作为填充基质的壳聚糖均匀地结合并构成三维网络结构 [图 6-3 （k）]。

为进一步了解 NFC 和壳聚糖的相互作用，使用红外光谱法分别对 NFC、壳聚糖和 NFC-壳聚糖复合泡沫进行了表征（图 6-4）。纯的壳聚糖-泡沫-1%的光谱在 1643cm^{-1} 和 1558cm^{-1} 处检测出明显的特征吸收峰[图 6-4(a)]，分别对应 C = O（乙酰基）拉伸峰和 N—H（酰胺和氨基）弯曲振动峰。位于 1070cm^{-1} 和 1030cm^{-1} 处的吸收峰则对应于 C—O 的伸缩振动峰，1375cm^{-1} 和 1450cm^{-1} 处的条峰归因于 N-乙酰基-葡糖胺残基和 β 甲基/亚甲基，以上官能团证明了壳聚糖分子的存在。对比于纯壳聚糖泡沫的光谱和 NFC-壳聚糖复合泡沫的光谱 [图 6-4 （b，c）]，可以看出两种材料复合后官能团发生了变化。N—H 弯曲峰（1558cm^{-1}）作为壳聚糖的特征峰继续保留，但随着 NFC 含量的增加其强度减弱，该结果表明在壳聚糖和 NFC 之间形成了氢键等的相互作用[25]。随着 NFC 含量增加至 70%，3343cm^{-1} 处出现了较为明显的 O—H 特征吸收峰，进一步证明了复合材料内的氢键形成。

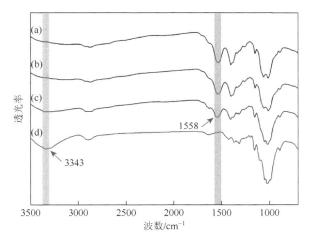

图 6-4　纯壳聚糖-泡沫-1%（a）、NFC-壳聚糖-45%-1%泡沫（b）、NFC-壳聚糖-70%-1%泡沫（c）和纯 NFC-泡沫-1%（d）的 FTIR 图谱

　　泡沫的柔软度和抗压缩性直接影响它们的实际应用,因此使用万能力学试验机对泡沫的压缩性能进行表征。压缩下的纯壳聚糖泡沫、NFC-壳聚糖复合泡沫和纯 NFC 泡沫的应力-应变曲线如图 6-5 所示。在包含 NFC 时,应力-应变曲线的形状保持相似,但压缩模量和强度都增加。

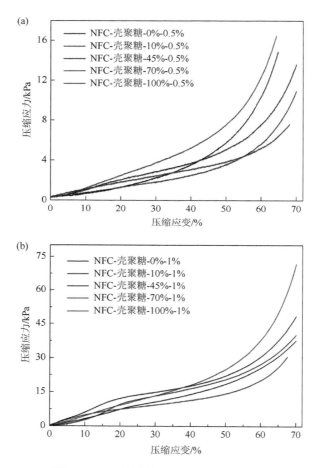

图 6-5　NFC-壳聚糖复合泡沫的力学性能

（a）NFC-壳聚糖-x-0.5%泡沫的压缩应力-应变曲线；（b）NFC-壳聚糖-x-1%泡沫的压缩应力-应变曲线

　　与纯壳聚糖泡沫相比,NFC-壳聚糖复合泡沫的压缩模量随着 NFC 含量增加而增强（图 6-6）。NFC 含量达到 45%时,NFC-壳聚糖-45%-1%泡沫的压缩模量和比压缩模量分别增加 108%和 144%,分别达到 61kPa 和 4717kPa·cm³/g。然而,在 NFC 含量达到 70%时,观察到压缩模量降低,表明 NFC-壳聚糖-x-1%泡沫的机械性能大约在 NFC含量为 45%时最佳。虽然密度较低且孔隙率较大,但 NFC-壳聚糖-70%-0.5%泡沫仍然表现出高达 2007kPa·cm³/g 的比压缩模量（图 6-6），证实了 NFC 在壳聚糖基质中的增强作用。NFC-壳聚糖-70%-0.5%泡沫的压缩模量和比压缩模量明显高于纯 NFC 泡沫，这主要是由于 NFC 和壳聚糖分子的协同作用，其形成与氢键和静电相互作用有关。

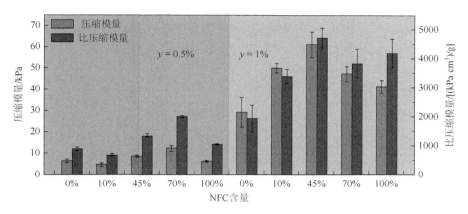

图 6-6　NFC-壳聚糖纳米复合泡沫的压缩模量和比压缩模量

图 6-7 比较了 NFC-壳聚糖复合泡沫与其他泡沫/气凝胶（如壳聚糖气凝胶[26]、NFC 气凝胶[21, 27]、NFC 基复合气凝胶/泡沫[25, 28-31]、纤维素纳米晶泡沫[32]、再生纤维素复合气凝胶[33]、甲壳素气凝胶[34, 35]、石墨烯气凝胶[36, 37]、碳纳米管气凝胶[38, 39] 和金属微晶格[40]）的杨氏模量和密度。与其他泡沫/气凝胶相比，NFC-壳聚糖复合泡沫更加柔软，密度也更低。

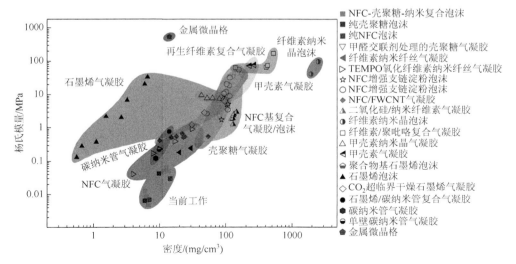

图 6-7　将杨氏模量相对于 NFC-壳聚糖纳米复合材料泡沫的密度作图，并与包括壳聚糖气凝胶在内的其他泡沫/气凝胶进行比较

将 NFC-壳聚糖-45%-1%泡沫压缩至其初始高度的约 33%,然后释放压缩并使泡沫静置 24h,压缩重复 7 次。如图 6-8 所示,NFC-壳聚糖-45%-1%泡沫可承受高达 67%的压缩应变,然后在释放压缩后快速恢复至其原始高度的约 77%。在静置 24h 后,弹性回弹率进一步增加。进一步反复压缩 NFC-壳聚糖-45%-1%泡沫,并且在总共 7 次压缩期间观察到类似的结构恢复性能,这说明 NFC-壳聚糖复合泡沫具有良好的结构和力学弹性,在发生较大的变形后并未发生断裂和崩溃现象。

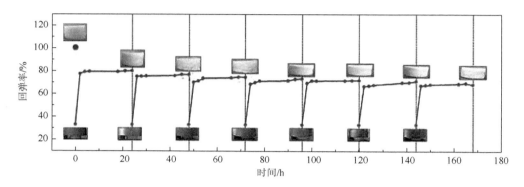

图 6-8　反复压缩后 NFC-壳聚糖复合泡沫的回弹率

6.3.2　热稳定性和隔热性能

由于泡沫有时需要在高温的恶劣条件下使用,因此通过热重分析(TG)检测纯壳聚糖-泡沫-1%和 NFC-壳聚糖复合泡沫的热稳定性。NFC-壳聚糖复合泡沫的 TG 和衍生的 DTG 曲线显示出的特征差异取决于 NFC 的含量[图 6-9(a,b)]。纯壳聚糖-泡沫-1%在 120℃以下发生了初始热分解,此时认为表面的游离水分子蒸发。随着 NFC 含量的增加,NFC-壳聚糖复合材料泡沫的热稳定性提升,最大热分解温度从 300℃(纯壳聚糖-泡沫-1%)升高至 359℃(NFC-壳聚糖-70%-1%泡沫)。NFC-壳聚糖复合泡沫的分解温度的增加主要归因于 NFC 的高热稳定性、高结晶度以及与壳聚糖分子之间的强相互作用。

当暴露于一系列温度时,NFC-壳聚糖复合泡沫的尺寸稳定性对于在恶劣条件下的实际应用是至关重要的。当在低于–15℃的温度下暴露 3h,NFC-壳聚糖复合泡沫体的体积收缩率(VSR)几乎为 0[图 6-10(a)],证实复合泡沫体在低温下具有抵抗尺寸改变的能力。当暴露于 150℃的高温下需 3h,复合泡沫体收缩并变黄,表明壳聚糖部分降解。随着 NFC 含量的增加,复合泡沫体的体积收缩率逐渐降低。当将样品置于 250℃下 3h,也观察到类似的趋势。这些结果进一步证实 NFC 对复合泡沫的热稳定性起着重要影响。

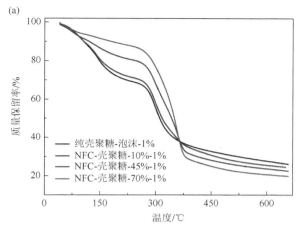

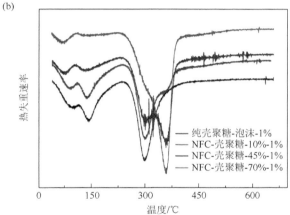

图 6-9　NFC-壳聚糖复合泡沫的热性质

（a）NFC-壳聚糖复合泡沫的 TG 曲线；（b）NFC-壳聚糖复合泡沫的 DTG 曲线

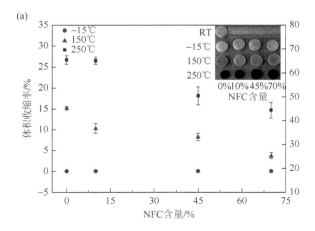

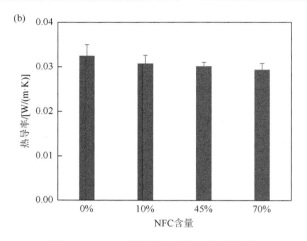

图 6-10　NFC-壳聚糖复合泡沫的热性质

（a）当暴露于不同温度时 NFC-壳聚糖复合泡沫的体积收缩率；（b）NFC-壳聚糖复合泡沫的热导率

　　NFC-壳聚糖复合泡沫的低密度和高孔隙率使之成为有效的保温隔热材料（图 6-11）。纯壳聚糖-泡沫-1%的热导率为 0.032W/(m·K)，NFC-壳聚糖复合泡沫的热导率随 NFC 含量的增加略微降低，总体差异不大［图 6-10（b）］。NFC-壳聚糖-70%-1%的最低热导率［0.029W/(m·K)］接近于空气的热导率［0.025W/(m·K)］，该结果表明 NFC-壳聚糖复合泡沫具有极高的孔隙率，孔径大于空气分子的平均自由程，允许通过孔的轻微气体对流。

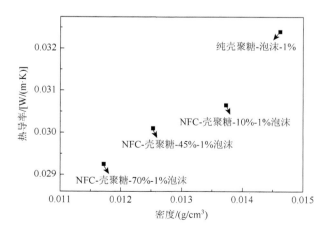

图 6-11　NFC-壳聚糖复合泡沫热导率与密度的关系

　　热成像仪记录显示了 NFC-壳聚糖复合泡沫的有效热绝缘性（图 6-12）。无论是将其置于 0℃的冷板上还是置于 70℃的热板上处理 5min 后，NFC-壳聚糖-70%-1%泡沫的尺寸和结构均未发生改变。从 NFC-壳聚糖-70%-1%泡沫的厚度方向没有观察到明显的温度变化梯度。除了与冷板或热板接触的表面外，NFC-壳聚糖-70%-1%泡沫的大部分体积的温度与室温相当，这证明了 NFC-壳聚糖复合泡沫具有高热稳定性，因此其在保温隔热领域具有较大的潜力。

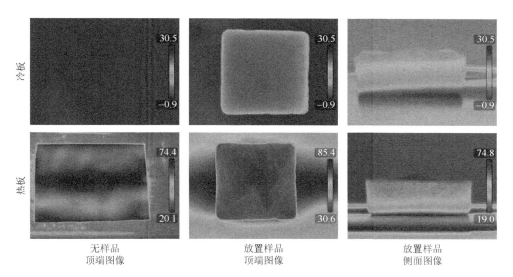

冷板　　　　　　　　　　　　　　　　　　　　　热板

无样品　　　　　　　放置样品　　　　　　　放置样品
顶端图像　　　　　　顶端图像　　　　　　　侧面图像

图 6-12　当在不同温度下与热/冷板接触时 NFC-壳聚糖-70%-1%泡沫的热成像图

6.3.3　水下疏油性和有效的油/水分离

亲油性泡沫通常可利用它们的吸油能力从污水中进行油水分离[41]，水下疏油泡沫可以通过"水分离"有效地将油与水分离以净化污水。NFC 和壳聚糖分子都含有丰富的亲水基团（羟基和氨基），并且 NFC-壳聚糖复合泡沫的高孔隙率使它们呈超亲水特性。因此，NFC-壳聚糖-70%-1%泡沫在大气环境中对水的接触角接近于 0°［图 6-13（a）］，水可以快速扩散铺展在 NFC-壳聚糖-70%-1%泡沫表面，并迅速被泡沫吸收。在达到吸收饱和之后，NFC-壳聚糖-70%-1%泡沫的孔会被水填充。被包裹住的自由水能够大大减少油滴与 NFC-壳聚糖-70%-1%泡沫的固体表面间的接触面积，作为油的相反相，阻碍油与泡沫材料的接触。结果是，具有油、水和泡沫三相体系的 NFC-壳聚糖-70%-1%泡沫在水中表现出很高的疏油性。如图 6-13（b，c）所示，NFC-壳聚糖-70%-1%泡沫与许多不同密度的油，包括硝基苯、氯仿、石油醚、煤油和二氯乙烷，对它们的水下接触角分别为 138°、140°、141°、142°和 143°（图 6-14），均呈现出显著的水下疏油特性。

　　由于水被快速吸收并渗透到 NFC-壳聚糖复合泡沫的内部，同时排除了油，因此预期 NFC-壳聚糖复合泡沫用作过滤介质可以进行高效的油/水分离。如图 6-13（d，e）所示，将 NFC-壳聚糖-70%-1%泡沫固定在过滤仪器内，加入水后泡沫达到饱和吸附，将该仪器用于分离油/水混合物。将 300mL 煤油和水的混合物（40%，体积分数）倒入仪器的顶部容器中。水在重力作用下通过复合泡沫快速且连续地吸收、渗透，并落入下面的容器。同时，由于 NFC-壳聚糖-70%-1%泡沫的水下疏油性质，煤油被排斥并保留在泡沫上方。

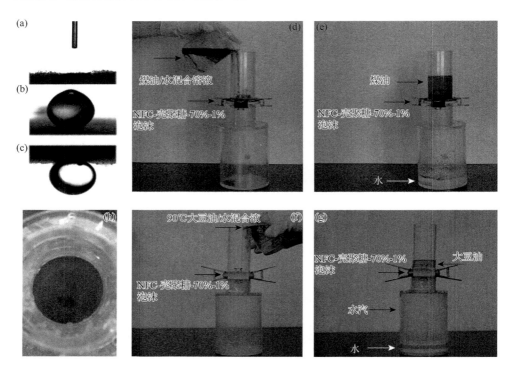

图 6-13　NFC-壳聚糖复合泡沫的水下疏油性和油/水分离能力

（a）NFC-壳聚糖-70%-1%泡沫在空气中的水滴照片，显示接触角为 0°；（b）NFC-壳聚糖-70%-1%上硝基苯液滴（密度：1.21g/cm³）的照片，接触角为 138°；（c）NFC-壳聚糖-70%-1%泡沫下的煤油液滴（密度：0.80g/cm³）照片，接触角为 142°；（d～g）使用 NFC-壳聚糖复合泡沫塑料进行油/水分离；（d）将 NFC-壳聚糖-70%-1%泡沫固定在两个玻璃容器之间，并将 300mL 煤油和水的混合物（40%，体积分数）倒入仪器的顶部玻璃容器中，煤油用油红染色；（e）水迅速渗透通过 NFC-壳聚糖-70%-1%泡沫，而煤油被排斥并保留在上部玻璃容器中；（f）将 NFC-壳聚糖-70%-1%泡沫固定在两个玻璃容器之间，将 100mL 90℃热大豆油和水的混合物（40%，体积分数）倒入仪器的顶部玻璃容器中；（g）热水迅速渗透通过 NFC-壳聚糖-70%-1%泡沫，而热大豆油被排斥并保留在上部玻璃容器中；（h）（g）的过滤水面的数码照片

　　NFC-壳聚糖复合泡沫具有高的热稳定性，可用于热油/水分离。例如，NFC-壳聚糖-70%-1%泡沫可以通过重力快速且有效地分离 100mL 90℃热大豆油和水的混合物（40%，体积分数）［图 6-13（f）］。由于溶液非常热，在室温过滤过程中

可以清楚地看到水汽，如图 6-13（g）所示。分离后，在热过滤水的表面上没有发现油 [图 6-13（h）]。图 6-15 为过滤系统的横截面的照片。泡沫在过滤器圆筒之间被压缩，以形成具有各种厚度的透镜状结构。这种结构和高过滤能力被认为源于 NFC-壳聚糖复合泡沫的柔软性和高机械耐久性。图 6-16 显示了所有用于检测的油对 NFC-壳聚糖-70%-1%泡沫的实验侵入压力都高于 0.34kPa，油低于这个临界压力将无法浸入。NFC-壳聚糖-70%-1%泡沫的水流速度高达 3.8L/(m^2·s)，300mL 混合煤油（40%，体积分数）和水的完全分离过程可以在 60s 内完成。

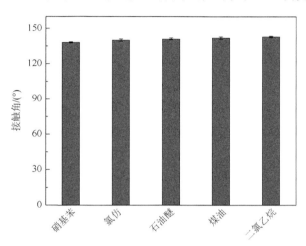

图 6-14　在油/水/泡沫三相系统中 NFC-壳聚糖-70%-1%泡沫上的各种油的水下接触角

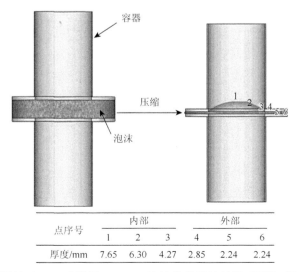

点序号	内部			外部		
	1	2	3	4	5	6
厚度/mm	7.65	6.30	4.27	2.85	2.24	2.24

图 6-15　装置示意图显示 NFC-壳聚糖-70%-1%泡沫非常柔软且易于压缩，插表显示了当将 8mm 厚的 NFC-壳聚糖-70%-1%泡沫放入过滤系统时的实际厚度

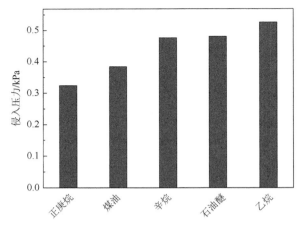

图 6-16　用于各种油的 NFC-壳聚糖-70%-1%泡沫的实验侵入压力

　　NFC-壳聚糖复合泡沫的密度会影响油/水分离能力，高密度 NFC-壳聚糖复合泡沫具有较高的实验侵入压力，但比低密度泡沫具有更低的水通量（图 6-17）。NFC-壳聚糖-70%-1%泡沫的水通量优于先前报道的用于油/水混合分离的膜（图 6-17），包括天然材料衍生膜｛如双重多孔硝化纤维素膜 [0.49L/(m²·s)] [42]、棉织物 [（0.95L/(m²·s)] [43]和纤维素凝胶涂层尼龙网 [1.2L/(m²·s)]｝[44]、聚合物或无机物占主导地位膜｛如 x-PEGDA@PG 膜 [3L/(m²·s)] [45]和 TiO₂ 纳米管膜 [0.38L/(m²·s)]｝[46]、聚合物和无机杂化膜｛如 PDDA/PFO/SiO₂ 膜 [0.66L/(m²·s)] [47]和 CaCO₃/PAA/聚丙烯膜 [0.025L/(m²·s)] [48]｝。NFC-壳聚糖-70%-1%泡沫的水通量略低于氧化钛涂层织物 [4.72L/(m²·s)]和废马铃薯渣粉/PU/不锈钢网膜 [7L/(m²·s)] [49]。然而，与上述化学改

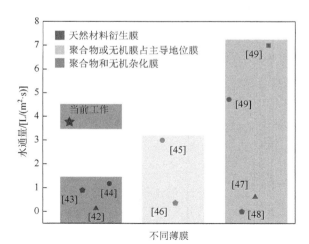

图 6-17　NFC-壳聚糖-70%-1%泡沫与天然材料衍生膜、聚合物或无机膜占主导地位膜、聚合物
和无机杂化膜的水通量对比

性膜相比，NFC-壳聚糖复合泡沫的制造简单，不需要添加聚合物或无机物，具有较低的工艺成本和能量消耗。使用 NFC-壳聚糖复合泡沫成功地分离了各种油/水混合物，包括庚烷、辛烷、石油醚和己烷（图 6-18、图 6-19）。该 NFC-壳聚糖复合泡沫具有优良的力学性能和良好的水下疏油性，可以重复用于油/水分离。在 16 次的重复过程中，都可以做到快速分离煤油和水的混合物，进一步显示了 NFC-壳聚糖复合泡沫的稳健的油/水分离能力（图 6-20）。这些结果表明，NFC-壳聚糖复合泡沫在油/水分离中起着关键作用，适用于构建经济、快速水净化用途的过滤装置。

图 6-18　（a）在水下的 NFC-壳聚糖-70%-1%泡沫上的氯仿液滴（密度：1.48g/cm^3）的照片，接触角为 140°；（b）在水下的 NFC-壳聚糖-70%-1%泡沫上的二氯乙烷液滴（密度：1.24g/cm^3）的照片，接触角为 143°；（c）在水下的 NFC-壳聚糖-70%-1%泡沫上的石油醚液滴（密度：0.64g/cm^3）的照片，接触角为 141°

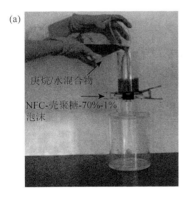

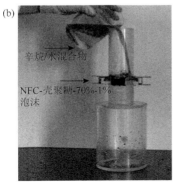

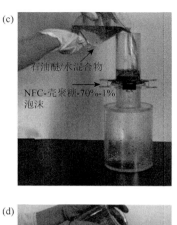

图 6-19　通过将油倒在固定在过滤仪器内部的 NFC-壳聚糖-70%-1%泡沫的顶部表面上，在 1min 内成功分离出各种 300mL 油和水的混合物（40%，体积分数）

（a）庚烷/水混合物；（b）辛烷/水混合物；（c）石油醚/水混合物；（d）己烷/水混合物。这些油用苏丹Ⅲ染色

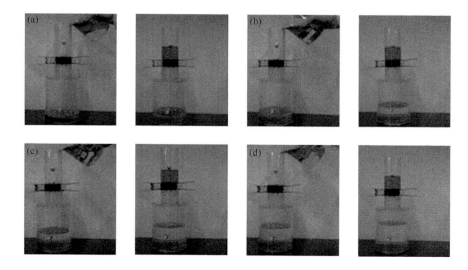

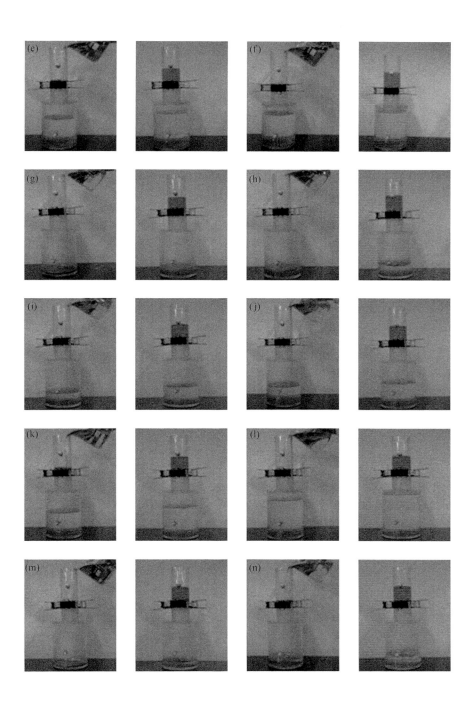

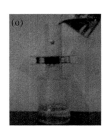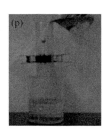

图 6-20　NFC-壳聚糖复合泡沫的重复油/水分离。将一片 NFC-壳聚糖-70%-1%泡沫用于重复分离 300mL 煤油和水的混合物（40%，体积分数）。一次分离后，小心地取出上部玻璃容器中的油。然后用相同的 NFC-壳聚糖纳米复合泡沫进一步分离 300mL 煤油和水的混合物（40%，体积分数）。该过程重复 16 次：（a～p）通过使用相同的 NFC-壳聚糖纳米复合泡沫在煤油和水混合物分离之前（左）和之后（右）的 1～16 次的过程。煤油用油红染色

6.3.4　生物相容性

　　NFC-壳聚糖纳米复合泡沫的高孔隙率和高比表面积有利于水溶液的吸收，提供类似于细胞外基质的环境并有助于细胞的黏附和增殖。通过使用 NFC-壳聚糖纳米复合泡沫对 L929 细胞进行体外细胞培养实验，并初步检测生物相容性（L929 细胞通常用于评估材料对细胞的毒性）。实验表明，L929 细胞可黏附并在 NFC-壳聚糖-70%-1%泡沫上增殖。培养 96h 后，可见代谢活性细胞层，证明了 NFC-壳聚糖纳米复合泡沫无细胞毒性［图 6-21（a）］。NFC-壳聚糖-70%-1%泡沫所培养的 L929 细胞与对照组商业聚苯乙烯组织培养塑料的细胞倍增时间相似，表明复合泡沫材料具有较好的生物相容性［图 6-21（b）］。因此，NFC-壳聚糖纳米复合泡沫是一种良好的细胞黏附和增殖培养的底物，高生物相容性的纳米复合泡沫用作过滤/吸收生物装置时并不会污染环境。

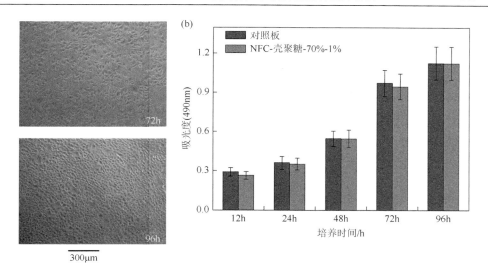

图 6-21　NFC-壳聚糖纳米复合泡沫的生物相容性

（a）培养 12h、24h、48h、72h 和 96h 后在 NFC-壳聚糖-70%-1%泡沫上生长的 L929 细胞的显微镜照片；
（b）在培养 12h、24h、48h、72h 和 96h 后通过四唑盐（MTT）测量的 L929 细胞在对照板和 NFC-壳聚糖-70%-1%
泡沫上的细胞活力，数据表示为平均值±标准偏差（n = 5）

6.4　本章总结

　　本章展示了一种将两种天然材料——NFC 和壳聚糖结合制备成多功能复合泡沫的方法。NFC 作为结构基本单元，与作为基质填充材料的壳聚糖交联后，可形成三维柔软轻质的网状材料。NFC 的引入改善了泡沫的力学性能和热稳定性。NFC-壳聚糖纳米复合泡沫还显示出高隔热性能，具有 0.029W/(m·K)的低热导率。此外，由于水下的疏油性，NFC-壳聚糖纳米复合泡沫材料表现出非常高的油/水分离效率。值得注意的是，NFC-壳聚糖纳米复合泡沫对 L929 小鼠成纤维细胞的细胞培养实验说明其无细胞毒性，具有良好的细胞黏附性和生物相容性。在这项工作中提出的轻质、柔软、隔热、水下疏油和生物相容性的泡沫显示出了从用于水净化到生物支架的简便过滤介质等多种应用潜力。

参 考 文 献

[1]　Rico-Martínez R，Snell T W，Shearer T L. Synergistic toxicity of Macondo crude oil and dispersant Corexit 9500A® to the *Brachionus plicatilis* species complex（Rotifera）[J]. Environmental Pollution，2013，173：5-10.

[2]　Andrady A L. Microplastics in the marine environment[J]. Marine Pollution Bulletin，2011，62（8）：1596-1605.

[3]　Cole M，Lindeque P，Halsband C，et al. Microplastics as contaminants in the marine environment：a review[J]. Marine Pollution Bulletin，2011，62（12）：2588-2597.

[4]　Chabot V，Higgins D，Yu A，et al. A review of graphene and graphene oxide sponge：material synthesis and

applications to energy and the environment[J]. Energy & Environmental Science, 2014, 7 (5): 1564-1596.

[5] White R J, Brun N, Budarin V L, et al. Always look on the "light" side of life: sustainable carbon aerogels[J]. ChemSusChem, 2014, 7 (3): 670-689.

[6] Gupta S, Tai N H. Carbon materials as oil sorbents: a review on the synthesis and performance[J]. Journal of Materials Chemistry A, 2016, 4 (5): 1550-1565.

[7] Bryning M B, Milkie D E, Islam M F, et al. Carbon nanotube aerogels[J]. Advanced Materials, 2007, 19 (5): 661-664.

[8] Aliev A E, Oh J, Kozlov M E, et al. Giant-stroke, superelastic carbon nanotube aerogel muscles[J]. Science, 2009, 323 (5921): 1575-1578.

[9] Gui X, Wei J, Wang K, et al. Carbon nanotube sponges[J]. Advanced Materials, 2010, 22 (5): 617-621.

[10] Liang H W, Guan Q F, Chen L F, et al. Macroscopic-scale template synthesis of robust carbonaceous nanofiber hydrogels and aerogels and their applications[J]. Angewandte Chemie International Edition, 2012, 51 (21): 5101-5105.

[11] Yang Y, Gupta M C, Dudley K L, et al. Conductive carbon nanofiber-polymer foam structures[J]. Advanced materials, 2005, 17 (16): 1999-2003.

[12] Chen Z, Xu C, Ma C, et al. Lightweight and flexible graphene foam composites for high-performance electromagnetic interference shielding[J]. Advanced Materials, 2013, 25 (9): 1296-1300.

[13] Luo J, Liu J, Zeng Z, et al. Three-dimensional graphene foam supported Fe_3O_4 lithium battery anodes with long cycle life and high rate capability[J]. Nano Letters, 2013, 13 (12): 6136-6143.

[14] Hu H, Zhao Z, Wan W, et al. Ultralight and highly compressible graphene aerogels[J]. Advanced Materials, 2013, 25 (15): 2219-2223.

[15] Wu Z Y, Li C, Liang H W, et al. Ultralight, flexible, and fire-resistant carbon nanofiber aerogels from bacterial cellulose[J]. Angewandte Chemie International Edition, 2013, 52 (10): 2925-2929.

[16] Liang H W, Wu Z Y, Chen L F, et al. Bacterial cellulose derived nitrogen-doped carbon nanofiber aerogel: an efficient metal-free oxygen reduction electrocatalyst for zinc-air battery[J]. Nano Energy, 2015, 11: 366-376.

[17] Chen W, Zhang Q, Uetani K, et al. Sustainable carbon aerogels derived from nanofibrillated cellulose as high-performance absorption materials[J]. Advanced Materials Interfaces, 2016, 3 (10): 1600004.

[18] Aaltonen O, Jauhiainen O. The preparation of lignocellulosic aerogels from ionic liquid solutions[J]. Carbohydrate Polymers, 2009, 75 (1): 125-129.

[19] Liebner F, Haimer E, Wendland M, et al. Aerogels from unaltered bacterial cellulose: application of $scCO_2$ drying for the preparation of shaped, ultra-lightweight cellulosic aerogels[J]. Macromolecular Bioscience, 2010, 10 (4): 349-352.

[20] Valentin R, Molvinger K, Quignard F, et al. Methods to analyse the texture of alginate aerogel microspheres[C]//Macromolecular Symposia. Weinheim: Wiley-VCH Verlag, 2005, 222 (1): 93-102.

[21] Kobayashi Y, Saito T, Isogai A. Aerogels with 3D ordered nanofiber skeletons of liquid-crystalline nanocellulose derivatives as tough and transparent insulators[J]. Angewandte Chemie International Edition, 2014, 53 (39): 10394-10397.

[22] Chen W, Li Q, Cao J, et al. Revealing the structures of cellulose nanofiber bundles obtained by mechanical nanofibrillation via TEM observation[J]. Carbohydrate Polymers, 2015, 117: 950-956.

[23] Yang X, Cranston E D. Chemically cross-linked cellulose nanocrystal aerogels with shape recovery and superabsorbent properties[J]. Chemistry of Materials, 2014, 26 (20): 6016-6025.

[24] Nieto A, Dua R, Zhang C, et al. Three dimensional graphene foam/polymer hybrid as a high strength biocompatible scaffold[J]. Advanced Functional Materials, 2015, 25 (25): 3916-3924.

[25] Svagan A J, Samir M A S A, Berglund L A. Biomimetic foams of high mechanical performance based on nanostructured cell walls reinforced by native cellulose nanofibrils[J]. Advanced Materials, 2008, 20 (7): 1263-1269.

[26] de Mesquita J P, Donnici C L, Pereira F V. Biobased nanocomposites from layer-by-layer assembly of cellulose nanowhiskers with chitosan[J]. Biomacromolecules, 2010, 11 (2): 473-480.

[27] Takeshita S, Yoda S. Chitosan aerogels: transparent, flexible thermal insulators[J]. Chemistry of Materials, 2015, 27 (22): 7569-7572.

[28] Pääkkö M, Vapaavuori J, Silvennoinen R, et al. Long and entangled native cellulose I nanofibers allow flexible aerogels and hierarchically porous templates for functionalities[J]. Soft Matter, 2008, 4 (12): 2492-2499.

[29] Svagan A J, Berglund L A, Jensen P. Cellulose nanocomposite biopolymer foam hierarchical structure effects on energy absorption[J]. ACS Applied Materials & Interfaces, 2011, 3 (5): 1411-1417.

[30] Wang M, Anoshkin I V, Nasibulin A G, et al. Modifying native nanocellulose aerogels with carbon nanotubes for mechanoresponsive conductivity and pressure sensing[J]. Advanced Materials, 2013, 25 (17): 2428-2432.

[31] Zhao S, Zhang Z, Sèbe G, et al. Multiscale assembly of superinsulating silica aerogels within silylated nanocellulosic scaffolds: improved mechanical properties promoted by nanoscale chemical compatibilization[J]. Advanced Functional Materials, 2015, 25 (15): 2326-2334.

[32] Tasset S, Cathala B, Bizot H, et al. Versatile cellular foams derived from CNC-stabilized Pickering emulsions[J]. Rsc Advances, 2014, 4 (2): 893-898.

[33] Shi Z, Gao H, Feng J, et al. In situ synthesis of robust conductive cellulose/polypyrrole composite aerogels and their potential application in nerve regeneration[J]. Angewandte Chemie International Edition, 2014, 53 (21): 5380-5384.

[34] Heath L, Zhu L, Thielemans W. Chitin nanowhisker aerogels[J]. ChemSusChem, 2013, 6 (3): 537-544.

[35] Ding B, Cai J, Huang J, et al. Facile preparation of robust and biocompatible chitin aerogels[J]. Journal of Materials Chemistry, 2012, 22 (12): 5801-5809.

[36] Wu C, Huang X, Wu X, et al. Mechanically flexible and multifunctional polymer-based graphene foams for elastic conductors and oil-water separators[J]. Advanced Materials, 2013, 25 (39): 5658-5662.

[37] Zhang X, Sui Z, Xu B, et al. Mechanically strong and highly conductive graphene aerogel and its use as electrodes for electrochemical power sources[J]. Journal of Materials Chemistry, 2011, 21 (18): 6494-6497.

[38] Kim K H, Oh Y, Islam M F. Graphene coating makes carbon nanotube aerogels superelastic and resistant to fatigue[J]. Nature Nanotechnology, 2012, 7 (9): 562.

[39] Kim K H, Oh Y, Islam M F. Mechanical and thermal management characteristics of ultrahigh surface area single-walled carbon nanotube aerogels[J]. Advanced Functional Materials, 2013, 23 (3): 377-383.

[40] Schaedler T A, Jacobsen A J, Torrents A, et al. Ultralight metallic microlattices[J]. Science, 2011, 334 (6058): 962-965.

[41] Hayase G, Kanamori K, Fukuchi M, et al. Facile synthesis of marshmallow-like macroporous gels usable under harsh conditions for the separation of oil and water[J]. Angewandte Chemie International Edition, 2013, 52 (7): 1986-1989.

[42] Gao X, Xu L P, Xue Z, et al. Dual-scaled porous nitrocellulose membranes with underwater superoleophobicity for highly efficient oil/water separation[J]. Advanced Materials, 2014, 26 (11): 1771-1775.

[43]　Zheng X, Guo Z, Tian D, et al. Underwater self-cleaning scaly fabric membrane for oily water separation[J]. ACS Applied Materials & Interfaces, 2015, 7（7）: 4336-4343.

[44]　Lu F, Chen Y, Liu N, et al. A fast and convenient cellulose hydrogel-coated colander for high-efficiency oil-water separation[J]. RSC Advances, 2014, 4（61）: 32544-32548.

[45]　Raza A, Ding B, Zainab G, et al. In situ cross-linked superwetting nanofibrous membranes for ultrafast oil-water separation[J]. Journal of Materials Chemistry A, 2014, 2（26）: 10137-10145.

[46]　Li L, Liu Z, Zhang Q, et al. Underwater superoleophobic porous membrane based on hierarchical TiO_2 nanotubes: multifunctional integration of oil-water separation, flow-through photocatalysis and self-cleaning[J]. Journal of Materials Chemistry A, 2015, 3（3）: 1279-1286.

[47]　Yoon H, Na S H, Choi J Y, et al. Gravity-driven hybrid membrane for oleophobic-superhydrophilic oil-water separation and water purification by graphene[J]. Langmuir, 2014, 30（39）: 11761-11769.

[48]　Chen P C, Xu Z K. Mineral-coated polymer membranes with superhydrophilicity and underwater superoleophobicity for effective oil/water separation[J]. Scientific Reports, 2013, 3: 2776.

[49]　Li J, Li D, Yang Y, et al. A prewetting induced underwater superoleophobic or underoil（super）hydrophobic waste potato residue-coated mesh for selective efficient oil/water separation[J]. Green Chemistry, 2016, 18（2）: 541-549.

第7章 纳米纤维素/胶原蛋白复合材料的制备与性能

7.1 背景概述

纳米纤维素的诸多优点使其应用领域十分广泛，如以 NFC 为敷料的基材，因为其多孔渗透结构可以高效地固定药物，保证皮肤能够垂直吸收药物的同时不会影响其他部分的皮肤[1]。打开纤维素分子链中葡萄糖环上 C2、C3 位置间的化学键，然后将 C2、C3 位置上的仲羟基氧化为醛基可制备双醛基纤维素。可以利用双醛基纤维素中的醛基基团与氨基基团在较温和的条件下发生反应生成席夫碱键，席夫碱键在中性或者弱碱性的环境中可以稳定存在，但是在酸性环境中就会发生断裂，导致交联物质释放，因此双醛基纤维素具有作为药物等物质载体的潜能[2]。据报道，正常细胞的附近为中性而正发生癌变的细胞附近则呈酸性，因此载药的双醛基纤维素将会有针对意义地在癌细胞附近释放药物以达到治疗效果[3]。此外，纤维素与胶原蛋白的结合方法及其复合产物的应用研究也有所开展。NFC与胶原蛋白（collagen）均为天然的高分子材料，二者结合既可以丰富胶原蛋白的利用形式，也可以拓宽 NFC 在生物医药领域的应用。胶原蛋白是最普遍存在的一种生物性高分子物质，是一种白色、不透明、无支链的纤维性蛋白质，它可以补充皮肤各层所需的营养[4]，使皮肤中胶原活性增强，对滋润皮肤、延缓衰老、美容、消皱、养发等有一定功效[5]。

以往的研究中，NFC 的研究已经不仅仅关注纯纤维素的利用，人们更多地关注纤维素改性和纤维素复合材料的利用。曹龙天等利用高碘酸钠对棉纤维进行氧化处理，在氧化过程中破坏了其氢键等次价键，使棉纤维的结构松散。醛基和羧基的出现也会提高氧化纤维素吸附金属离子的能力[6, 7]。经测试双醛基纤维素对二价铜离子、六价铬离子、二价锌离子等重金属都具有较好的吸附能力，可去除工业废水中的金属离子，避免金属离子进入人体而危害健康。Cullen 等[8]研究发现，氧化再生纤维/胶原蛋白复合材料具有抑制蛋白酶的活性、降低伤口内自由基含量、吸收金属离子等作用，可以作为治愈慢性伤口的新型材料。Mathew 等[9]指出，利用戊二醛作为交联剂制备生物相容性 NFC/胶原蛋白复合材料是制备生物组织工程支架的方法。

本章通过高碘酸钠将 NFC 分子链上的部分活性羟基氧化为醛基基团，得到可与胶原蛋白分子结合的双醛基 NFC，双醛基 NFC 保持了原 NFC 的纳米级尺寸和形态结构。再通过 NFC 上的醛基与胶原蛋白分子链上的氨基结合，避免结合过程中交联剂的使用，制备 NFC 和胶原蛋白复合的水凝胶和气凝胶。分别对 NFC、双醛基 NFC 以及 NFC/胶原蛋白复合物的化学组分、结晶度、微观形态结构等进行表征与分析。测定 NFC/胶原蛋白气凝胶的胶原蛋白含量、pH 稳定性、孔隙率、吸水率、平均密度等物理性质，并利用台盼蓝染色以及四唑盐（MTT）检测法验证 NFC/胶原蛋白气凝胶的无毒性与生物相容性，为进一步拓宽 NFC 在生物医药中的应用探索研究基础。

7.2　制备加工方法

7.2.1　纳米纤维素的氧化

在避光密闭的室温条件下，采用磁力搅拌器使浓度分别为 0.03mol/L、0.06mol/L、0.09mol/L 和 0.12mol/L 的高碘酸钠及质量分数为 0.5%的 NFC 充分反应 6h，利用去离子水反复清洗氧化后的 NFC 若干次以保证洗净残留的高碘酸钠。

7.2.2　纳米纤维素/胶原蛋白的复合制备

将获得的双醛基 NFC 移至 100mL 的烧杯内并将其浓度配制为 0.5%，然后分别与胶原蛋白以 1:1 的质量比混合反应 24h，利用去离子水洗涤以去除未与双醛基纤维素反应的胶原蛋白，重新测试双醛基 NFC/胶原蛋白水溶液的浓度。将浓度为 0.5%的双醛基 NFC/胶原蛋白水溶液 15mL 放置于温度为 60℃的恒温干燥箱里 6h，可以获得双醛基 NFC/胶原蛋白水凝胶。

7.2.3　纳米纤维素/胶原蛋白气凝胶复合材料的制备

量取 15mL 质量分数为 0.5%的双醛基 NFC/胶原蛋白水悬混液置于冷冻干燥机（宁波新芝生物科技股份有限公司），将冷冻干燥机的冷肼温度设置到 −40℃，待样品完全冷冻，打开真空泵和真空机，低温真空条件下将样品冷冻干燥获得 NFC/胶原蛋白的复合产物。双醛基 NFC/胶原蛋白复合材料的制备工艺流程如图 7-1 所示。

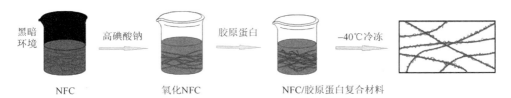

图 7-1　NFC/胶原蛋白复合材料制备工艺流程

7.3　纳米纤维素/胶原蛋白复合材料结构性能分析

7.3.1　双醛基纳米纤维素的性能分析

1. 高碘酸钠氧化对纳米纤维素降解率的影响

从表 7-1 中可以看出高碘酸钠氧化后的 NFC 的质量减少。高碘酸钠氧化 NFC 的过程中，纤维素分子链中还原性末端失水葡萄糖环可以发生"过度氧化"反应，这种氧化的副反应使 NFC 的非结晶区遭到破坏，从而导致 NFC 部分溶解到溶液中，进而导致 NFC 质量减少。并且随着高碘酸钠浓度的升高，NFC 的失重率也逐渐增大。氧化过程中 NFC 的降解是氧化过程中避免不了的副反应，在氧化过程中 NFC 的非结晶区遭到破坏，从而发生被溶解的现象。随着高碘酸钠浓度增大，NFC 被氧化程度加深，NFC 降解现象越来越明显，当高碘酸钠浓度过高，高碘酸钠会氧化 NFC 结晶区，甚至会导致结晶区也发生降解。本章讨论了高碘酸钠浓度分别为 0.03mol/L、0.06mol/L、0.09mol/L 和 0.12mol/L 四种浓度下 NFC 的降解率，结果显示 NFC 的降解率由最初的 6.04% 增加至 19.60%。

表 7-1　高碘酸钠浓度增加对 NFC 降解率的影响

样品	A1	A2	A3	A4
氧化前的质量/g	0.25	0.25	0.25	0.25
氧化后的质量/g	0.2349	0.2286	0.2113	0.2010
失重百分比/%	6.04	8.56	15.48	19.60

2. 双醛基纳米纤维素醛基含量的测试

图 7-2 为 NFC 氧化后的醛基含量随高碘酸钠浓度的变化关系图。从图中可

见,高碘酸钠溶液的浓度决定了 NFC 的氧化程度(即双醛基 NFC 的醛基含量),随着高碘酸钠浓度从 0.03mol/L 升高到 0.12mol/L,NFC 分子链上羟基被氧化为醛基的含量近乎呈线性增加,其醛基含量分别为 8.86%、17.93%、29.48%和 42.77%。

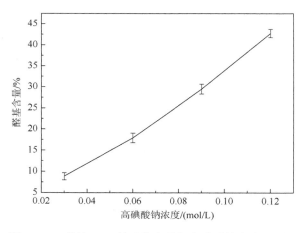

图 7-2　双醛基 NFC 的醛基含量与高碘酸钠浓度关系图

3. 高碘酸钠氧化对纳米纤维素结晶度的影响

高碘酸钠氧化后得到的双醛基 NFC 的 XRD 图谱如图 7-3(b～e)所示,可见它们具有与未经处理的 NFC[图 7-3(a)]相近的特征吸收峰,在 16.5°和 22.6°分别呈现 X 射线衍射吸收峰说明经过氧化的双醛基纤维素晶型结构未发生改变,仍然保持着天然纤维素的 I 型结晶结构。但以 Segal 法计算被氧化后样品的相对结晶度发现,与未经处理的 NFC 相对结晶度 64.33%相比,经 0.03mol/L、0.06mol/L、0.09mol/L 和 0.12mol/L 高碘酸钠氧化得到的双醛基纤维素的相对结晶度分别为 61.39%、51.48%、48.60%和 47.53%。样品的结晶度随所用高碘酸钠浓度的增加而降低,表明高碘酸钠在氧化 NFC 的过程中会将 NFC 的一部分非结晶区中的氢键结合打开,从而破坏了部分 NFC 原有的结晶结构,导致双醛基纤维素的相对结晶度降低。双醛基纳米纤维素的相对结晶度变化趋势说明高碘酸钠氧化 NFC 的过程是从非结晶区向结晶区逐渐进行的,低浓度的高碘酸钠主要氧化了 NFC 分子链上非结晶区的羟基,随着高碘酸钠浓度的升高而逐渐影响到 NFC 结晶区的非紧致部位。

4. 双醛基纳米纤维素的红外光谱分析

将 NFC[图 7-4(a)]、双醛基 NFC[图 7-4(b)]的固态样品采用 KBr 压

片法进行傅里叶变换红外吸收光谱测试。分析 NFC 氧化过程中化学基团的变化，结果如图 7-4（b）所示。在 $1730cm^{-1}$ 和 $882cm^{-1}$ 处分别出现了醛基（C=O）与半缩醛的特征吸收峰，表明 NFC 分子链上的羟基已被部分氧化成了醛基，形成双醛基 NFC。

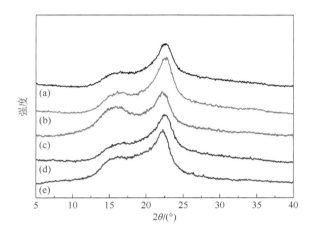

图 7-3　未经高碘酸钠氧化的 NFC（a）及经浓度为 0.03mol/L（b）、0.06mol/L（c）、0.09mol/L（d）和 0.12mol/L（e）高碘酸钠氧化后得到的双醛基 NFC 的 XRD 图谱

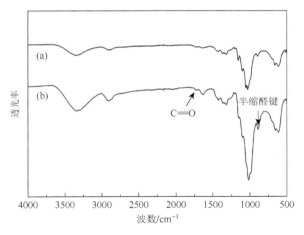

图 7-4　NFC（a）和双醛基 NFC（b）的 FTIR 图谱

5. 双醛基纳米纤维素的 XPS 光谱分析

通过 X 射线光电子能谱，根据元素光电子动态的位移来判断 NFC、双醛基 NFC 中元素周围的化学状态。在 NFC 表面的宽扫描谱［图 7-5（a）］中，氧元素

含量与碳元素含量比值为0.58。而双醛基NFC表面的宽扫描谱［图7-5（b）］中，氧元素含量与碳元素含量比值为0.66，氧碳比值的增大表明原NFC的一部分羟基被氧化。Dorris等将木材中的碳元素划分为4种结合形式，分别是：C1，碳原子与碳原子形成的单键（C—C），化学位移为285.0eV；C2，碳原子与氧原子形成的单键（C—O），化学位移为286.5eV；C3，碳原子与氧原子形成的双键，包括碳原子与一个羰基类氧原子连接（C＝O）及碳原子与两个非羰基类氧原子连接（O—C—O），化学位移为288～288.5eV；C4，碳原子与一个羰基氧原子及一个非羰基氧原子连接（O—C＝O）。在NFC［图7-5（c）］和双醛基NFC［图7-5（d）］的高分辨率谱图中，双醛基纤维素中C3的含量较NFC明显升高，说明高碘酸钠将NFC分子链上的一部分羟基氧化为醛基。

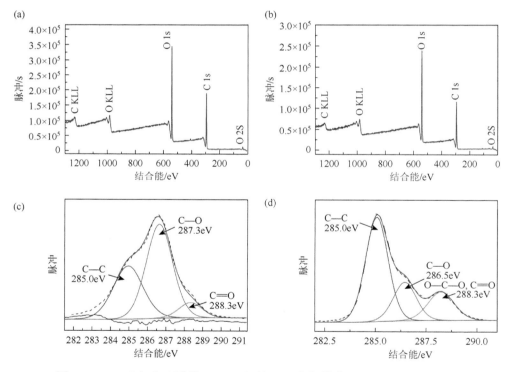

图7-5　NFC（a）和双醛基NFC（b）的XPS宽扫描谱；NFC（c）和双醛基NFC（d）表面的高分辨率C 1s谱

6. 双醛基纳米纤维素的持水性分析

NFC具有良好的持水性，是由于其分子链上存在大量可以吸附水分子的羟基。图7-6中，从左到右的悬混液样品分别为浓度为0.5%的NFC悬浊液及经0.03mol/L、

0.06mol/L、0.09mol/L 和 0.12mol/L 高碘酸钠氧化获得的双醛基 NFC 悬混液。经氧化后制备的双醛基 NFC 中醛基含量分别为 8.86%、17.93%、29.48%和 42.77%。从图中可以发现,随着双醛基 NFC 醛基含量的不断增加其持水性逐渐降低。这是由于随着高碘酸钠对 NFC 的氧化程度加深,NFC 分子链上的持水羟基含量被醛基替代导致羟基含量降低。

图 7-6　NFC 悬浊液、双醛基 NFC 悬混液的宏观图片

7. 双醛基纳米纤维素的透射电镜分析

通过透射电镜(TEM)图(图 7-7)观察双醛基 NFC 悬混液中纤丝的形貌变化,可以发现,经过高碘酸钠处理的双醛基 NFC 随着氧化程度的加深其簇状纤丝的状态逐渐明显。经过 0.03mol/L 高碘酸钠氧化处理后得到的浓度为 0.5%的双醛基 NFC,在其 TEM 图中可以看到双醛基 NFC 仍然具有较好的分散性[图 7-7(a)]。而在 0.06mol/L 氧化后的双醛基 NFC TEM 图 [图 7-7(b)] 中,可以看出纤维呈现簇状聚集的现象,同样在 0.09mol/L 氧化的双醛基 NFC TEM 图 [图 7-7(c)] 中,也出现了聚集现象。而在 0.12mol/L 高碘酸钠氧化后得到的双醛基 NFC TEM 图 [图 7-7(d)] 中,这种簇状纤维的现象更加明显。这主要是由于在高碘酸钠氧化 NFC 的过程中,NFC 纤丝之间会产生聚合现象。所以可以得到结论,高碘酸钠氧化制备的双醛基 NFC 具备原 NFC 高长径比的形貌特征,但是氧化过程中导致 NFC 之间发生聚合。

8. 双醛基纤维素的扫描电镜分析

为了进一步研究经高碘酸钠氧化后形成的双醛基 NFC 的形貌特征,采用扫描电镜对双醛基 NFC 气凝胶的表面形貌进行观察。图 7-8 为 NFC 以及经浓度为 0.03mol/L、0.06mol/L、0.09mol/L 和 0.12mol/L 的高碘酸钠氧化后得到的双醛基 NFC 气凝胶的低倍扫描电镜(SEM)图片。由图可见,双醛基 NFC 气凝胶仍保持着 NFC 气凝胶密集的多孔隙网状结构。

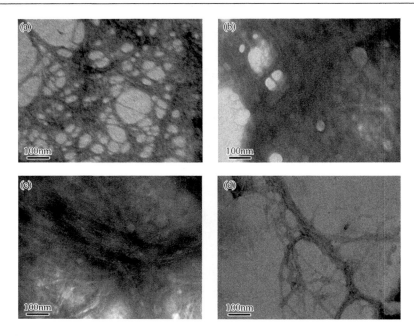

图 7-7 经 0.03mol/L（a）、0.06mol/L（b）、0.09mol/L（c）和 0.12mol/L（d）
高碘酸钠氧化后得到的双醛基 NFC 的 TEM 图像

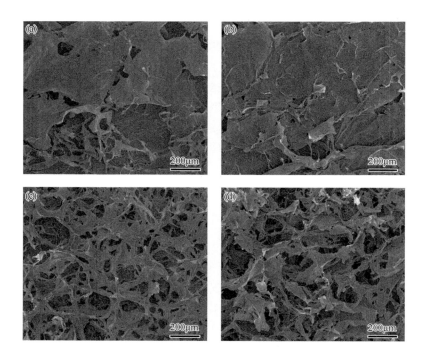

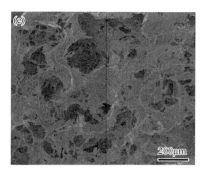
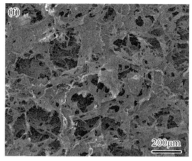

图 7-8　NFC（a，b）及经 0.03mol/L（c）、0.06mol/L（d）、0.09mol/L（e）、
0.12mol/L（f）高碘酸钠氧化后得到的双醛基 NFC 的 100 倍 SEM 图

　　将经浓度为 0.03mol/L、0.06mol/L、0.09mol/L 和 0.12mol/L 的高碘酸钠氧化后
得到的双醛基 NFC 冷冻干燥处理的样品利用 TEM 观察（图 7-9），主要观察双醛基
NFC 纤丝的微观形貌变化。从图中可以发现，双醛基 NFC 仍保持着与原 NFC 近似
的形貌，也保留着高长径比特性与网状交联的结构特征。但是双醛基 NFC 较原 NFC
相比纤丝直径有所增大，这是由于其在氧化过程中纤丝间发生聚集。随着高碘酸钠
浓度从 0.03mol/L 增加至 0.12mol/L，所获得的双醛基 NFC 的这种聚集现象逐渐明显。

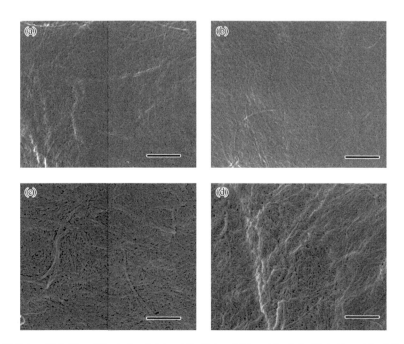

图 7-9　经 0.03mol/L（a）、0.06mol/L（b）、0.09mol/L（c）和 0.12mol/L（d）
高碘酸钠氧化后得到的双醛基 NFC 20000 倍 SEM 图，标尺均为 1μm

7.3.2 纳米纤维素/胶原蛋白复合材料的性能分析

1. 纳米纤维素/胶原蛋白复合材料中胶原蛋白含量测试

利用经高碘酸钠氧化后的双醛基 NFC 作为中间产物与胶原蛋白反应生成 NFC/胶原蛋白复合材料。根据 NFC/胶原蛋白复合材料的形成原理可知,双醛基 NFC 的醛基含量决定了 NFC/胶原蛋白复合材料中的胶原蛋白含量。如表 7-2 所示, NFC/胶原蛋白复合材料中胶原蛋白含量随着高碘酸钠浓度的升高而增加,说明复合材料中所含胶原蛋白的量随着双醛基 NFC 分子链上醛基基团含量的升高而逐渐增加。

表 7-2 NFC/胶原蛋白气凝胶的胶原蛋白含量表

类型	高碘酸钠的浓度			
	0.03mol/L	0.06mol/L	0.09mol/L	0.12mol/L
双醛基纳米纤维素的质量/g	0.0931	0.0887	0.0839	0.0834
纳米纤维素/胶原蛋白气凝胶的质量/g	0.0953	0.0924	0.0899	0.0900
纳米纤维素/胶原蛋白气凝胶的胶原蛋白质量/g	0.0022	0.0037	0.0060	0.0066
纳米纤维素/胶原蛋白气凝胶的胶原蛋白含量/%	2.31	4.00	6.67	7.33

2. 纳米纤维素/胶原蛋白复合材料化学交联的红外光谱分析

将 NFC/胶原蛋白气凝胶的固态样品采用 KBr 压片法进行傅里叶变换红外吸收光谱测试,观测样品中化学官能团的变化,同时测定胶原蛋白 [图 7-10 (a)]、 NFC [图 7-10 (b)] 及双醛基 NFC [图 7-10 (c)] 的 FTIR 图谱进行对比分析。 在 NFC/胶原蛋白复合材料的谱线 [图 7-10 (d)] 中,双醛基 NFC 在 $1730cm^{-1}$ 处具备的醛基伸缩振动吸收峰基本消失,但在 $1639cm^{-1}$ 和 $1532cm^{-1}$ 处出现了胶原蛋白中亚胺的特征吸收峰。$1639cm^{-1}$ 处特征峰的存在证明氧化后 NFC 分子链上的活性醛基与胶原蛋白分子链上的氨基反应生成 C = N 基团。

3. 纳米纤维素/胶原蛋白复合材料化学交联的 XPS 光谱分析

利用 X 射线光电子能谱,根据元素光电子动态的位移来判断 NFC/胶原蛋白复合材料中元素周围的化学状态。双醛基 NFC 与胶原蛋白反应后,NFC/胶原蛋白复合材料表面的宽扫描谱 [图 7-11 (a)] 中出现了 N 元素的特征吸收峰,并且其高分辨率 N 1s 的谱图 [图 7-11 (b)] 中出现了 N 元素的两种结合形式,分别

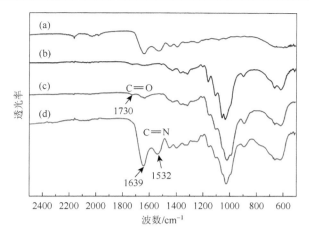

图 7-10　胶原蛋白（a）、NFC（b）、双醛基 NFC（c）、NFC/胶原蛋白复合材料（d）的 FTIR 图谱

是 398.8eV 的 C＝N 键结合以及 399.4eV 的 N—H 键结合。化学键 C＝N 的存在说明了双醛基纤维素与胶原蛋白发生了化学反应并且通过 C＝N 键结合，从而达到 NFC 与胶原蛋白两种天然高分子的交联。

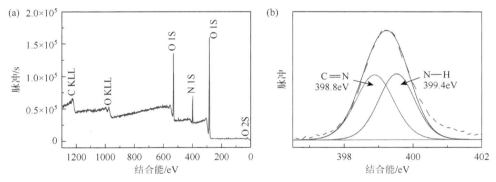

图 7-11　（a）NFC/胶原蛋白复合产物的 XPS 宽扫描谱；（b）NFC/胶原蛋白复合产物的高分辨率 N 1s 谱

4. 纳米纤维素/胶原蛋白水凝胶的宏观特征分析

图 7-12（a）中从左到右分别为 NFC 水悬浊液、经 0.06mol/L 高碘酸钠氧化后的双醛基 NFC 水悬混液、经 0.06mol/L 高碘酸钠氧化后获得的双醛基 NFC 与胶原蛋白以 1∶1 的质量比交联所形成 NFC/胶原蛋白水悬混液。由图可见，后两者的持水性未产生明显改变。NFC/胶原蛋白的水悬混液在温度为 60℃的恒温干燥箱内干燥 4h 得到 NFC/胶原蛋白水凝胶 ［图 7-12（b，c）］。双醛基 NFC 和 NFC/胶原蛋白水凝胶均保持着未经处理过的 NFC 的晶体结构 ［图 7-12（d）］。

图 7-12　NFC/胶原蛋白水凝胶的宏观图片

（a）从左到右分别为 NFC 水悬浊液、双醛基 NFC 水悬混液、NFC/胶原蛋白水悬混液；NFC/胶原蛋白水悬混液
（b）在温度为 60℃的恒温干燥箱内干燥 4h 得到 NFC/胶原蛋白水凝胶（c）；双醛基 NFC/胶原蛋白水凝胶偏光显
微镜下的晶体结构（d）

5. 纳米纤维素/胶原蛋白气凝胶的宏观特征分析

气凝胶由于具备了高孔隙率、高比表面积、低热传导系数、低介电常数、低光折射率、低声速等性质而被广泛关注。气凝胶具备可以为任意形状且尺寸精确的特点，这种特点可以保证其在作为伤口敷料时根据伤口大小、形状的不同，或在作为生物组织工程材料时根据修复部位的不同裁剪成符合要求的气凝胶。

通过双醛基 NFC 与胶原蛋白复合制备出 NFC/胶原蛋白气凝胶。如图 7-13所示，NFC/胶原蛋白气凝胶可以被制备为圆形、正方形、三角形等任意形状来满足生物医药领域对形状的不同要求。

6. 纳米纤维素/胶原蛋白气凝胶的扫描电镜分析

选择经 0.06mol/L 高碘酸钠氧化得到的双醛基 NFC 与胶原蛋白以 1∶1 比例复合后通过冷冻干燥的方法将 NFC/胶原蛋白复合产物制备成海绵态的轻质气凝胶，观察其微观形貌结构，并与 NFC、双醛基 NFC 气凝胶的表面微观形貌进行比对分析（图 7-14）。可以发现，NFC/胶原蛋白气凝胶与 NFC 气凝胶和双醛基 NFC 气凝胶一样具有均匀的多孔隙结构。这种多孔隙网状结构有利于细胞的生长与黏附，因此 NFC/胶原蛋白气凝胶具备作为生物组织工程材料的潜能。

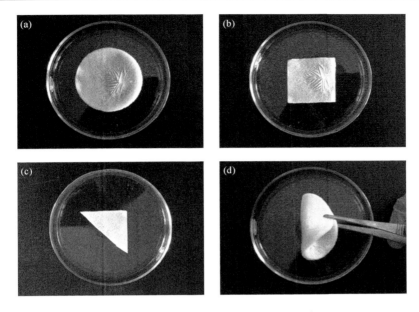

图 7-13　NFC/胶原蛋白气凝胶宏观图片

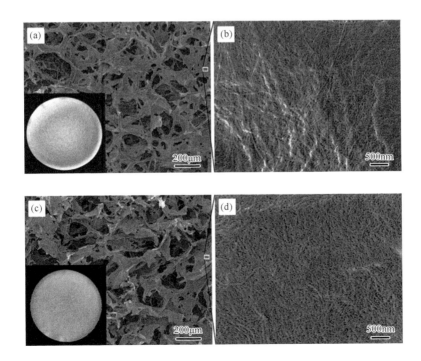

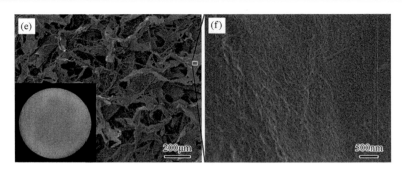

图 7-14　NFC（a）、经 0.06mol/L 氧化后的双醛基 NFC（c）、经 0.06mol/L 氧化后的双醛基 NFC 与胶原蛋白以 1∶1 比例复合制得的 NFC/胶原蛋白气凝胶（e）的 100 倍 SEM 图；NFC（b）、经 0.06mol/L 氧化后的双醛基 NFC（d）、经 0.06mol/L 氧化后的双醛基 NFC 与胶原蛋白以 1∶1 比例复合制得的 NFC/胶原蛋白气凝胶（f）的 20000 倍 SEM 图

将不同浓度高碘酸钠氧化得到的双醛基 NFC 与胶原蛋白按 1∶1 比例复合后通过冷冻干燥的方法将 NFC/胶原蛋白复合产物制备成海绵态的轻质气凝胶（图 7-15）并观察其微观形貌结构。NFC/胶原蛋白气凝胶的结构也依然出现高长径比纤丝交织缠结的特征，近似 NFC 的形貌特征，但也可以发现其表面的包覆特征，这一变化说明随着高碘酸钠浓度的提升，NFC 被氧化程度加深，其与胶原蛋白间的交联程度也相应加深，二者复合的产物形成了更为紧密融合的膜状结构，这是由于其在氧化过程中纤丝间发生聚集。从这种现象可以推测，在 NFC 和胶原蛋白复合过程中，胶原蛋白沿 NFC 长度方向生长，形成核壳结构，并且胶原蛋白在纳米纤维素基质的引导下也易形成网状结构，有利于成膜加工。在复合过程中，NFC 氧化程度的加深有利于胶原蛋白在 NFC 表面的交联和生长。合成后，NFC 被包裹在胶原蛋白内部，对胶原蛋白的进一步应用影响较小，因此该复合物可应用于胶原蛋白原有的应用领域，但同时也扩大了 NFC 的应用领域。

7. 纳米纤维素/胶原蛋白气凝胶的物理性质分析

国际上外用于伤口止血和促进愈合的胶原蛋白材料多为海绵状制品，其物理性能指标多是参照药典和国外的生产标准。表 7-3 所示为经不同浓度高碘酸钠氧化后形成的双醛基 NFC 与胶原蛋白以 1∶1 比例结合后形成的 NFC/胶原蛋白气凝胶的平均表面密度、平均孔隙率以及平均吸水率的测量值。经计算得到 NFC/胶原蛋白气凝胶的平均密度为 0.0292g/cm^3，平均孔隙率为 93.21%，吸水率随着其与胶原蛋白交联程度的加深而呈现逐渐增加的趋势，其平均吸水率可达到 2951%。这种高孔隙率和强吸水率的特性为其在医用敷料和生物组织工程领域的应用提供了依据。

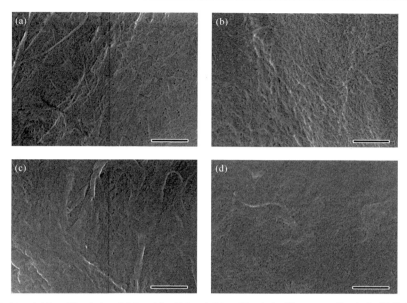

图 7-15　0.03mol/L（a）、0.06mol/L（b）、0.09mol/L（c）和 0.12mol/L（d）氧化后的
双醛基 NFC 与胶原蛋白以 1∶1 比例复合制得的 NFC/胶原蛋白气凝胶的 20000 倍 SEM
图，比例尺均为 1μm

表 7-3　NFC/胶原蛋白气凝胶物理性质表

样品	表面密度/(g/cm³)	孔隙率/%	吸水率/%
NFC（醛基 8.86%）与胶原蛋白 1∶1 复合	0.0320	95.45	2122
NFC（醛基 17.93%）与胶原蛋白 1∶1 复合	0.0206	95.24	2237
NFC（醛基 29.48%）与胶原蛋白 1∶1 复合	0.0425	91.67	2967
NFC（醛基 42.77%）与胶原蛋白 1∶1 复合	0.0218	90.48	4478

8. 纳米纤维素/胶原蛋白气凝胶的 pH 稳定性分析

将 NFC/胶原蛋白气凝胶分别浸渍在 pH 为 1、4、7、10 和 13 的水溶液中检
测其在不同 pH 溶液中的稳定性。该实验的周期为一周，一周后分别观察 NFC/胶
原蛋白气凝胶在不同酸碱程度溶液中的变化。经观察发现其在酸性溶液与碱性溶
液中均能保持原有的宏观形貌（图 7-16），所以 NFC/胶原蛋白气凝胶形体并不受
酸性或碱性环境的明显影响，具备一定的 pH 稳定性。但二者之间形成的席夫碱
键在酸性环境中会发生断裂，这会导致交联物质胶原蛋白释放，因此其具有药物
释放的潜能。

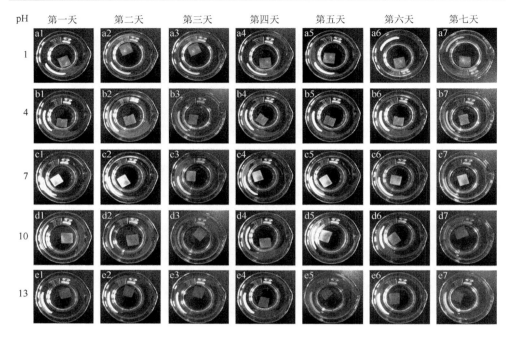

图 7-16　NFC/胶原蛋白气凝胶 pH 稳定性测试的宏观图片

7.3.3　生物医药材料生物相容性的应用分析

　　为了保证新型医药材料的长期植入以及永久性植入，必须对其生物相容性进行严格检测。生物相容性指材料在人体特定的环境和部位，与宿主直接或者间接接触时所产生的相互反应能力，材料能够在人体内不被排斥和破坏且不影响人体的其他系统正常运转。细胞生物相容性评价是生物材料在用于生物医药前必须检测的项目。评价材料生物相容性的方法可以分为两大类，一类是体内皮下埋植实验，即体内实验；另一类是利用体外细胞培养方法来代替动物实验，即体外实验。体内实验是将材料直接植入动物体内并且与周围的组织接触。而体外实验是将材料在体外环境中进行培养，利用培养液模拟体内生理环境，观察材料对细胞数量、形态以及分化的影响。其中体外实验具有简单易操作、价格低廉等优点而被国内外学者广泛使用。

　　早期利用体外实验方法对细胞相容性的判断只针对细胞的形态与数量的变化，随着研究的深入，研究者对细胞生长、黏附与增殖等方面也做了大量研究。对于细胞相容性的研究主要分为分子滤过法、同位素法、荧光染色法、MTT 法。这些方法都各有其优点与缺点。目前，MTT 检测的方法已经被国内外学者广泛应

用在药物以及材料的生物相容性与毒性的检测中。例如，张宝红等[10]采用 MTT
比色法评价不同牛血清促进细胞生长的作用，分别评价了自制新生牛血清、成年
牛血清和商品牛血清三种牛血清对不同细胞的促进生长的作用，通过对细胞成活
率的测定判断牛血清促进长成的能力。

采用台盼蓝染色检测法检测 NFC/胶原蛋白气凝胶的生物相容性。台盼蓝可以
对细胞膜不完整的死细胞染色，而细胞膜完整的活细胞则不会被染色，通过以上
原理判断细胞活性的方法因操作简单成为实验中常用的检测细胞活性的方法。以
NFC/胶原蛋白气凝胶为基质对 L929 细胞进行培养，利用倒置显微镜观察其在经
台盼蓝染色后细胞颜色的改变，以判断活细胞的数量。图 7-17 和图 7-18 分别为
以培养液为基质培养的 L929 细胞培养照片和以 NFC/胶原蛋白气凝胶为基质的
L929 细胞培养照片，其中以培养液为基质培养的 L929 细胞作为对照组。从不同
时间段细胞培养的显微镜照片中可以发现，以培养液为基质的 L929 细胞随着时
间的延长其数量逐渐增多，且仍然保持着原细胞梭形形态，尤其在细胞培养时间
为 72h 时，梭形结构非常明显。在细胞培养时间为 96h 时，L929 细胞的数量达到
最多。

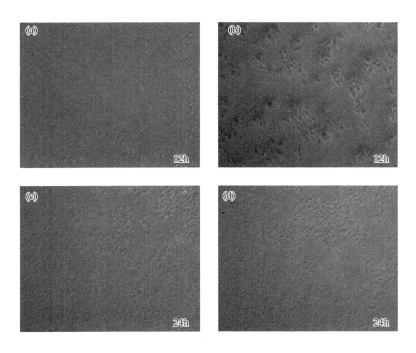

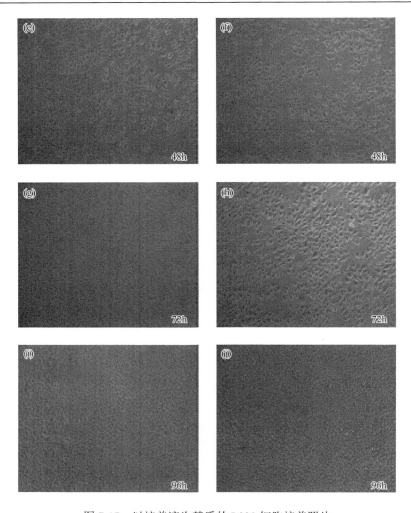

图 7-17 以培养液为基质的 L929 细胞培养照片

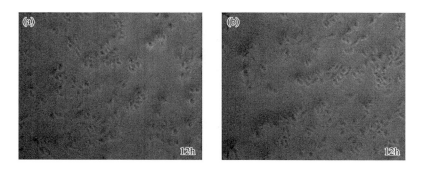

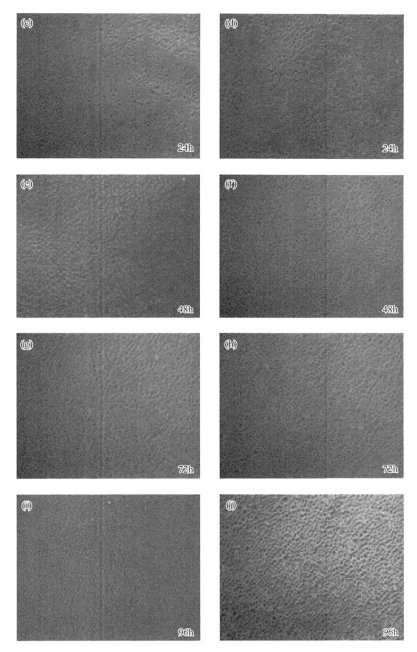

图 7-18　以 NFC/胶原蛋白气凝胶为基质的 L929 细胞培养照片

在以 NFC/胶原蛋白气凝胶为基质的 L929 细胞培养中，随培养时间的增加，L929 细胞的数量逐渐增多。利用公式计算出 L929 细胞在以 NFC/胶原蛋白气凝胶为基质的条件下，其平均细胞活性为 96.79%。根据 L929 细胞在 NFC/胶原蛋白气凝胶上培养的情况可以得出 NFC/胶原蛋白气凝胶具有良好的生物相容性。

7.3.4 MTT 比色法测试纳米纤维素/胶原蛋白气凝胶的无毒性与生物相容性

四唑盐（MTT）商品名为噻唑蓝，化学名为 3-(4，5)-2-噻唑-(2，5)-二苯基溴化四氮唑溴盐。MTT 比色法是一种检测细胞存活和生长的方法。利用 MTT 检测方法检测细胞相容性的原理是外源性 MTT 能被活细胞线粒体中的琥珀酸脱氢酶还原为水不溶性的蓝紫色结晶甲腊（formazan）并沉积在活细胞中，而死细胞无此功能。二甲基亚砜（DMSO）能溶解细胞中的甲腊，用酶联免疫检测仪在 490nm 波长处测定其光密度值（OD 值），可间接判断活细胞数量。在一定细胞数范围内，MTT 结晶形成的量与细胞数成正比。该方法已广泛用于一些生物活性因子的活性检测、大规模的抗肿瘤药物筛选、细胞毒性试验以及肿瘤放射敏感性测定等。从 MTT 比色法的数据分析结果可以看出，L929 细胞的数量随着培养时间的延长逐渐增加（图 7-19）。以上数据充分说明了 NFC/胶原蛋白气凝胶对于细胞的增殖生长以及细胞形态均不产生影响，进而证明了 NFC/胶原蛋白气凝胶的无毒性以及生物相容性。

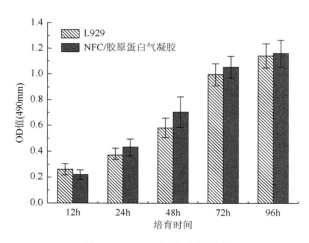

图 7-19　MTT 细胞生长曲线

7.4　本章总结

采用高碘酸钠选择性氧化 NFC 制备双醛基 NFC，高碘酸钠浓度决定 NFC 的氧化程度以及降解程度。当高碘酸钠浓度由 0.03mol/L 增加到 0.12mol/L，NFC 的降解率从 6.04% 升高至 19.60%，双醛基 NFC 的醛基含量由 8.86% 增加到 42.77%，结晶度从 61.39% 降低至 47.53%。

双醛基 NFC 上的醛基可以与胶原蛋白的氨基在室温下自主发生反应，形成席夫碱键，交联后的产物具有很好的乳液特征和凝胶特性，双醛基 NFC 的纤丝与胶原蛋白的纤丝互相缠结形成了更为密集的网状结构，随着胶原蛋白含量增加，这种网状结构越来越紧密。NFC/胶原蛋白气凝胶的平均密度为 0.0292g/cm^3，平均孔隙率为 93.21%，平均吸水率为 2951%，具有良好的 pH 稳定性。该材料的这种物理性质符合作为伤口敷料及生物组织工程材料的物理性质要求。NFC/胶原蛋白复合材料的性质决定其具有作为一种新型纳米高分子复合材料的应用潜力。

参 考 文 献

[1] Czaja W K，Young D J，Kawecki M，et al. The future prospects of microbial cellulose in biomedical applications[J]. Biomacromolecules，2007，8（1）：1-12.

[2] 肖乃玉，周红军. 含醛基聚合物在生物医药领域中的应用研究进展[J]. 化学与生物工程，2010，27（4）：21-25.

[3] Gillies E R，Fréchet J M J. pH-responsive copolymer assemblies for controlled release of doxorubicin[J]. Bioconjugate Chemistry，2005，16（2）：361-368.

[4] Gelsea K，Pöschlb E，Aigner T. Collagens—structure，function，and biosynthesis[J]. Advanced Drug Delivery Reviews，2003，55（12）：1531-1546.

[5] Ioelovich M. Cellulose as a nanostructured polymer：a short review[J]. BioResources，2008，3（4）：1403-1418.

[6] 曹龙天，林青，李尚优，等. 氧化纤维素的制备及其对重金属离子吸附性能的研究[J]. 延边大学学报：自然科学版，2013，39（1）：41-46.

[7] 李尚优，曹龙天. 污水处理中二醛纤维素对 Cu（Ⅱ），Cr（Ⅵ），Zn（Ⅱ）的吸附性能研究[J]. 科技创新导报，2013，（7）：147-150.

[8] Cullen B，Watt P W，Lundqvist C，et al. The role of oxidised regenerated cellulose/collagen in chronic wound repair and its potential mechanism of action[J]. The International Journal of Biochemistry & Cell Biology，2002，34（12）：1544-1556.

[9] Mathew A P，Oksman K，Pierron D，et al. Crosslinked fibrous composites based on cellulose nanofibers and collagen with in situ pH induced fibrillation[J]. Cellulose，2012，19（1）：139-150.

[10] 张宝红，钟恒禄，卢惠芳，等. 应用 MTT 比色法评价不同牛血清促细胞生长作用[J]. 中国畜牧兽医，2009，（5）：84-86.

第 8 章　纳米纤维素复合大豆蛋白制备
新型脂肪替代品

8.1　背景概述

人们生活品质的提升，使日常的饮食习惯和膳食结构发生了巨大变化，高热量、高蛋白、高脂肪和过于精细食品的摄入量大大增加，忽略了膳食营养的平衡性。而天然生物大分子由于其具有低廉的成本、温和的气味、适度的营养价值和令人关注的功能性质而被认为是潜在的脂肪模拟品。大豆分离蛋白（SPI）已发展成为一种相当普遍的脂肪模拟品。SPI 包含所有的必需氨基酸和优良的平衡氨基酸成分，具有良好的生物相容性；还包含生理上有益的成分，可以降低胆固醇，并降低出现高脂血症和心血管疾病的风险，在食品工业、生命科学和生物技术领域具有极大的潜在应用价值[1]。一些研究证实了 SPI 能够用作可食性薄膜[2, 3]、包装膜[4, 5]、过滤膜[6]或黏合剂[7]等的可行性。

以碳水化合物为基质的脂肪模拟品最多，包括纤维素及其衍生物、果胶、菊粉、纤维、黄原胶、淀粉和葡聚糖。它们都具有多元醇类的特征，有助于吸收水分，当被添加到食品中时，它们变稠并体积变大，从而提供一种类似于脂肪的口感、乳化性和结构特性。如果纤维素使用浓度高，多元醇可以起到通便作用。因此选择纤维素作为脂肪模拟品不仅可以减少热量的摄入，而且具有膳食的作用。相较于其他种类的碳水化合物，纤维素具有卓越的持水性和稳定性，可以更广泛地应用于乳制品和冷冻食品中[8]。以往的研究中，Gibis 等将羟甲基纤维素和微晶纤维素添加到牛肉饼中，脂肪的替代率可达 50%；微晶纤维素具有良好的持水性，能够给牛肉饼提供多汁、质地顺滑的口感[9]。在许多文献中都提到蛋白-碳水化合物复合体之间存在相互结合作用，并且在食品的乳液稳定性和生理功能性方面都表现良好[10]。

本章以 SPI 和 NFC 为研究对象，二者皆来源于天然植物原料，具有无毒、低脂和膳食成分的结构特点。NFC 具有精细的结构和大量的羟基基团，与 SPI 混合后，能够明显改善持水性、高温稳定性、乳化稳定性、质构特性且热量低，制备出的高品质的脂肪模拟物，达到低脂和降低患病风险的效果。将 SPI 经过溶胀、调节 pH 等处理，按比例、浓度与 NFC 复合，经过加热冷却，制得 SPI/NFC 复合凝胶。固含量、浓度、温度、频率对凝胶的流变性能有影响，可筛选出最优条件。对 SPI/NFC 凝胶的化学结构、微观形态进行观察，再对 SPI/NFC 凝胶进行组织破碎，形成微小凝胶，检测粒径大小，使其符合口感阈值（图 8-1）。对微小凝胶与淡奶油进行质构性检测，比较其是否与淡奶油有相似性。根据制备淡奶油冰淇淋配方，改变 SPI/NFC 取代淡奶油的取代率制备冰淇淋，通过与纯淡奶油冰淇淋在膨胀率、融化率、黏度、质构性等性能进行比对，分析其作为脂肪代替物表现的优缺点，优选出最适合的添加比例。

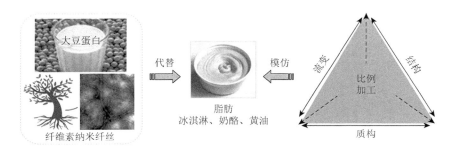

图 8-1　SPI/NFC 复合凝胶制备脂肪替代品的研究思路

8.2　制备加工方法

8.2.1　大豆分离蛋白/纳米纤维素复合凝胶的制备

（1）SPI 制备：将质量分数为 14% 的 SPI 溶于蒸馏水并调节 pH 至 7.0，加入 0.06% 的叠氮化钠，防止发生腐变。将该分散液在室温下磁力搅拌 3h 后，维持在 4℃ 并放置一晚，以使其完全水合。

（2）SPI/NFC 悬混液制备：利用已经制备好的质量分数为 2% 的 NFC 水凝胶，分别与 SPI 以不同比例混合，悬混液的 pH 再次调节至 7，搅拌 30min 使二者混合均匀。

（3）SPI/NFC 复合物的水凝胶制备：将 NFC 和 SPI 的混合液放入恒温为 90℃ 的水浴锅中加热 30min，取出放入冰水浴中，至凝胶取出。使用超声细胞粉碎机对凝胶进行超声处理，使凝胶颗粒变小，达到模拟替代脂肪的要求。

（4）SPI/NFC 复合物的干凝胶制备：将 SPI/NFC 的凝胶放置在 –18℃ 的冰箱中冷冻处理，随后对其冷冻干燥。在冷冻干燥过程中冷阱温度低于 –55℃，真空度低于 15Pa。

根据表 8-1 的数据进行样品的制备。

表 8-1　SPI/NFC 干凝胶各物质含量及密度

样件	固含量/%	SPI 含量/%	NFC 含量/%	密度/(g/cm³)
SPI	8	8.00	—	0.088
$S_{20}N_1$-8	8	7.62	0.38	0.097
$S_{15}N_1$-8	8	7.50	0.50	0.094
$S_{10}N_1$-8	8	7.27	0.73	0.093
S_7N_1-8	8	7.00	1.00	0.090
$S_{15}N_1$-4	4	3.75	0.25	0.054
$S_{15}N_1$-6	6	5.625	0.375	0.071
$S_{15}N_1$-8	8	7.50	0.50	0.094
$S_{15}N_1$-10	10	9.375	0.625	0.119

8.2.2　降脂冰淇淋的制备

冰淇淋是一种复杂的凝胶体，需要加入稳定剂、乳化剂等食品添加剂，而多数稳定剂为凝胶型多糖，为确保 NFC 不与其他多糖构成复配型稳定剂，并且探讨 SPI/NFC 能否在代替脂肪的作用的同时，是否也可以起到稳定剂的作用，选择的纯奶油冰淇淋配方如表 8-2 所示。SPI/NFC 凝胶以 10%、20% 和 30% 的取代率取代淡奶油（以下皆称 SPI/NFC 取代率），添加到冰淇淋中，将它们的混合物搅拌并在 70℃ 下混合 20min，然后在 90℃ 下巴氏灭菌 30s，冷却并在 4℃ 下老化 6h。将批量的冰淇淋混合物（20L）在连续冷冻机中冷冻。最后将冰淇淋在 −40℃ 下硬化并储存在 −25℃ 中。

表 8-2　冰淇淋基础配方

成分	全脂牛奶	蔗糖	淡奶油
添加量	200mL	65g	125mL

8.3　大豆分离蛋白/纳米纤维素复合凝胶的结构性能分析

8.3.1　纳米纤维素添加比例对复合凝胶的影响

用高强度超声波粉碎机制备的 NFC 具有细长的形态，直径范围为 2～20nm [图 8-2（a）]，长度超过 1μm。由于暴露出更大的表面积和更多的羟基，NFC 易交联并缠结在一起，这将促进凝胶形成，质量分数高于 1.0% 的 NFC 更易于形成凝胶。当 NFC 与 SPI 溶液混合时，SPI-NFC 混合物的表观黏度得到改善［图 8-2（b）］。热处理可导致 SPI 变性。图 8-2（c）表明在加热后，SPI-NFC 混合物黏度进一步增加并且扩散系数降低。此外，形成的交织网络［图 8-2（d）］可以进一步使某些组分形成凝胶化状态。

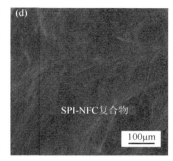

图 8-2　（a）超声波制备本质 NFC 的 TEM 图；（b）加热前 SPI-NFC 混合物的低黏性状态；（c）加热后 SPI-NFC 混合物的凝胶状态；（d）SPI-NFC 复合物的 SEM 图像

　　SPI-NFC 悬混物的流变性能可用旋转流变仪测定。利用振荡剪切频率对 SPI-NFC 悬混物黏弹性的影响进行了评估，如图 8-3 所示。对照样品（纯 SPI）具有弱凝胶状态，对应于软物质的行为。SPI：NFC 比率为 20：1 和 15：1 的悬混物的动态储存模量（G'）和动态损耗模量（G''）均与纯 SPI 相似，且与频率相关性较低。同时，SPI-NFC（10：1 和 7：1）悬混物的 G' 和 G'' 值远远高于纯 SPI 和其他 SPI-NFC 悬混物，并且在高频段对频率敏感。这些差异表明，NFC 可以作为流变改性剂并改善悬混物的黏弹性，即使 NFC 量仅为 SPI 的 1/10。

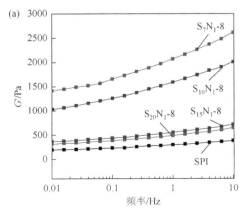
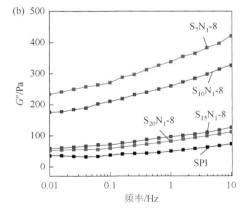

图 8-3　SPI 和 SPI-NFC 混合物的动态流变性能曲线

（a）频率-储存模量；（b）频率-损耗模量

8.3.2　复合凝胶线性黏弹区的测定

线性黏弹区是施加的应力产生成比例的应变的区域，因此线性黏弹区的测定可以获得物质的特性常数。实验分两步：首先固定 SPI/NFC 的比例，总固含量由 4%到 10%变化，确定合适浓度；其次，确定总固含量为 8%，然后改变 NFC 的添加量。具体数据如表 8-3 所示。

表 8-3　SPI/NFC 制备过程的添加比例

样品	固体含量/%	SPI 含量/%	NFC 含量/%
SPI	8	8.00	—
$S_{20}N_1$-8	8	7.62	0.38
$S_{15}N_1$-8	8	7.50	0.50
$S_{10}N_1$-8	8	7.27	0.73
S_7N_1-8	8	7.00	1.00
$S_{15}N_1$-4	4	3.75	0.25
$S_{15}N_1$-6	6	5.625	0.375
$S_{15}N_1$-10	10	9.375	0.625

图 8-4 是固含量为 8%的 SPI 的应变扫描图。如箭头指示的点，当应变大于 0.1%时，储存模量的值趋于稳定，这说明线性黏弹区存在于应变大于 0.1%时，因此选择参数应变为 0.1%。

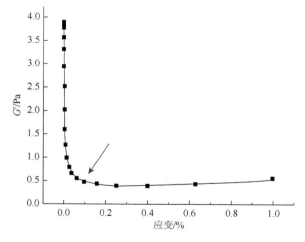

图 8-4　8%（质量分数）SPI 的应变扫描图

8.3.3 复合凝胶的流变及凝胶特性分析

1. 总浓度对凝胶性能的影响

SPI 与 NFC 间的相互作用能够提高悬混物的凝胶性，且总浓度对二者悬混物的凝胶性能有明显影响。如图 8-5 所示，当悬混物的总固含量低于 8% 时，无论是储存模量还是损耗模量都是极低的，不能形成凝胶。当固含量高于 8% 时，可以明显地看到 $G' \gg G''$，且 $\varepsilon < 1$，这说明已经形成了凝胶。频率变化对于低浓度复合物流变性能的影响不大，对于高浓度复合物的流变性能有一定的影响。可以得出结论，SPI/NFC 混合物的临界凝胶浓度为 8%，因此在后面的实验中固定为 8%，仅探讨温度和频率对凝胶流变性能的影响。

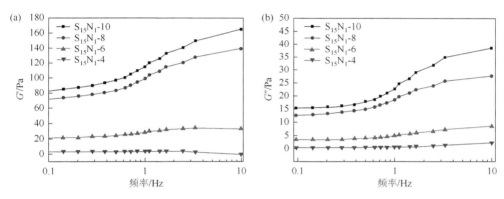

图 8-5 不同固含量的 SPI/NFC 混合物的动态流变性能曲线

（a）频率-储存模量；（b）频率-损耗模量

2. 温度变化对混合物流变性能的影响

SPI 和 NFC 在热力学上的不相容性类似于蛋白质和纤维素的关系。热处理会导致 SPI 的性质改变和冷却处理形成凝胶体系。蛋白质在加热下会展开，使疏水性官能团暴露。冷却后，蛋白质聚集成凝胶。通过小振幅检测对 SPI/NFC 悬混物凝胶加热和冷却过程进行了研究，图 8-6 为温度变化对应的 G' 和 G'' 变化。在加热的初期，G' 和 G'' 都下降，但随着温度的上升开始升高，直至 90℃。它可以解释为连续加热加剧了分子的热运动和并促进了 SPI 和 NFC 的耦合。将温度保持在 90℃，G' 呈现轻微下降趋势，这可能是由于 SPI 的变性和亲水性基团被还原。在冷却过程中，凝胶体系的 G' 与 G'' 上升速度较快，说明这个凝胶体系为黏弹性流体，这是在许多球状蛋白的凝胶化过程中都可以观察到的普遍现象。

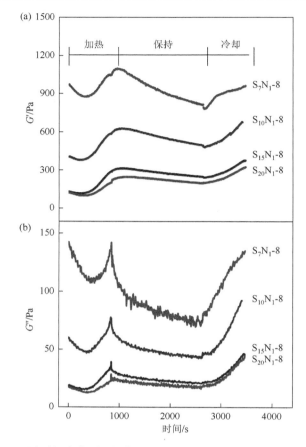

图 8-6　随时间变化不同比例 SPI/NFC 混合物的 G' 与 G'' 曲线变化

图 8-6 还能反映出 NFC 的含量对于凝胶体系黏弹性的影响。虽然不同比例的 SPI/NFC 表现出相似的上升和下降曲线，但是由加热冷却过程曲线可明显发现，当 NFC 的含量较高时，G' 与 G'' 值都显著高于 NFC 含量较低的样品。这是因为 NFC 与 SPI 的相互作用增强，并且阻隔了 SPI 因变性形成致密的凝结，保持了凝胶的弹性行为。

3. 频率扫描对混合物流变性能的影响

在 25℃、0.01~10Hz 频率扫描测试 SPI 和 SPI/NFC 复合凝胶的黏弹性性质。如图 8-7 所示，纯 SPI 呈现弱凝胶状态，出现该现象可能是因为其恰处于临界凝胶浓度区间。比例为 20∶1 和 15∶1 的 SPI/NFC 悬混物的黏弹性类似于纯 SPI，G' 的曲线显示出独立于频率的特性。SPI/NFC 比例为 10∶1 以上的样品的 G' 与 G'' 值远大于 NFC 含量低的样品，同时在高频带范围，显示出明显的规律性。SPI/NFC

复合凝胶趋向于更高的黏弹性,表明 NFC 加入量的增加可促进更强的结构化基质的形成,并且可以很好地改善凝胶性能。晶型 I 的纤维素具有一定的韧性和良好的稳定性,这将有助于网络的坚固程度提高,收缩程度减小。高 NFC 含量的混合物的网络结构是稳定的,足以抵抗角速度变化,因此该速度下的网络结构破坏和重建效率趋于平衡。

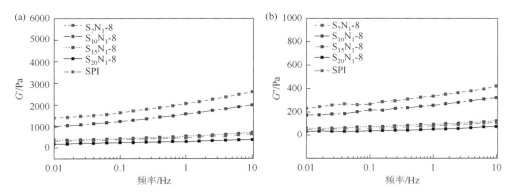

图 8-7　不同比例 SPI/NFC 混合物的动态流变性能曲线

(a)频率-储存模量;(b)频率-损耗模量

4. SPI/NFC 混合物的结构和凝胶原理分析

由图 8-8 可以明显看到,加热前四个样品都呈现出较大的流动性[图 8-8(a)],并可以看见少许的水层;随着 NFC 添加量的增加,悬混物逐渐变得黏稠,可以肯定在样品中 NFC 表现出增稠的特性。经过加热冷却等步骤之后,都形成了较为稳定的凝胶体系,没有水层出现,因此其具有一定的保水特性[图 8-8(b)]。

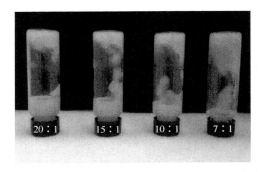
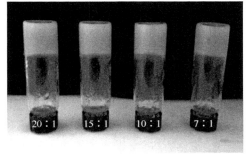

图 8-8　不同比例 SPI/NFC 加热前(a)与加热后(b)的宏观图片

经过热处理、冷却等手段,最终形成具有球状与枝丫结构相互吸附的凝胶体系,因此可以推测出 SPI 与 NFC 的复合凝胶原理如图 8-9 所示。室温下 SPI 与

NFC 均匀混合，恒温水浴锅加热过程中 SPI 舒展开，并发生轻微热聚集，与 NFC 发生缠绕和吸附作用，最后在冰水混合物中冷却，导致 SPI 凝聚，最后 SPI 和 NFC 共同形成交叉缠绕和持水的网络结构。

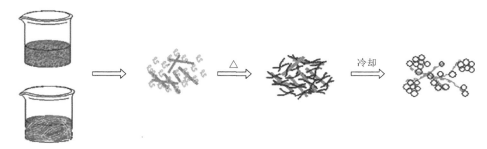

图 8-9　SPI/NFC 的凝胶过程示意图

在做 FTIR 检测前，将制备好的凝胶样品进行冷冻干燥处理。如图 8-10 所示，1629cm^{-1} 和 1522cm^{-1} 两处为 SPI 的特征峰，在 1630cm^{-1} 附近的谱带归属于 β-折叠结构；在 1522cm^{-1} 附近的谱带也属于 β-折叠结构；1200～1100cm^{-1} 之间出现的较弱的峰，是叔醇的区域，虽然 NFC 添加量较低，但是仍有峰形出现，说明二者混合较为均匀，而经加热并没有出现新的峰，说明二者之间未存在共价键结合。

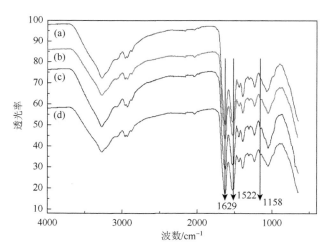

图 8-10　SPI 与不同比例 SPI/NFC 混合物的 FTIR 谱图

（a）纯 SPI；（b）S$_7$N$_1$-8；（c）S$_7$N$_1$-8；（d）S$_7$N$_1$-8

8.3.4　大豆分离蛋白/纳米纤维素复合干凝胶的力学性能分析

SPI/NFC 干凝胶在受压条件下的力学测试结果如图 8-11 所示。当应变小于

15%时，所有 SPI/NFC 干凝胶试样都表现出线弹性特征；但是一旦应变超过 15%，将会突然出现屈服变形，在屈服点后出现了很长的一段变形，对应能量吸收的稳定区域。这种应力-应变关系是 SPI 与 NFC 综合作用的结果，表现出多孔材料特有的压缩变形行为特征。对于不同 SPI 与 NFC 比例的干凝胶来说，SPI 具有机械脆性，即使在小应变的情况下也容易碎裂。

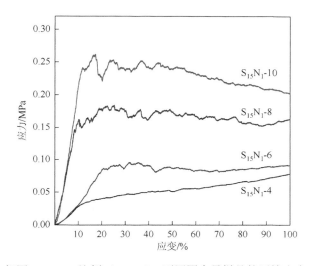

图 8-11　相同 SPI/NFC 比例（15∶1）、不同固含量样品的压缩应力-应变曲线

当 SPI/NFC 干凝胶的固含量设定为 8%，SPI∶NFC 为 10∶1、15∶1 和 20∶1 时，SPI/NFC 干凝胶的应力变化在应变小于 60%时不明显；但当应变超过 60%后，其应力变化则非常显著，即表现出韧性。这样明显的随应变强化现象的出现可能是由于 NFC 结构的密实化。SPI∶NFC 比为 7∶1 的干凝胶具有完全不一样的应力-应变曲线，其应力远远高于其他比例下的应力，显示出高硬度特性，如图 8-12 所示。当复合物的固体含量从 4%增加到 10%，其屈服应力显著增大；当固含量在 6%以下时，曲线斜率较小，对应的力学性能较弱，但略有韧性。

如图 8-13（a，b）所示，在压缩实验前纯 SPI 试样表面粗糙，有明显的孔洞，颜色偏黄色。而添加 NFC 的试样表面细腻，没有明显的孔洞，且颜色分布均匀，偏米黄色。如图 8-13（c，d）所示，由于纯 SPI 有较强的脆性，在加压过程中常常出现开裂、碎屑掉落，并伴有脆裂的声音，不能承受持续的变形。添加 NFC 后，复合材料的韧性增加，在持续应变增加的情况下，能够维持完整的形状，有效地改善了纯 SPI 干凝胶材料的脆性问题。在未来将其作为脂肪代替品添加到食品中，能够有效地解决某些脆性食品的易碎问题，还能起到饱腹作用，减少食品的摄入量。

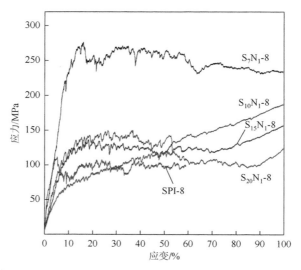

图 8-12　相同固含量（8%）、不同 SPI/NFC 比例的样品的压缩应力-应变曲线

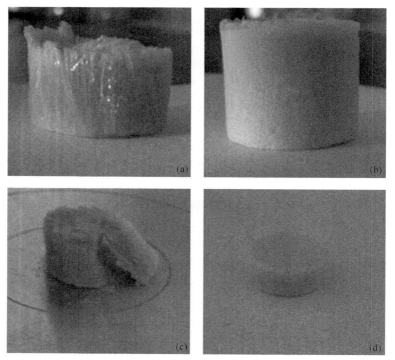

图 8-13　SPI/NFC 干凝胶的压缩前后宏观图片

（a，c）8% 纯 SPI；（b，d）8% $S_{15}N_1$-8；其中（a，b）为压缩前图片，（c，d）为压缩后图片

如图 8-14 所示，相较于未加热的复合物所显示的应力-应变曲线，加热后的

SPI/NFC 复合物所显示的应力-应变曲线有很多细小碎纹，说明前者并没有形成孔隙结构，由于后者存在三维孔隙结构，孔隙提供给应力缓冲的作用。加热后 SPI/NFC 复合物的屈服点和应力随着应变的增加显著高于未经过加热的样品，这说明 SPI 经过加热过程，发生变性，并与 NFC 有复合作用，增加了机械强度。

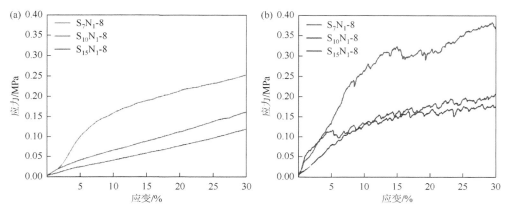

图 8-14　SPI/NFC 干凝胶的压缩应力-应变曲线

（a）所有样品未经过加热变性，混合后直接冷冻干燥；（b）所有样品经过加热变性凝胶后冷冻干燥

8.3.5　复合凝胶作为脂肪模拟代替品的效果

冰淇淋的结构已经被鉴定为由脂肪球网络和分散在具有高黏度水相中的冰晶网络组成的三组泡沫。在冷冻过程中，通过均质化得到的脂肪球发生部分聚集，形成了连续的网络结构。脂肪似乎在很大程度上有助于提高冰淇淋的性质。对于降脂型冰淇淋，低热量、抗融化和口感质地是最重要的特性。但面临的挑战是，如果大量替换脂肪，脂肪球网络将被破坏，这将影响最终产品的质地。因此，对冰淇淋中 10%、20% 和 30% 的奶油分别用相同比例的 SPI/NFC（7∶1）悬混物加以代替。

奶油的融化速率表明融化速率取决于冰淇淋的制剂配方。与没有替代物的制剂相比，SPI/NFC 悬混物的存在导致融化速率明显降低。含有 10% 替代品的配方最具显著效果。SPI/NFC 悬混物的保水性和结构稳定能力似乎对冰淇淋抗融性起主要贡献。此外，羟基和氨基的两亲物还可以在融化过程中帮助阻止水和脂肪分离。冷冻后 SPI/NFC 悬混物的蜂窝状微结构可以保证冰晶的结构稳定性和隔热性。

1. 冰淇淋打发膨胀率的分析

冰淇淋混合料凝冻膨胀后，使冰淇淋品质大大改善和提高。冰淇淋中含有众多微小气泡，使口感柔软滑顺，产品稳定性也提高。冰淇淋的膨胀率是指在凝冻操作时，空气微小气泡混合于老化后的混合料中，使其体积膨胀，而体积增大的百分率即是冰淇淋的膨胀率。利用质量法计算，以混合原料的质量减去相同体积冰淇淋的质量。计算公式如下：

$$B = \frac{m_1 - m_2}{m_2} \times 100\%$$　　　　　　　　　（8-1）

式中，B 为膨胀率（%）；m_1 为混合料的质量；m_2 为同混合料体积的冰淇淋质量。

根据图 8-15 可以发现，随着 SPI/NFC 取代率的增加，冰淇淋的膨胀率降低。膨胀率高的冰淇淋，具有较为细腻的口感，但过度膨胀的冰淇淋的保型性能差，不利于储存。SPI 相较于酪蛋白，其起泡性弱于酪蛋白，导致冰淇淋的微小气泡少，膨胀率小。

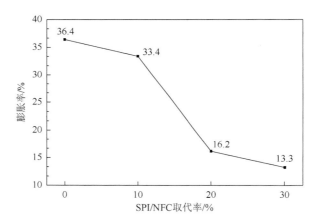

图 8-15　SPI/NFC 取代率与膨胀率的关系

2. 冰淇淋融化率的分析

冰淇淋的抗融性是冰淇淋生产的重要指标。在室温下，准确称量样品质量，放在筛网上，筛网下放表面皿，表面皿中收集 1h 融化的冰淇淋并称量质量。抗融性以融化率表示，融化率越高则表明抗融性越差。融化率的公式如下：

$$融化率 = \frac{融化冰淇淋的质量}{原冰淇淋的质量} \times 100\%$$　　　　　　（8-2）

由图 8-16 可以明显地看出，经过 1h 室温、无风的融化测试，SPI/NFC 添加量为 10% 时的融化率明显低于纯冰淇淋的融化率。随着 SPI/NFC 添加量的增加，冰淇淋的融化率有所降低，这说明冰淇淋的抗融化能力在逐步增加。其原因可能是奶油经过打发后，里面有许多微小的气泡，奶油将气泡包裹的同时，也将 NFC

包裹其中,而 NFC 具有极强的亲水性,因此持水能力比纯奶油和 SPI 要更强一些。经过冷冻老化后,水分结成冰晶,在融化的过程中,由于奶油的隔热作用,外界的热量无法迅速传入里面,保证了被包裹的水分不易融化。另外,SPI 含有氨基和羧基,具有既亲油又亲水的性质,在混合的过程中,起到了乳化剂的作用,使与其复合的 NFC 充分均匀地混合在冰淇淋中,保证了冰淇淋的质量。

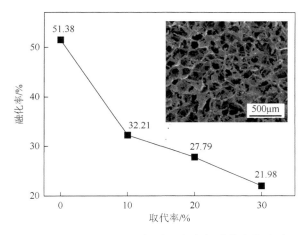

图 8-16　SPI/NFC 对纯奶油取代率与融化率的关系

　　图 8-17 显示了配制冰淇淋融化过程的图片,1h 内不同取代率的冰淇淋融化变化图,SPI/NFC 零取代的冰淇淋从 30min 时开始融化,而其他取代率的冰淇淋从 40min 开始融化。经过 1h 的融化测定,纯奶油冰淇淋的变化非常明显,融化程度达到 51.38%。取代率为 30% 的冰淇淋虽然有所融化,但仍可以保持较完整的形态,并且融化率降低到 21.98%～32.21%。

3. 冰淇淋的微观形态

　　图 8-18 为冰淇淋在显微镜下放大 40 倍后的照片。可以观察到随着 SPI/NFC 的含量增大,结成冰晶的面积增加。黏度的增加阻止冰晶的生长,会导致口感上的差别。随着 SPI/NFC 含量的增加,融化后冰淇淋中的起泡数量变少,这也符合上述膨胀率的变化趋势,即膨胀率降低,微小气泡的数量减少。由于黏度低,在打发的过程中起泡数量变高,但是持泡能力下降,形成的泡沫不容易保持,由于不是速冻,所以在冷冻过程中气泡破裂,导致其膨胀率也降低。过高的 SPI/NFC 添加量容易产生乳糖结晶,不能阻止水的结合,减少冰晶的形成,因此此类冰淇淋具有"沙口"的感觉。经过比较观察,SPI/NFC 的取代率为 10% 的冰淇淋,与纯奶油冰淇淋具有相似的气泡数量,冰淇淋的质量相似。

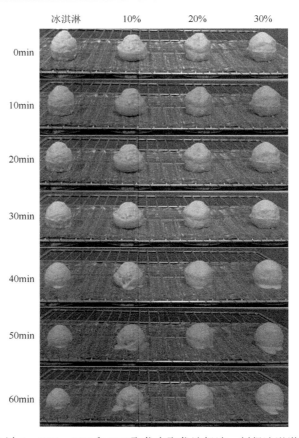

图 8-17 SPI/NFC 以 0、10%、20%和 30%取代率取代淡奶油，制得冰淇淋 1h 内的融化情况

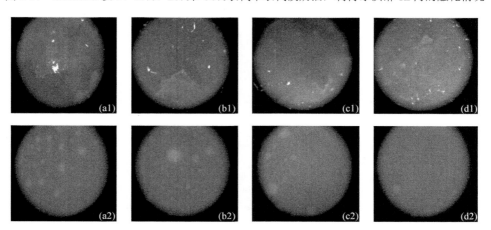

图 8-18 冰淇淋的显微镜下微观图像

（a1～d1）冷冻状态冰淇淋，SPI/NFC 取代率分别为 0、10%、20%和 30%；（a2～d2）融化状态冰淇淋，
SPI/NFC 取代率分别为 0、10%、20%和 30%

4. 冰淇淋的质构分析

对经冷冻的冰淇淋进行硬化和质构分析，结果如图 8-19 所示。经过冷冻老化的冰淇淋在硬度上几乎没有差别，所有样品都处于 6400～6100g 之间。由于是硬质冰淇淋，因此其表现出的硬度相对较高，一般软质冰淇淋的硬度在 1500g 左右。仪器下压后上升，在与冰淇淋表面分离的时刻可测得稠度的大小，随着 SPI/NFC 取代率的升高，稠度依次下降，在口感上"绵"的感觉下降。

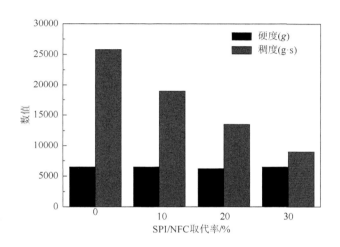

图 8-19　不同取代率冰淇淋的质构分析图

5. 质构分析的对比

通常质构特性的指标包括硬度、黏附性、咀嚼性和弹性力等，这些都是影响目标食品最终口感的关键性指标。为了评估 SPI/NFC 复合体系的这些特性，测试并比较 SPI/NFC 悬混物和奶油的质构分析（TPA）属性。根据图 8-20 所示的 TPA 值可知，SPI/NFC 复合体系和奶油在弹性力、内聚性和回复性方面几乎没有差异。弹性力和内聚性是 TPA 分析的主要参数。弹性力主要是弹性的一种度量标准，第一次压缩后，样品的黏弹性趋于恢复到初始值；如果第二次压缩前的间隔时间足够长可以消除应力，则形状恢复率接近 100%。内聚性是材料内部凝聚能力的特征，只有当样品部分变形时，内聚性才有意义。回复性即变形后恢复的性质，是除了黏附性外与 TPA 参数最相关的性质。相较而言，SPI 的黏性成分具有较低的弹性力、内聚性和回复性。在悬混物中，NFC 可以具有类似于黏性液相的稳定剂的作用，从而改善冰淇淋的质地。图 8-20 还显示两者在硬度、黏性和咀嚼性方面的差异较小。其中，黏性（硬度×内聚性）和咀嚼性（黏性×弹性力）是次要参数，黏附性是由表面黏着性、硬度和黏结性组成的特性。最后，通过对 TPA 属性的全面比较，可以发现 SPI/NFC（7∶1）悬混物与奶油的总体相似度最高。

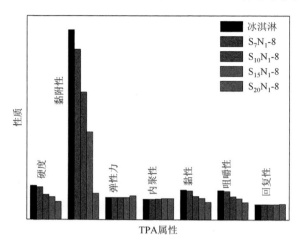

图 8-20　SPI/NFC 混合物与奶油的 TPA 属性比较

8.3.6　在奶油饼干中的应用

　　按照表 8-4 所示的配方制作奶油饼干。首先将黄油隔水融化，分两次加砂糖。用手提式打蛋器将黄油打发，分三次加入蛋液，搅拌均匀后，加入 SPI/NFC 与淡奶油。搅拌 10min 后倒入面粉，揉混至面团不黏容器壁停止，放入冰箱中冷冻至少 30min，以便面团定型。切成（40mm×40mm×5mm）统一规格的块状。烤箱的上火温度和下火温度都调到 170℃进行预热处理，将所有样品同时放入烤箱中烤制 15min，取出后室温下冷却，放置 24h 后进行检测。

表 8-4　奶油饼干配方

样品	无盐黄油/g	低筋面粉/g	高筋面粉/g	奶油/g	SPI/NFC/g
对照样	50	25	50	30	0
奶油饼干-S/N-10%	50	25	50	27	3
奶油饼干-S/N-20%	50	25	50	24	6
奶油饼干-S/N-30%	50	25	50	21	9

1. 奶油饼干的烤制损耗及含水率分析

奶油饼干在制模后，利用远红外烤箱进行烤制，通过红外热辐射使饼干均匀受热，水分由底层向上蒸发，面团上色。烤制后的质量损耗影响着饼干整体的品质。每个配方的饼干进行 6 次平行实验，烤前称量质量，烤制后 1h 再次称量，根据式（8-3）进行计算。

$$W_{损耗}(\%) = \frac{M_{初始} - M_{结束}}{M_{初始}} \times 100\% \qquad (8-3)$$

由图 8-21 可知，随着 SPI/NFC 取代淡奶油比例的增加，烤制后饼干的损耗率略有增大，但都小于无 SPI/NFC 添加的样品。同时可以看出，纯淡奶油饼干的质量损耗率稳定性并不好，其样品的质量损耗率最大可达到 29%，这影响着饼干的整体品质。而添加过 SPI/NFC 的饼干的质量损耗率相对稳定，这是由于 NFC 具有耐高温的稳定特性，且具有较好的持水性。即使 SPI/NFC 凝胶中 92% 都是水分，也不会造成过多的质量损耗。这是因为 SPI 的非极性区与油脂的脂肪链相互作用，SPI/NFC 作为凝胶基质与脂肪相互结合，在加工过程中减少了脂肪的损失，有助于外形保持良好的稳定性。

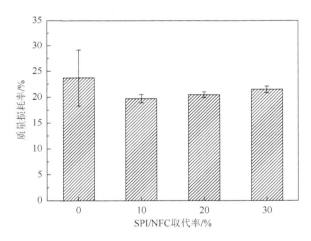

图 8-21　饼干烤制后质量损耗率与 SPI/NFC 取代率的关系图

含水率、水分活度和水分的分布对饼干类食品的酥脆感觉、干燥和易碎等机械特征有显著的影响，研究表明食品含水率与酥脆性呈函数关系。通过以下步骤测得饼干含水率：将饼干在研磨器中磨碎，每份约 4～5g 放入培养皿中，在烘箱中 105℃条件下烘 24h。通过计算烘干前后的质量的差计算出含水率。GB/T 20980—2007 规定，不同饼干的含水率不一样，但总体上不大于 4%，其中 SPI/NFC 取代率为 10% 和 20% 符合规定要求。

由图 8-22 可以观察到，添加 SPI/NFC 的含水率小于未添加的饼干样品，这是因为 SPI/NFC 在形成凝胶的过程中将大量水包裹在其中，在混合于面粉中时，有部分水分暴露出来，烘烤温度高达 105℃，因此水分蒸发大于无添加 SPI/NFC 饼干的量。饼干硬度随着 SPI/NFC 的取代率从 10%升高到 30%也增加。饼干的含水率分别为 4.59%、3.99%、4.12%和 4.51%，变化并不明显。SPI/NFC 的取代率为 0时的含水率与取代率为 30%的含水率相近，但是在硬度表现中却没有上述的趋势，说明含水率对硬度的影响较小，主要是因为添加 NFC 增强了饼干韧性，使其硬度变大。

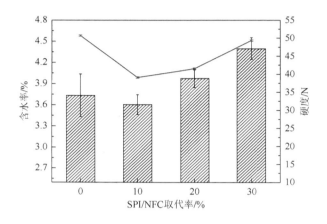

图 8-22　SPI/NFC 不同取代率对饼干含水率（折线图）和硬度（柱状图）的影响

2. 奶油饼干的脆性和硬度分析

饼干的脆性及硬度是评价饼干的重要指标，脆性大的饼干，能够提供较好的口感，但是不利于包装、运输；硬度过于大的饼干，咀嚼程度更强。利用材料力学中三点弯曲试验，能够很好地评价饼干脆性及硬度指标。使用 Instron 5965 万能力学试验机，调整水平支撑臂的距离为 30mm，将样品放在中间，探头以 1mm/min的速度对饼干加压直至饼干破碎为止。由图 8-23 所示的弯曲位移和弯曲应力关系可以看出，当 SPI/NFC 的取代率为 10%和 20%时，初始斜率大于没有添加 SPI/NFC的饼干样件，这说明前两者的脆性大于后者。这是由于 SPI 在脱水后呈现出一定的脆性，但是随着 SPI/NFC 的整体含量的增加，NFC 的韧性特性使得饼干的脆性降低。曲线中的峰值为最大弯曲载荷值（表 8-5），即在饼干出现开裂时承受的最大力，可理解为饼干峰值可以作为饼干的硬度指标，其中 SPI/NFC 取代率为 20%和 30%的最大弯曲载荷分别高于对照样，其硬度相较于对照样明显增加了 13.6%和 37.9%。通过比较，利用食品感官评价可以得出，当 SPI/NFC 的取代率为 0 和10%时分别表现的品质为较脆、软或不硬。SPI/NFC 的取代率为 20%时表现的品质为脆和较硬。当 SPI/NFC 的取代率为 30%时品质为较脆和硬。因此为了提高脆

性以保证饼干的口感，但又具有一定的硬度可以防止在运输过程中破碎，选择
SPI/NFC 的取代率为 20%能够满足需求。

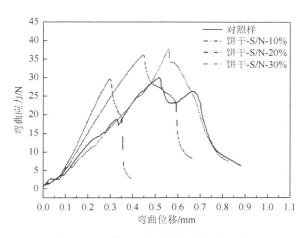

图 8-23　饼干弯曲位移与弯曲应力图

表 8-5　不同 SPI/NFC 取代率饼干的物理力学性质

试样名称	弹性模量/MPa	弯曲应力/MPa	最大弯曲载荷/N	最大弯曲载荷位移/mm
对照样	91.97±18.38	1.54±0.27	34.21±5.87	0.58±0.08
奶油饼干-S/N-10%	137.07±37.20	1.43±0.12	31.67±2.72	0.38±0.11
奶油饼干-S/N-20%	153.07±14.66	1.75±0.11	38.86±2.42	0.44±0.01
奶油饼干-S/N-30%	114.77±26.53	1.79±0.13	47.18±3.03	0.62±0.10

3. 奶油饼干的色度学变化分析

采用柯尼卡美能达 CM-2300d 光谱色度计检测淡奶油、SPI/NFC 凝胶、面团
及饼干的颜色。采用标准 D/8 集合体系，可以测量任何表面，其工作原理是氙灯
发出光线在积分球中发生散射，接收样品反射光及积分球上散射光，最后光线传
入光学系统中并输出。首先在白板上进行颜色校正，在样品上分别取 5 点进行平
行检测。测得的参数主要有 L^*、a^*、b^*，其中 L^* 值表征样品亮度，当 L^* 值趋于 0
时表示样品较暗，反之则较亮；a^* 值表征样品颜色的红绿程度，a^* 为正值表示样
品颜色偏红，反之表示样品颜色偏绿；b^* 值表征样品颜色的黄蓝程度，b^* 为正值
表示样品颜色偏黄，反之表示样品颜色偏蓝。ΔE^* 表征样品色差总体偏差，在样品
表面取 5 个不同的点进行测量，ΔE^* 通过式（8-4）计算。

$$\Delta E^* = [(\Delta L^*)^2 + (\Delta a^*)^2 + (\Delta b^*)^2]^{1/2} \qquad （8-4）$$

ΔE^* 的值通常用来评价总体颜色的区别是否明显。$\Delta E^* \leqslant 1$ 时，人眼区分不出颜色的差别；$1 < \Delta E^* \leqslant 3$ 时，根据颜色，人眼可以判断出轻微的差异；$\Delta E^* > 3$ 时，人眼可以明显区分出颜色的不同。

SPI/NFC 在颜色上与纯淡奶油有较大的差距，如表 8-6 中 L^*、a^* 和 b^* 值所示。淡奶油比 SPI/NFC 的颜色更白，而 SPI/NFC 的颜色更偏绿色，二者的黄蓝值相差不大。随着 SPI/NFC 取代奶油的比例增加，悬混物颜色变得更黄一些。在总色差上部分并没有表现出明显差异，人眼几乎不能区分这些样品的颜色，因此适量添加 SPI/NFC 对颜色没有影响。

表 8-6　SPI/NFC、淡奶油、SPI/NFC 和奶油混合物的 L^*、a^*、b^*、ΔE^* 值

样品	L^*	a^*	b^*	ΔE^*
SPI/NFC	66.88±2.53	−3.14±0.25	13.74±1.34	—
淡奶油	94.19±0.81	−0.57±0.24	13.25±1.02	—
SPI/NFC 与淡奶油的混合物-S/N-10%	88.50±1.41	−1.33±0.12	8.77±1.08	7.13
SPI/NFC 与淡奶油的混合物-S/N-20%	91.82±0.24	−1.03±0.01	11.28±0.35	2.97
SPI/NFC 与淡奶油的混合物-S/N-30%	90.96±0.19	−0.98±0.03	11.81±0.11	3.39

烤制后的饼干颜色明显比面团的颜色更深、更红。但在黄色指标上表现的差别不大。面团在烤制的过程中，蛋白质和纤维素都在干热状态下发生美拉德反应，美拉德反应的产物为棕褐色，因此颜色变深红。随着 SPI/NFC 添加量的增多，饼干的颜色继续变深、变红，这可能是由于在高温下 SPI/NFC 凝胶同样也发生了美拉德反应，影响饼干整体的颜色改变。没添加 SPI/NFC 的饼干的 L^*、a^* 和 b^* 值介于 SPI/NFC 取代率 10% 与 20% 之间（表 8-7），因此饼干颜色作为重要评价指标时，SPI/NFC 的取代率宜在二者之间的区域选择。

表 8-7　面团与饼干的 L^*、a^*、b^*、ΔE^* 值

样品	面团（$n=5$）				饼干（$n=5$）			
	L^*	a^*	b^*	ΔE^*	L^*	a^*	b^*	ΔE^*
对照样	75.44	3.93	30.90	—	70.44	9.28	35.61	—
奶油饼干-S/N-10%	83.78	5.22	35.52	9.62	73.56	7.97	35.21	3.41
奶油饼干-S/N-20%	80.18	5.23	33.59	5.60	67.38	13.13	36.00	4.93
奶油饼干-S/N-30%	79.80	5.54	34.49	5.87	63.84	14.97	37.20	6.96

8.4　本章总结

　　本章研究了 SPI 与 NFC 的复合凝胶过程及其模拟淡奶油的应用，得到的结论为：SPI/NFC 的固含量低于 8%时，不能够形成良好的凝胶，而随着固含量的增大，其凝胶效果及流变性能都升高。SPI 受热变性后，与 NFC 形成稳定凝胶，保持了凝胶的弹性行为和流变性能。其中，固含量为 8%、混合比例为 7∶1 的 SPI/NFC 凝胶，在质构上的各项指标与淡奶油相近，理论上可以作为淡奶油的模拟品进行脂肪代替。将 SPI/NFC 以 10%、20%和 30%的不同取代率添加到冰淇淋中，结果显示，随着取代率的升高，冰淇淋的黏度、膨胀率和融化率下降。当 SPI/NFC 取代率为 10%时，配制冰淇淋在膨胀率、微观结构和硬度上都与纯淡奶油冰淇淋有较高的相似性，在抗融性和稠度方面优于纯淡奶油冰淇淋。SPI/NFC 取代淡奶油加入饼干中时，有效提升了饼干的脆性，也改善了饼干的易碎问题。

参 考 文 献

[1]　Belloque J，Garcia M C，Torre M，et al. Analysis of soyabean proteins in meat products: a review[J]. Critical Reviews in Food Science and Nutrition，2002，42（5）：507-532.

[2]　Jambrak A R，Lelas V，Mason T J，et al. Physical properties of ultrasound treated soy proteins[J]. Journal of Food Engineering，2009，93（4）：386-393.

[3]　Hu H，Fan X，Zhou Z，et al. Acid-induced gelation behavior of soybean protein isolate with high intensity ultrasonic pre-treatments[J]. Ultrasonics Sonochemistry，2013，20（1）：187-195.

[4]　Ou S，Wang Y，Tang S，et al. Role of ferulic acid in preparing edible films from soy protein isolate[J]. Journal of Food Engineering，2005，70（2）：205-210.

[5]　Cho S Y，Lee S Y，Rhee C. Edible oxygenbarrier bilayer film pouches from corn zein and soy protein isolate for olive oil packaging[J]. LWT-Food Science and Technology，2010，43（8）：1234-1239.

[6]　Guerrero P，Stefani P M，Ruseckaite R A，et al. Functional properties of films based on soy protein isolate and gelatin processed by compression molding[J]. Journal of Food Engineering，2011，105（1）：65-72.

[7]　Su J F，Huang Z，Yang C M，et al. Properties of soy protein isolate/poly（vinyl alcohol）blend "green" films: compatibility，mechanical properties，and thermal stability[J]. Journal of Applied Polymer Science，2008，110（6）：3706-3716.

[8]　Jonnalagadda S S，Jones J M，Black J D. Position of the American dietetic association: fat replacers[J]. Journal of the American Dietetic Association，2005，105：266-275.

[9]　Gibis M，Schuh V，Weiss J. Effects of carboxymethyl cellulose（CMC）and microcrystalline cellulose（MCC）as fat replacers on the microstructure and sensory characteristics of fried beef patties[J]. Food Hydrocolloids，2015，45：236-246.

[10]　Benichou A，Aserin A，Garti N. Protein-polysaccharide interactions for stabilization of food emulsions[J]. Journal of Dispersion Science and Technology，2002，23（1-3）：93-123.

第9章 纳米纤维素复合槲皮素制备抗氧化保健食品添加剂

9.1 背景概述

近年来，随着人们生活水平的提高和膳食结构的变化，营养过剩或不平衡导致肥胖症、糖尿病和癌症的发病率逐年增加，人们的健康意识也逐渐增强。因此，营养保健品的需求稳步增长[1]。槲皮素（QT）作为黄酮类化合物中最具代表性的多酚化合物之一，天然存在于蔬菜、水果、红酒和草药中。在植物中，QT 通常与糖、醚或酚酸等结合存在。QT 具有一些健康益处，如抗氧化和抗病毒活性[2]，有助于降低患心血管疾病、肥胖症和糖尿病的风险。此外，QT 在癌症治疗中具有很大的潜力，能通过多种途径诱导多种肿瘤细胞凋亡，是目前中药提取物中活性较强的抗肿瘤药物之一。鉴于上述健康益处，QT 已成为食品和制药行业的营养保健成分。

QT 是一种亲脂性化合物，中等溶解于乙醇（4.0mg/mL，37℃），高溶于二甲基亚砜（150mg/mL，25℃）。然而，其在水中的溶解度仅为 0.01mg/mL（25℃）。此外，QT 在不同食物基质中的稳定性受 pH、温度、金属离子以及其他化合物如谷胱甘肽的影响，在食品加工和储存期间易氧化和降解而导致含量显著降低。因此，QT 的低水溶性和化学不稳定性，导致其口服吸收有限和生物利用度低[3]，难以将高剂量的 QT 直接掺入水溶性食物基质中以满足组织中有效的治疗浓度要求。

以往的研究中，研究者采用了许多类型的递送系统来克服这些限制，如聚合物纳米颗粒、纳米乳剂、纳米结构脂质体载体、阳离子纳米脂质体载体和电纺蛋白/支链淀粉杂化纤维。然而，这些递送系统存在复杂的制备程序、高成本、低负载能力和难以扩大规模等限制。纤维素作为一种膳食纤维已被广泛应用到药物片剂的添加剂、食物添加剂以及食品领域等。与普通的膳食纤维相比，NFC 独特的纳米结构使其具有更好的吸水性和油脂吸附性，以及良好的流变特性，适宜用作食品领域的增稠剂和添加剂。NFC 还可以为不同的化合物提供结合位点，结合对象包括药物、抗氧化剂、抗菌剂、调味剂和香料。将药物分子/纳米颗粒掺入 NFC 的水凝胶中并形成气凝胶已显示出有效的抗颗粒聚集作用。因此，NFC 的优点使其具备了作为天然纳米级载体的可能性，可以实现提高药物功效并减缓血药浓度的峰谷现象。

健康食品和制药行业鼓励应用 NFC 的膳食纤维以及纳米负载特性，然而将 NFC 和 QT 结合形成纳米制剂的报道还较少。本章将纳米纤维素膳食纤维与自然界中广泛存在的生物类药物 QT 通过简单的溶剂相融合，使得 NFC 包封 QT 以产生具有保健功能的新纳米制剂，更好地了解 NFC/QT 纳米制剂的复杂结构的制备和相关的保健功能性质，如载药率、包封率、膳食特性、相对稳定性、抗氧化性和持续释放特性等。

9.2　制备加工方法

在实验中，以高浓度乙醇来配制主要溶剂。根据乙醇与水的体积比，将试验溶液分成三组（表 9-1）：E100/H（100%乙醇）、E75/H（75%乙醇）和 E50/H（50%乙醇）。在每组溶液的制备过程中，将 0.5g QT 溶解在 100mL 的溶液中，在室温下搅拌 30min 后，向溶液中加入 30mL NFC 悬浊液（质量分数：0.5%），然后将混浊物搅拌 1h 以确保 QT 和 NFC 之间充分结合。接着使用匀质机处理混浊物溶液 20min。一级匀质阀的压力设定为 100bar，二级匀质阀的压力设定为 250~300bar。最后，通过抽滤分离样品并经冷冻干燥成 NFC/QT 固态纳米制剂。

表 9-1　不同纳米制剂样品对应的溶剂比例和处理方法

样品名称	纤维素质量分数/%	NFC 悬浊液体积/mL	QT 质量/g	溶剂乙醇与蒸馏水体积比	处理方式	匀质时间/min
E100/H	0.5	30	0.5	100：0	匀质	20
E75/H	0.5	30	0.5	75：25	匀质	20
E50/H	0.5	30	0.5	50：50	匀质	20

9.3　纳米纤维素/槲皮素纳米制剂的结构性能分析

9.3.1　形貌观察

在微观尺度下，未经处理的 QT 在水中呈现类似羽状的大颗粒形状［图 9-1（a）］，匀质处理可以使羽状的 QT 颗粒缩小几十倍变为类圆形的微纳米颗粒［图 9-1（b）］，这种变化表明匀质可以显著减小 QT 的尺寸。质量分数为 0.5% 的 NFC 呈现纳米纤维形态，并在水中表现出良好的分散状态 [图 9-1（c）]。经过匀质处理之后，NFC 变得更精细并易于组装成束[4] [图 9-1（d）]。因此，匀质处理可以降低 QT 的颗粒尺寸，并促进其与 NFC 的结合。QT 几乎不溶于水，但很易溶于乙醇 [图 9-1（f）]。因此，实验制备了 50%、75% 和 100% 三种浓度的乙醇溶液，对应标记为 E50、E75 和 E100。将 E75 中的 NFC/QT 悬混物经匀质处理，QT 颗粒几乎被完全粉碎成纳米颗粒，然后溶解在溶剂中，促进在 NFC 表面的固定和随之被有效包封 [图 9-1（e）]。因此，E75/H NFC/QT 溶液表现出良好的分散稳定状态 [图 9-1（f）]。

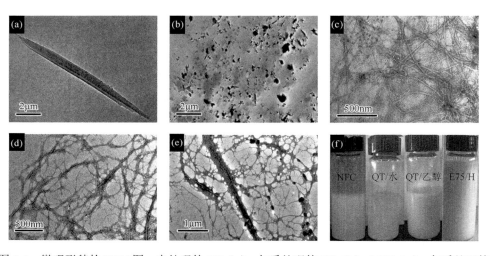

图 9-1　微观形貌的 TEM 图：未处理的 QT（a），匀质处理的 QT（b），NFC（c），匀质处理的 NFC（d），E75 中匀质的 NFC/QT 悬混物（e）；（f）光学照片显示 NFC、QT 在水和乙醇中的分散状态，以及在 E75 中匀质的 NFC/QT

　　图 9-2（a～c）中的光学照片显示，随着乙醇浓度下降，样品溶液的颜色稍微变得更亮。这可能是由于乙醇比例降低时 QT 没有完全溶解在溶液中，并且在视觉上观察到越来越粗糙的溶质，表明 QT 出现聚集和结晶增长状况。匀质处理后，QT 纳米颗粒结合到 NFC 的表面并均匀地分散在 NFC 束中。最后，将 NFC/QT 悬混液冷冻干燥，纳米制剂表现出蓬松的气凝胶状态，具有纤维交织的多孔结构[5] [图 9-2（d～f）]。

　　在低乙醇浓度（E50）下，系统中出现大量未溶解的 QT 颗粒 [图 9-3（c，f）]。在高乙醇浓度（E75 或 E100）下，QT 和 NFC 呈现出更好的融合效果。将 QT 固定并包封在 NFC 基质中，未溶解的 QT 颗粒消失 [图 9-3（a，b）]。在三种乙醇浓度下，E75 乙醇制备的 NFC/QT 纳米制剂的微观形貌图中显示 QT 与 NFC 相互融合的效果较优 [图 9-3（b，e）]。

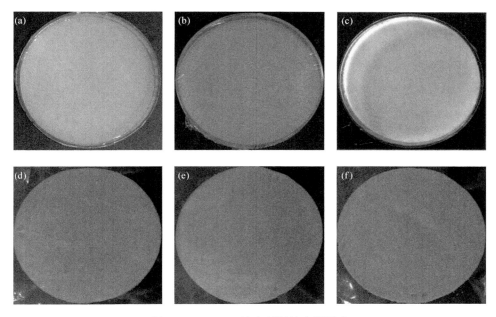

图 9-2　NFC/QT 纳米制剂的光学照片

（a，d）E100/H；（b，e）E75/H；（c，f）E50/H；（a～c）液相状态；（d～f）冷冻干燥后气凝胶样品

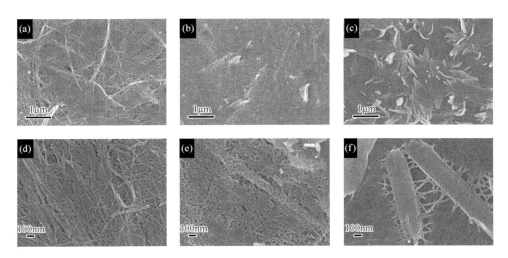

图 9-3　NFC/QT 纳米制剂的 SEM 图

（a，d）E100/H；（b，e）E75/H；（c，f）E50/H

　　NFC/QT 纳米制剂的形成过程如图 9-4 所示。首先，QT 分子溶解在溶剂中，通过氢键原位固定在 NFC 表面。QT 在表面上的固载阻止了 NFC 的自聚集。随后，匀质处理使它们形成 NFC/QT 束状结构，并且在该过程中 QT 分子和颗粒被包封

在 NFC 束中。在抽滤过程中，溶解在乙醇溶液中的 QT 从过饱和溶液中逐渐析出并沉积在 NFC/QT 束上。最后，待乙醇和水蒸发后，就形成了层叠的纤维交织结构，这种结构有利于保留 QT 并延长其释放持续时间。

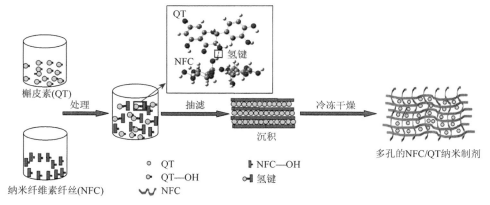

图 9-4　NFC/QT 纳米制剂形成过程的示意图

9.3.2　载药率和包封率

通过纳米载体持续递送用于医疗药物的先决条件之一是高载药能力和包封效率，因为需要高浓度的保健药物来保证治疗效果。用无水乙醇将 QT 配制成浓度为 10μg/mL、15μg/mL、20μg/mL、25μg/mL 和 30μg/mL 的溶液，使用北京普析通用仪器有限责任公司的 TU-1900 型紫外-可见分光光度计进行测试，绘制标准曲线（图 9-5），得出浓度与吸光度之间的线性回归方程：$Y = 0.0668X + 0.07147$，$R^2 = 0.99903$，由线性回归方程可知 QT 线性关系良好。

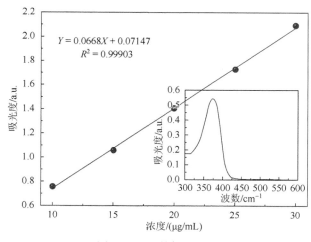

图 9-5　QT 的标准曲线

　　如表 9-2 所示,E50HH 和 E75HH 制备的 NFC/QT 纳米制剂表现出高 QT 载药率和包封效率。最高载药率为 E75HH 样品的（78.91±0.45）%（QT 在其他递送系统中的载药率通常低于 50%），相应的包封率为（88.77±0.89）%。这可能是由于 QT 在最佳浓度下的乙醇中很好地被溶解，然后在制备过程中被很好地包封在 NFC 基质中[6]。这些发现表明,E75HH 制备的 NFC/QT 纳米制剂实现了微观结构、载药能力和包封效率的优化，因此选择该纳米制剂作为后续固态分析和保健功能特性测试的代表样。

表 9-2　NFC/QT 纳米制剂的载药率和包封率（%）

样品	载药率	包封率
E50HH	74.24±0.48	68.65±0.30
E75HH	78.91±0.45	88.77±0.89
E100HH	24.32±0.30	75.66±0.72

9.3.3　固态分析

　　QT、NFC 和 E75/H NFC/QT 纳米制剂的 XRD 曲线如图 9-6 所示。利用 XRD 分析 QT 在纳米制剂中的结晶形式，发现 QT 的尖锐强峰出现在 12.36°、13.98°、16.75°、21.82°和 26.27°，表明 QT 是以结晶形式存在[7]。在 NFC/QT 纳米制剂的 XRD 曲线中却几乎看不到 QT 的特征峰，这说明 QT 与 NFC 在 E75 乙醇溶液中经过匀质处理后的结合抑制了 QT 的重结晶。这表明 QT 在 NFC 中是以无定形形态存在的，也就是说 QT 是以非晶化或包含物的形式存在于 NFC 当中，而不是以分散形式存在。

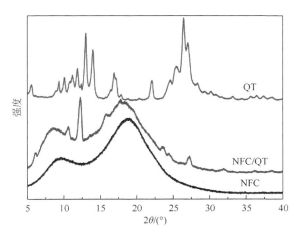

图 9-6　NFC、QT 和 E75/H NFC/QT 纳米制剂的 XRD 图谱

分析 FTIR 光谱曲线进一步确定 QT、NFC 和 NFC/QT 纳米制剂的化学基团特征。如图 9-7 所示，纯 QT 的典型 FTIR 吸收峰为：1381cm^{-1}（C—OH），1610cm^{-1}（C＝C），1264cm^{-1}（C—O—C），1662cm^{-1}（C＝O），H—O 振动显示为 3200～3400cm^{-1} 的宽峰。在 NFC/QT 纳米制剂的 FTIR 光谱中可以观察到 QT 和 NFC 的特征峰[8]，然而 QT 的峰强度显著减弱，这可能是由于 QT 被 NFC 基质通过氢键包封。

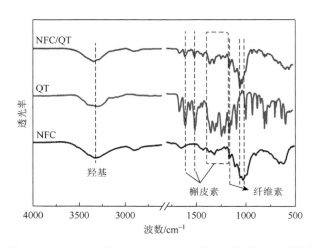

图 9-7　NFC、QT 和 E75/H NFC/QT 纳米制剂的 FTIR 图谱

图 9-8 显示了 DSC 曲线。结晶态的 QT 在 318℃ 出现尖锐的吸热峰，在 350℃ 附近出现放热峰。NFC 具有较宽的吸热曲线，峰值在 330℃ 左右。值得注意的是，QT 的尖锐吸热峰从 NFC/QT 纳米制剂的 DSC 曲线中消失，这可能是由于两种组分之间的相互作用以及 QT 晶格结构的改变。

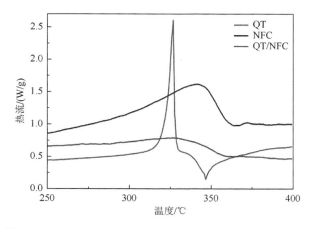

图 9-8　NFC、QT 和 E75/H NFC/QT 纳米制剂的 DSC 曲线

　　TG 和 DTG 曲线进一步证实了这一结果［图 9-9（a，b）］。QT 的初始降解温度较高，500℃时质量损失率约为 40%。NFC 的初始降解温度较低，500℃的质量损失率约为 80%；NFC/QT 纳米制剂在 500℃时的质量损失率约为 60%，但最大热降解温度略低。

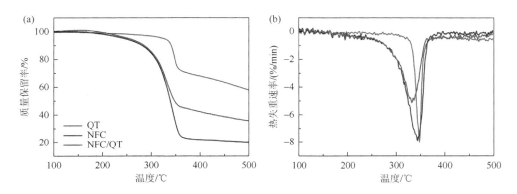

图 9-9　NFC、QT 和 E75/H NFC/QT 纳米制剂的 TG（a）和 DTG（b）曲线

9.3.4　膳食特性的测定

　　膳食纤维的化学组成决定其理化性质，而其特殊的理化性质又决定着膳食纤维的生理功能，膳食纤维理化性质指标的高低一定程度上能够反映出其生理功能的好坏。不同粒度的纤维素其内部化学组成、结构和理化性质存在着一定的差异，其对机体生理功能的作用和影响也会有所不同。NFC 和 NFC/QT 纳米制剂的四种膳食特性的测试过程显示在图 9-10 中。NFC 和纳米制剂通过一系列处理呈现出不同的膳食状态，膳食纤维性能测试结果如图 9-11 所示，并且测试了纯化纤维素（PC）和 NFC 的指标作为参照。NFC 的膨胀力和持水力显著高于纯化纤维素，这可能是由于 NFC 具有巨大的比表面积，内部吸水的极性基团裸露，在很大程度上提高了其溶胀力和持水力。NFC 的吸油力也较纯化纤维素显著增强，说明 NFC 形成的包封结构提高了对油性分子的吸附和诱捕，使其具有较高的持油性。合成的 NFC/QT 纳米制剂继承了 NFC 的这些优秀特性，并且在膨胀力和吸油力方面表现出优异的性能。持水性的差异是由于 NFC 周围的 QT 是疏水性的，这阻止了NFC 持留很多水。NFC/QT 纳米制剂的高溶解力可归因于 NFC/QT 的独特化合物形式和多孔结构以及多糖分子侧链间氢键的减少[9]，当键合易于切断时，溶解度将提高。

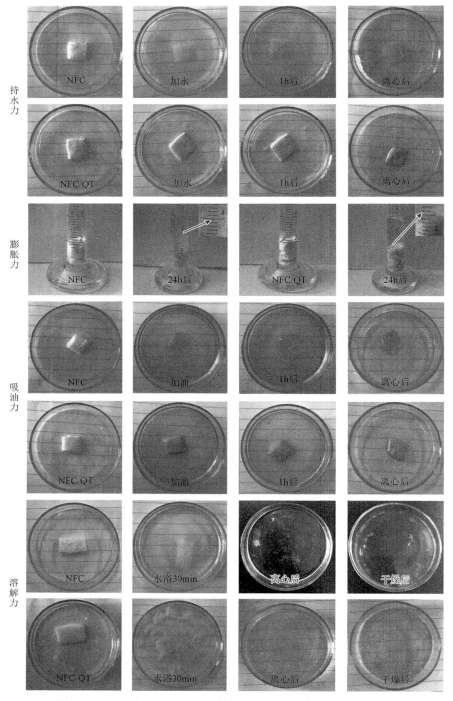

图 9-10   NFC 和 NFC/QT 纳米制剂的四种膳食特性的测定过程图

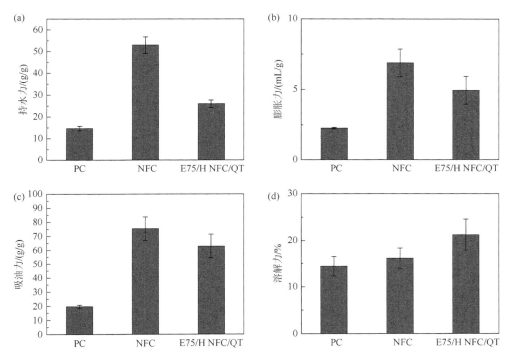

图 9-11　PC、NFC 和 E75/H NFC/QT 纳米制剂的持水力（a）、
膨胀力（b）、吸油力（c）和溶解力（d）

9.3.5　相对稳定性

1. 静置稳定性

纳米制剂的稳定性影响其在功能食品中的应用效果。不同的储存条件会对纳米制剂产生不同的影响。从图 9-12 可以看出，NFC/QT 纳米制剂在 4℃条件下储存 20 天后，浓度从 1.50μg/mL 降低到 1.25μg/mL，其变化值相对较小，显示较好的稳定性。然而在室温避光和自然光照射下，浓度相对变化却略大，说明温度和光氧化对 NFC/QT 纳米制剂的降解有一定加速作用，相对而言它适合在低温和避光条件下保存。

2. 冻融稳定性

食品在长途运输过程中，为了保持其较好的新鲜程度，可能会对食品进行冷冻处理，因此研究 NFC/QT 纳米制剂的冻融稳定性也具有一定的价值。如图 9-13 所示，NFC/QT 纳米制剂在 24h 冷冻处理后，浓度从 1.08μg/mL 下降到 1.02μg/mL，变化值相对较小，表明 NFC/QT 纳米制剂受冷冻条件影响较小，这有利于食品的保鲜效果，方便进行储存和运输。

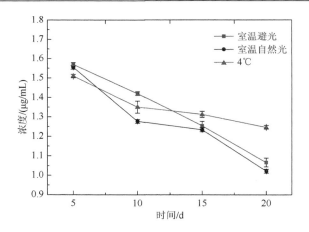

图 9-12　4℃、室温避光、室温自然光直接照射下 NFC/QT 纳米制剂的浓度与储存时间的关系

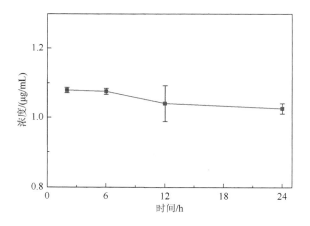

图 9-13　不同时间冷冻处理对 NFC/QT 纳米制剂浓度的影响

3. 升温稳定性

NFC/QT 纳米制剂添加到食品中后，可能会进行一些加热处理，因此研究温度因素对 NFC/QT 纳米制剂稳定性的影响是有实际应用意义的。从图 9-14 可以看出，NFC/QT 纳米制剂从 35℃升温到 80℃时，浓度从 0.81μg/mL 降低到 0.77μg/mL，浓度变化较小；但从 80℃升温到 95℃，浓度降低到 0.66μg/mL，相对变化幅度较大，说明纳米制剂在低于 80℃的加热温度下的受影响程度较小。所以在食品加工过程中，尽量将温度控制在 80℃以内，这样有利于 NFC/QT 纳米制剂的存留。

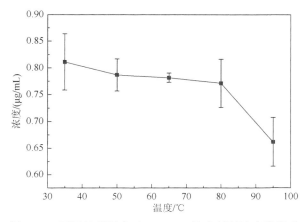

图 9-14　不同处理温度对 NFC/QT 纳米制剂浓度的影响

9.3.6　抗氧化性

1. DPPH 自由基清除作用

2，2-二苯基-1-苦基肼基（DPPH）是一种稳定的自由基，已被应用于许多研究之中，以评估化合物或植物提取物的自由基清除活性。DPPH 测定可以反映氢原子的供给活性，从而评估清除自由基而产生的抗氧化活性。QT 表现出抗氧化作用，主要是由于其酚羟基可以提供氢来减少自由基，防止脂质、蛋白质和 DNA 的氧化。图 9-15（a）显示了 NFC/QT 纳米制剂的 DPPH 清除能力，其清除能力随着 QT 浓度的增加呈现稳定的增长趋势。在低 QT 浓度下 NFC/QT 纳米制剂的清除活性比纯 QT 以及其他递送系统好很多。图 9-15（b）显示了 NFC/QT 纳米制剂在不同 pH 下的 DPPH 清除能力。结果表明，无论是强酸性环境还是微酸性或近中性环境下，NFC/QT 纳米制剂的清除能力都要优于纯 QT[10]。这进一步表明 NFC/QT 纳米制剂的抗氧化能力使其可以在人体生理环境中维持，不管是胃液环境还是肠液环境。

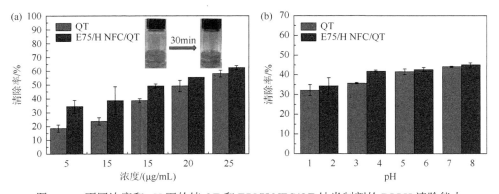

图 9-15　不同浓度和 pH 下的纯 QT 和 E75/H NFC/QT 纳米制剂的 DPPH 清除能力

抗氧化活性指数（AAI）的值低于 0.5 表明抗氧化性低，在 0.5 和 1.0 之间表示中等抗氧化性，处在 1.0 和 2.0 之间表示抗氧化性强，高于 2.0 表示抗氧化性非常强。表 9-3 显示 NFC/QT 纳米制剂具有非常强的抗氧化性，超过了纯 QT 和抗坏血酸。

表 9-3　纯 QT、NFC/QT 纳米制剂和抗坏血酸的 AAI 值

样品	IC_{50}/(μg/mL)	AAI
QT	20.98	1.89 ± 0.12
NFC/QT	17.43	2.27 ± 0.10
抗坏血酸	27.10	1.46 ± 0.07

2. 羟基自由基清除作用

羟基自由基是对生物体毒性最强和危害最大的活性氧，它可以通过电子转移、加成和脱氢以及生物体内的多种分子反应引起大分子物质的氧化损伤、细胞坏死或突变。由图 9-16 可知，QT 和 E75/H NFC/QT 纳米制剂对羟基自由基都有一定的清除作用。在质量浓度为 2～10μg/mL 时，QT 和 E75/H NFC/QT 纳米制剂的清除羟基自由基作用随浓度增加呈缓慢增加趋势，且 E75/H NFC/QT 纳米制剂对羟基自由基的清除作用要超过纯 QT。这是由于 NFC 将 QT 包封后，提高了 QT 的水溶性，在同等条件下，E75/H NFC/QT 纳米制剂暴露出更多的有效基团对羟基自由基产生清除作用。

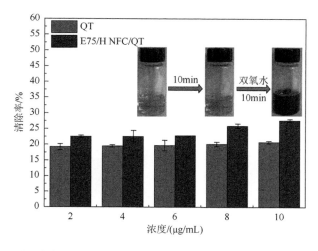

图 9-16　不同浓度 QT 和 E75/H NFC/QT 纳米制剂对羟基自由基的清除能力

3. 超氧阴离子自由基清除作用

自由基引起的损伤涉及各种病理生理过程，自由基在病理生理学中的关键作用形成了抗氧化干预的合理性。具有较高清除自由基作用的药物显示较强的抗氧化能力。通过邻苯三酚自氧化作用研究药物对超氧阴离子自由基的清除作用。从图 9-17 可以看出，QT 和 E75/H NFC/QT 纳米制剂均对超氧阴离子具有一定的清除作用。随浓度提高，清除作用呈现增加的趋势，且 E75/H NFC/QT 纳米制剂对超氧阴离子的清除作用要优于纯 QT，这可能是由于同等条件下 E75/H NFC/QT 纳米制剂提供了更多的还原性氢原子，从而对超氧阴离子的抑制作用更强。因此，结果证实了纳米包封除保留了 QT 的完整功能结构外，更增强了 QT 对超氧阴离子的清除作用。

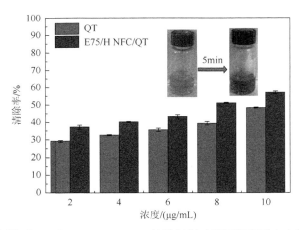

图 9-17　不同浓度 QT 和 E75/H NFC/QT 纳米制剂对超氧阴离子自由基的清除能力

9.3.7　药物释放分析

药物释放是一种复杂现象，其中扩散质量传递是最重要的机制。由于 QT 在水相中的溶解度低，通过在释放介质中加入 35%乙醇来提供下沉条件。图 9-18（a）显示了使用透析袋方法的 QT 累积体外释放图。结果显示，纯 QT 在前 8h 释放相对快速，随后是缓慢释放。QT 在前 8h 内的累积释放率为 57.03%，而 E75/H NFC/QT 纳米制剂为 37.90%。释放 24h 后，纯 QT 溶液中的累积药物超过溶出介质的 60%，而 E75/H NFC/QT 的累积药物仅为约 50%。与纯 QT 溶液相比，QT 在 NFC 中长时间包封显示出持续控制释放。释放机制主要是水合和溶解的组合，其中 NFC 的快速水合导致 QT 载体膨胀，随后通过扩散释放药物。在爆发释放后，载体基质的缓慢侵蚀发生，导致 QT 连续缓慢释放[11]。

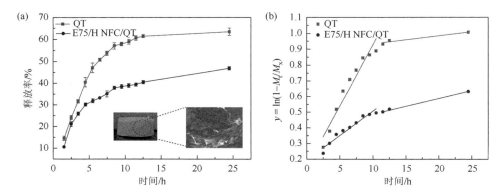

图 9-18　（a）纯 QT 和 E75/H NFC/QT 纳米制剂的 QT 体外释放曲线；
（b）累积释放曲线的拟合图

对累积释放曲线进行零级、一级和二级动力学方程的拟合，用表 9-4 列出相关系数。相关系数表明一级方程模型是最佳的。一级方程描述了药物的释放速率取决于其浓度。图 9-18（b）描绘了最初 8h 内纯 QT 和 E75/H NFC/QT 纳米制剂的释放速率曲线，结果表明纯 QT 的药物释放速率要明显高于 E75/H NFC/QT 纳米制剂。在最初的 8h 内，E75/H NFC/QT 随着时间的推移缓慢而持续地释放。释放速率的差异可能是由于药物体积分数和复合物中药物的结晶形式不同。特殊复合形式和多孔结构的存在提高了 QT 的溶解度，溶解后，分散的 QT 只能从 NFC 基质中缓慢释放。随后，释放速率降低，释放时间延长。负载 QT 的 NFC 的这种控制释放有利于 QT 纳米药物的开发，以提高靶向治疗功效。

表 9-4　QT 和 E75/H NFC/QT 纳米制剂的动态释放曲线的相关系数

样品	分段部分	R^2		
		零级方程	一级方程	二级方程
QT	第 1 段	0.9046	0.9428	0.7553
	第 2 段	0.9509	0.9544	0.9430
E75/H NFC/QT	第 1 段	0.9332	0.9492	0.8232
	第 2 段	0.9963	0.9972	0.9932

9.4　纳米纤维素/槲皮素纳米制剂在酸奶中的应用分析

酸奶是以牛奶或复原乳为主要原材料，经过巴氏杀菌后向牛奶或复原乳中添加有益菌，经发酵后，再冷却灌装的一种乳制品[12]。目前市场上有许多类型的酸奶制品，根据功效的不同，酸奶一般分为普通型酸奶、功能型酸奶和风味酸奶。酸奶具有细腻、均匀的组织状态和良好的风味，不仅保留了原奶营养丰富的优点，而且某些方面在经过加工后还可取长补短，成为更加适合人类的营养保健品。长期饮用酸奶可以增加肠道中的有益菌群，调节肠内菌群的平衡，对保持人体健康和预防疾病等具有重要意义。

随着人们对健康和营养的要求越来越高，且对酸奶的种类和功能的要求也越来越高，酸奶将朝着健康、保健、营养和快捷的方向发展。将谷物、蔬菜、水果、植物提取物或中药等成分添加到牛奶中，并接种乳酸菌发酵可制成功能型混合酸奶。本节将 NFC/QT 纳米制剂加入到牛奶中发酵成的酸奶，属于功能性酸奶。NFC/QT 纳米制剂具有良好的膳食特性和抗氧化活性，可以丰富酸奶的营养成分，增强保健功能。通过相关的检测方法探讨 NFC/QT 纳米制剂的加入对酸奶在理化特性（pH、酸度、持水力和硬度等）的改变；探索在改变频率和温度下的流变特性；研究其对 DPPH 的清除作用和酸奶微观结构的变化情况，为开发抗氧化性酸奶的工业化生产和功能性食品的膳食补充提供一定参考。

9.4.1　pH 值与酸度

pH 值和酸度是酸奶的最基本的性质，反映酸奶的基础理化性质。如图 9-19 所示，添加 0.002%、0.012% NFC/QT 纳米制剂酸奶的 pH 值分别为 4.91 和 4.90，与空白酸奶的 pH 值 4.94 相比并无显著变化，表明添加一定量的 NFC/QT 纳米制剂在发酵过程中没有对乳酸菌的代谢起到抑制作用。

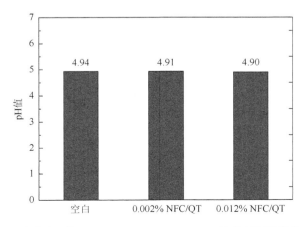

图 9-19　空白和添加 0.002%、0.012% NFC/QT 纳米制剂酸奶的 pH 值

从图 9-20 可以看出，0.002%、0.012% NFC/QT 纳米制剂酸奶的酸度分别为 92 °T、93 °T，平均值与空白酸奶酸度很相近，说明一定量 NFC/QT 纳米制剂的添加并未显著影响酸奶酸性物质的产生。

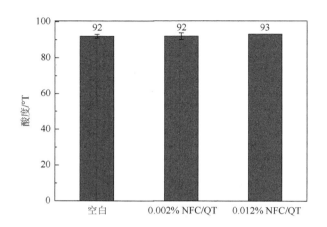

图 9-20　空白和添加 0.002%、0.012% NFC/QT 纳米制剂酸奶的酸度

9.4.2　持水力

食品系统中蛋白质与水的相互作用非常重要，因为它们会影响食品的风味与质构。影响食品持水力的内在因素是氨基酸成分与蛋白质的构象和表面疏水性，酸奶中蛋白质含量及蛋白质成分比例会对乳清析出具有一定的影响，蛋白质含量低将导致凝乳过程网状结构稀松及孔隙直径过大。

不同添加量的 NFC/QT 纳米制剂对酸奶的持水力的影响如图 9-21 所示。由图可以看出，随着 NFC/QT 纳米制剂添加量的增加，酸奶的持水力不同，添加量越大，其持水力越强。当纳米制剂添加量为 0 时，持水力为 61.67%；当纳米制剂添加量为 0.002%时，持水力为 65.33%；当纳米制剂添加量为 0.012%时，持水力达到了 67.67%。这可能是由于 NFC/QT 纳米制剂的持水力较强，可以提高酸奶中的蛋白质胶粒网状结构的稳定性，增强酸奶对水分的包容和束缚能力，使凝胶网状结构中的水分不易析出，从而增强酸奶的持水能力。稳定剂在酸奶中有两个基本功能，即结合水分子和改善酸奶结构[13]，一定量的 NFC/QT 纳米制剂充当着稳定剂的作用。研究表明，在酸奶中加入适量的果粒可使感官品质达到较佳的状态，且此时酸奶具有最高的持水力，胶体脱水收缩作用敏感性最小。酸奶当中 NFC/QT 纳米制剂的添加量适当时，有利于酸奶中酪蛋白凝胶网络的形成，凝乳状态细腻而且没有析出乳清现象。

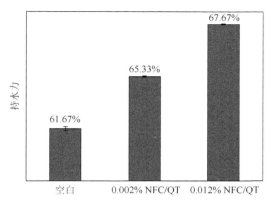

图 9-21　空白和添加 0.002%、0.012%NFC/QT 纳米制剂酸奶的持水力

9.4.3　硬度

硬度是衡量酸奶品质的重要指标，用来模拟测试探头下压过程中受到的最大力。如图 9-22 所示，加入 0.002% NFC/QT 纳米制剂的酸奶的硬度（22g）和加入 0.012% NFC/QT 纳米制剂的酸奶的硬度（21g）略低于空白酸奶（23g），但差异并不显著。这表明 NFC/QT 纳米制剂使酸奶的结合水能力增强，同时 NFC/QT 纳米制剂具有较高的吸油能力，使得脂肪和蛋白质产生作用，从而使蛋白质的结构发生改变，因此使酸奶的硬度略微降低。

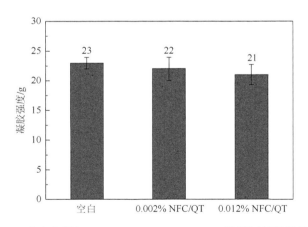

图 9-22　空白和添加 0.002%、0.012% NFC/QT 纳米制剂酸奶的硬度

9.4.4　表观黏度

如图 9-23 所示，添加 0.002%、0.012% NFC/QT 纳米制剂的酸奶与空白酸奶

的表观黏度在不同剪切时间里有几个循环。酸奶受到第一循环的剪切后，后面的循环相对第一个循环的表观黏度显著降低，表明酸奶样品表现出剪切稀化和触变性[14]。

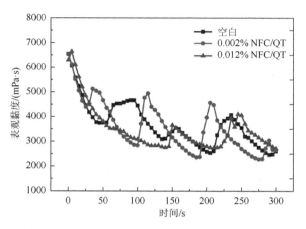

图 9-23　NFC/QT 纳米制剂酸奶的表观黏度的变化

从图 9-24 可知，随着 NFC/QT 纳米制剂添加量的增加，酸奶的表观黏度也增大。酸奶的黏度与原料乳中的胶体分子团聚集成均质的水合蛋白网络有关，从前面持水力的分析知道，NFC/QT 纳米制剂充当着稳定剂的作用，可以增强酸奶中的蛋白质胶粒质构的稳定性，从而使酸奶形成较高的表观黏度。由此看来，持水力和表观黏度是由 NFC/QT 纳米制剂引起的，NFC/QT 纳米制剂增强了酸奶的表观黏度。

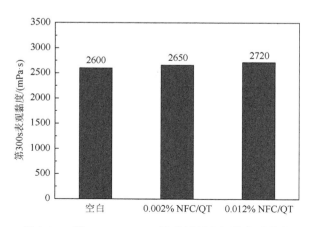

图 9-24　第 300s NFC/QT 纳米制剂酸奶的表观黏度

9.4.5　流变学特性

储存模量（G'）表示在振荡过程中样品变形产生的应力，实质是样品中存储的弹性能量，它是样品弹性特征的量度。损耗模量（G''）表示在变形循环期间样品损失的部分能量，是样品黏度特性的量度。此外，损耗角正切值 tanδ（G''/G'）越大，黏度越大，样品则为流体特征；反之，样品则为固体特征。

如图 9-25 和图 9-26 所示，频率变化对流变特性具有显著影响，同时可以看出随频率升高酸奶出现凝胶特征。向酸奶中添加不同量的 NFC/QT 纳米制剂，对酸奶的储存模量和损耗模量具有不同的影响。由图 9-25 可以看出，0.012% NFC/QT 纳米制剂酸奶的平均储存模量值与空白酸奶相似，但明显高于 0.002% NFC/QT 纳米制剂酸奶的平均储存模量。如图 9-26 所示，在不同频率变化下的损耗角正切值，在 0.1～0.5Hz 频率范围有局部最小值，表明酸奶在低频率变化时表现出更大的弹性特征，在较高频率变化下表现出更多的黏性特性。

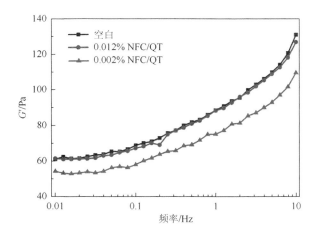

图 9-25　NFC/QT 纳米制剂酸奶的动态流变性能曲线（频率-储存模量）

如图 9-27 所示，随着温度不断升高，酸奶的储存模量逐渐降低。23℃储存模量大约是 53℃的 2.5 倍。此外，NFC/QT 纳米制剂添加量增加，由于其膳食成分会略微降低酸奶的弹性。从图 9-28 中可以看出，随着温度升高损耗模量迅速降低，接近 40℃后变为缓慢降低。该结果表明，温度对改性酸奶的弹性和黏性都有一定影响。

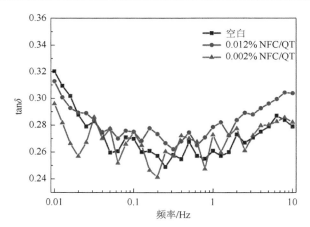

图 9-26　NFC/QT 纳米制剂酸奶的动态流变性能曲线（频率-损耗角正切）

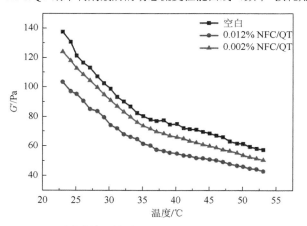

图 9-27　NFC/QT 纳米制剂酸奶的动态流变性能曲线（温度-储存模量）

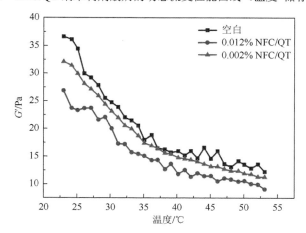

图 9-28　NFC/QT 纳米制剂酸奶的动态流变性能曲线（温度-损耗模量）

9.4.6　微观结构

普通的酸奶结构主要由蛋白质网络结构与脂肪球和乳清毛孔组成[15]。如图 9-29 所示，空白酸奶与不同添加量的 NFC/QT 纳米制剂酸奶的微观结构表现有所不同。空白酸奶的表面凹凸不平，且蛋白质的微观结构不均匀，具有多孔结构。0.002% NFC/QT 纳米制剂和 0.012% NFC/QT 纳米制剂酸奶的微观结构也有所差异。随着添加量的增加，在表面裸露出来的颗粒物质减少，并且乳清空隙减少，从而表面看上去变得更加平整和光滑。普通酸奶的酪蛋白网络的微观结构中存在许多乳清毛孔，NFC/QT 纳米制剂的加入使得乳清毛孔的数量减少，蛋白质网络结构更紧密地交联在一起。

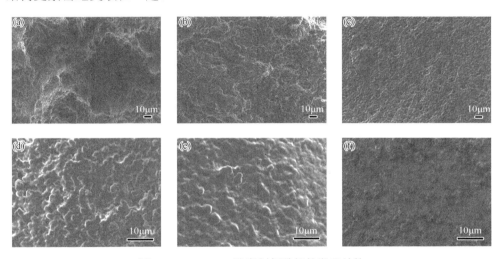

图 9-29　NFC/QT 纳米制剂酸奶的微观结构

（a, d）空白；（b, e）0.002% NFC/QT；（c, f）0.012% NFC/QT；（a～c）放大 500 倍；（d～f）放大 2000 倍

9.4.7　抗氧化性

用 DPPH 的清除率来表示酸奶的抗氧化能力。如图 9-30 所示，空白酸奶的清除率为 53.48%，添加 0.002% NFC/QT 纳米制剂酸奶的清除率为 59.10%，添加 0.012% NFC/QT 纳米制剂酸奶的清除率为 87.86%，这说明随着 NFC/QT 纳米制剂添加量的增加，酸奶的 DPPH 清除率也增强，添加低添加量 NFC/QT 纳米制剂的酸奶的清除率与空白酸奶相比增加程度较小，而添加高添加量 NFC/QT 纳米制剂酸奶的清除率要远远高于空白酸奶，证明不但 NFC/QT 纳米制剂具有较好的抗氧化特性，其加入酸奶中后，仍然表现出较强的抗氧化能力。

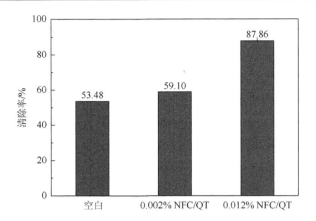

图 9-30　NFC/QT 纳米制剂酸奶对 DPPH 的清除作用

9.5　本章总结

本章利用 NFC 的纳米尺度特性及膳食纤维性质，通过复合步骤将 QT 包封到其基质中，构建了一种简单、绿色、成本低廉的 NFC/QT 纳米制剂制备方法。在优化工艺条件下，制备的 NFC/QT 纳米制剂具有高载药力和高包封效率，并且在膨胀力、吸油力、持水力、溶解力方面表现出优异的膳食性能。纳米制剂的温度稳定性较好，有利于食品的储存和运输。E75/H NFC/QT 纳米制剂的抗氧化性指数值大于 2.0，表现出非常强的抗氧化性，并且此性能可以在人体生理环境中维持。体外释放实验显示出包封后的 NFC/QT 纳米制剂能够延缓 QT 的持续释放。

将 NFC/QT 纳米制剂应用于酸奶中，制得功能保健型酸奶，发现加入 NFC/QT 纳米制剂的酸奶，对酸奶的 pH、酸度和硬度并没有显著改变，但增强了酸奶的表观黏度，同时使蛋白质质构更加紧密。NFC/QT 纳米制剂的加入还增强了酸奶的持水力的膳食特性和清除 DPPH 自由基能力，使得酸奶在不改变其他特性的条件下又增加了保健功能。因此，具有优异膳食性能和持续抗氧化活性的 NFC/QT 纳米制剂具有潜在的健康益处。

参 考 文 献

[1]　Giampieri F，Alvarez-Suarez J M，Battino M. Strawberry and human health: effects beyond antioxidant activity[J]. Journal of Agricultural and Food Chemistry，2014，62（18）：3867-3876.

[2]　Zhang Y，Yang Y，Tang K，et al. Physicochemical characterization and antioxidant activity of quercetin-loaded chitosan nanoparticles[J]. Journal of Applied Polymer Science，2008，107（2）：891-897.

[3]　Cai X，Fang Z，Dou J，et al. Bioavailability of quercetin: problems and promises[J]. Current Medicinal Chemistry，2013，20（20）：2572-2582.

[4]　Li Q，Chen W，Li Y，et al. Comparative study of the structure，mechanical and thermomechanical properties of

cellulose nanopapers with different thickness[J]. Cellulose，2016，23（2）：1375-1382.

[5]　Svagan A J，Benjamins J W，Al-Ansari Z，et al. Solid cellulose nanofiber based foams-towards facile design of sustained drug delivery systems[J]. Journal of Controlled Release，2016，244：74-82.

[6]　Kumari A，Yadav S K，Pakade Y B，et al. Development of biodegradable nanoparticles for delivery of quercetin[J]. Colloids and Surfaces B：Biointerfaces，2010，80（2）：184-192.

[7]　Li H L，Zhao X B，Ma Y K，et al. Enhancement of gastrointestinal absorption of quercetin by solid lipid nanoparticles[J]. Journal of Controlled Release，2009，133（3）：238-244.

[8]　Li B，Konecke S，Harich K，et al. Solid dispersion of quercetin in cellulose derivative matrices influences both solubility and stability[J]. Carbohydrate Polymers，2013，92（2）：2033-2040.

[9]　Daou C，Zhang H. Physico-chemical properties and antioxidant activities of dietary fiber derived from defatted rice bran[J]. Advance Journal of Food Science and Technology，2011，3（5）：339-347.

[10]　Tyrakowska B，Soffers A E M F，Szymusiak H，et al. TEAC antioxidant activity of 4-hydroxybenzoates[J]. Free Radical Biology and Medicine，1999，27（11-12）：1427-1436.

[11]　Arora S，Gupta S，Narang R K，et al. Amoxicillin loaded chitosan-alginate polyelectrolyte complex nanoparticles as mucopenetrating delivery system for *H. pylori*[J]. Scientia Pharmaceutica，2011，79（3）：673-694.

[12]　Condurso C，Verzera A，Romeo V，et al. Solid-phase microextraction and gas chromatography mass spectrometry analysis of dairy product volatiles for the determination of shelf-life[J]. International Dairy Journal，2008，18（8）：819-825.

[13]　Thaiudom S，Goff H D. Effect of κ-carrageenan on milk protein polysaccharide mixtures[J]. International Dairy Journal，2003，13（9）：763-771.

[14]　Rawson H L，Marshall V M. Effect of 'ropy'strains of *Lactobacillus delbrueckii* ssp. bulgaricus and *Streptococcus thermophilus* on rheology of stirred yogurt[J]. International journal of food science & Technology，1997，32（3）：213-220.

[15]　Ozcan-Yilsay T，Lee W J，Horne D，et al. Effect of trisodium citrate on rheological and physical properties and microstructure of yogurt[J]. Journal of Dairy Science，2007，90（4）：1644-1652.

第10章　纳米纤维素用于吲哚美辛药物的包封缓释

10.1　背景概述

阻碍药物制剂高速有效发展的一个主要因素就是药物的水溶性差。约有40%的潜在新药被制药公司鉴定为难溶于水，这些药物通过口服给药后，不能充分地润湿和溶解在胃肠液中，降低了药物制剂的吸收和生物利用度[1]。在以往的研究中，为促进疏水性药物的应用，科研人员通过增加表面积、减小药物粒径和改变药物晶型等方法来提高药物的溶出速率[2, 3]。

纳米纤维素（NFC）表面富含大量羟基，为与药物结合提供了位点，使得NFC具备了作药物载体的条件。此外，NFC具有比表面积大、可生物降解等优点，可进一步对药物的释放进行可控操作，减弱血药浓度的峰谷现象，提高制剂的药效和用药安全度，为现代药剂的发展提供新的思路和方式。Diez等使用NFC膜负载银纳米簇所制备的复合膜材料具有很好的抗菌性[4]。Kolakovic等则使用NFC作为新的赋形剂，用喷雾干燥的方法进行湿法制粒和直接压缩来制备片剂[5]。Huang等制备出超细阴离子淀粉纳米球来保护药粉有效活性成分，延长药物的体内循环时间，降低血栓溶解速率，同时采用反相微乳化法制备了阳离子淀粉纳米球，该微球对带负电荷的药物分子有很好的负载能力[6, 7]。

吲哚美辛（Indomethacin，IMC）是一种非甾体抗炎药，在水溶液中几乎不溶，溶解度小于1μg/mL，微溶于乙醇。为增大IMC溶解度，本章以NFC为基质材料[8]，选取IMC为模型药物，以无水乙醇和蒸馏水的混合溶剂作为主溶剂，采用溶剂蒸发诱导自组装（solvent evaporation induced self-assembly）法制备载药复合纤维[9]。为使IMC与NFC充分接触，实验时采用低功率匀质处理，减小药物粒径，促进药物分子聚集连接在纤丝表面，以便后期药物粒子包封在纤丝网络结构中。为明确NFC在复合体系中的作用及其载药机理，针对溶剂环境、处理方法、纤维形态、电势电位、干燥方式等实验因素对复合体系的影响进行分析，计算出复合纤维的载药量和包封率，确定NFC/IMC复合纤维的优化制备工艺。此外，将制备的NFC/IMC复合纤维进行体外模拟释放试验，得出药物释放曲线，并通过拟合确定药物释放的有效时长，得出药代动力学方程[10]。

10.2　制备加工方法

（1）溶剂制备：将无水乙醇与蒸馏水按照体积比分别为 100∶0、70∶30、50∶50、30∶70、0∶100 混合，搅拌均匀制备混合溶剂。

（2）NFC/IMC 悬混液制备：称取 0.5g IMC，分别加入 20mL 上述溶剂，磁力搅拌 30min，随后分别加入 30mL 质量分数为 0.5%的 NFC 水悬浊液，继续加入相应溶剂至 100mL，磁力搅拌 1h，使 IMC 与 NFC 充分接触。

（3）超声处理悬混液：将搅拌好的悬混液进行超声处理，功率为 800W，处理时间为 10min。

（4）匀质处理悬混液：将超声处理好的悬混液各取 1/2 进行高压匀质处理，一级匀质阀压力设置为 90bar，二级阀压力设置为 350～400bar，处理时间为 20min。

（5）干燥：将超声处理样品和匀质处理的样品等分为 2 份，一份进行冷冻干燥，另一份置于烘箱中以 65℃进行干燥。

（6）压片：通过检测和分析得到优化的工艺参数，再按照上述步骤制备悬混液，随后采用过滤法，使用孔径为 0.2μm 的聚偏氟乙烯膜进行过滤，将膜基质材料进行玻璃压片并烘箱干燥，将滤液收集，用于后续的药物含量测定。

为确定溶剂的适宜比例范围，实验探索阶段采用过滤法制备样品，将药物与NFC 悬混液过滤，烘箱干燥，样品和具体处理工艺参数如表 10-1 所示。

表 10-1　不同样品对应的溶剂比例

样品名称	纤维素质量分数/%	乙醇/蒸馏水体积比	超声功率/W	超声时间/min
E100S	0.5	100∶0	800	10
E70S	0.5	70∶30	800	10
E50S	0.5	50∶50	800	10
E30S	0.5	30∶70	800	10
E0S	0.5	0∶100	800	10

图 10-1 为 NFC/IMC 复合纤维的化学结构，图中展示了 NFC 与 IMC 复合时可能的化学连接方式。纳米纤维素分子链上的伯醇羟基和仲醇羟基与 IMC 分子链上的羧基发生氢键结合。此外，两个分子链之间还会存在范德瓦耳斯力以及分散力等物理作用力的连接。

吲哚美辛

纤维素

图 10-1 NFC/IMC 复合纤维的化学连接方式

10.3 纳米纤维素/吲哚美辛复合纤维的结构性能分析

10.3.1 溶剂对复合纤维形貌的影响

实验探索阶段使用过滤法将 IMC 与 NFC 复合物进行抽滤，制得膜样品，其微观形貌如图 10-2 所示。当溶剂为 100%无水乙醇时，IMC 与 NFC 形成了均一的复合纤维［图 10-2（a）］；当乙醇含量为 70%时，依旧能够形成较为均一的复合纤维［图 10-2（b）］，从断面可以观察到许多单根的复合纤维；当乙醇含量减小至 50%时，部分 IMC 以小颗粒的形式存在于纤维之间或附着在膜的表面［图 10-2（c）］；当完全使用水作为主溶剂时，由于 IMC 在水中几乎不溶，药物主要以大颗粒状存在。由断面可以看出，在抽滤成膜的过程中，IMC 与 NFC 形成层状结构，NFC 在其中起到稳定膜结构的作用［图 10-2（d）］。

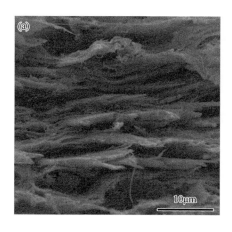
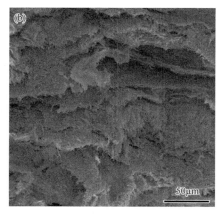

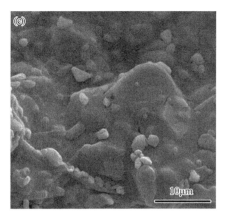

图 10-2　不同溶剂复合纤维的 SEM 图

（a）E100S 样品；（b）E70S 样品；（c）E50S 样品；（d）E0S 样品

通过初步探索实验发现，样品 E30S 和 E0S 中存在大量的 IMC 颗粒，形成的复合基质松散，药物粒子易脱落，因此初步确定混合溶剂中无水乙醇所占比例在 50%～100%之间。为了促使 IMC 粒子紧密包裹在 NFC 表面，形成均一的复合纤维，实验时对不同溶剂配比的 NFC/IMC 悬混液进行低功率的超声处理，随后将样品进行 65℃烘箱干燥。实验得到的复合纤维样品微观形貌如图 10-3 所示。除了样品 E50S 中尚存少量的药物颗粒之外［图 10-3（d）］，其余两组中的 IMC 与 NFC 都得到均匀复合，形成了复合纤维［图 10-3（b，c）］，其原因可能是样品 E50S 在制备过程中，其溶剂中水的含量最多，因而 IMC 的溶解度最小，部分药物颗粒尚未完全溶解。与未进行超声处理的样品［图 10-2（c）］相比，IMC 颗粒的数量明显减少，仅少部分药物仍以颗粒形式存在。此外，相比剩余两组也可发现，未进行超声处理的样品中 NFC/IMC 复合纤维相互紧密交织在一起，形成片状的复合纤维结构；超声处理后，NFC/IMC 复合纤维相互之间已分离开来，形成单根的长度较长的复合纤维。本章采用脉冲式的超声处理方法，促进了液滴及药物粒子的运动，增大了药物与探头产生的声波的撞击次数，从而减小了样品的粒径。此外超声处理还能使更多的纤维束开纤化，纤丝由多根并在一起的束状逐步分离开来，增加了纤丝表面的羟基，促进了药物羧基基团与纤丝表面羟基的氢键结合，使得药物分子优先吸附在纤丝表面，进而形成复合纤维。

10.3.2　处理方法对悬混液电位及复合纤维形貌的影响

为进一步使 IMC 与 NFC 复合，对上述超声处理的液体样品继续进行高压匀质处理，对实验各个阶段的液体样品利用 Zeta PALS 分析仪测定液体环境的电位，

Zeta 电位是在媒介中吸附有移动粒子的液体层周围的剪切面所产生的电势，|ZP| 的值越大，表明悬混液的状态越稳定[11]。Zeta 电位是预测悬混液稳定性的重要参数，可进而判断 NFC/IMC 复合体系的稳定性。将处理后的样品采用烘箱干燥和冷冻干燥，样品的具体处理方式如表 10-2 所示。

图 10-3　超声处理后复合纤维的 SEM 图

（a）IMC；（b）E100S 样品；（c）E70S 样品；（d）E50S 样品

表 10-2　不同复合纤维样品对应的溶剂比例、处理方法和干燥方式

样品名称	0.5% NFC 质量/g	IMC 质量/g	溶剂（无水乙醇/蒸馏水体积比）	处理方式	干燥方式
E100SF	30	0.5	100∶0	超声	冷冻干燥
E100SO	30	0.5	100∶0	超声	烘箱干燥
E100SHF	30	0.5	100∶0	超声＋匀质	冷冻干燥
E100SHO	30	0.5	100∶0	超声＋匀质	烘箱干燥

续表

样品名称	0.5% NFC 质量/g	IMC 质量/g	溶剂（无水乙醇/蒸馏水体积比）	处理方式	干燥方式
E70SF	30	0.5	70∶30	超声	冷冻干燥
E70SO	30	0.5	70∶30	超声	烘箱干燥
E70SHF	30	0.5	70∶30	超声＋匀质	冷冻干燥
E70SHO	30	0.5	70∶30	超声＋匀质	烘箱干燥
E50SF	30	0.5	50∶50	超声	冷冻干燥
E50SO	30	0.5	50∶50	超声	烘箱干燥
E50SHF	30	0.5	50∶50	超声＋匀质	冷冻干燥
E50SHO	30	0.5	50∶50	超声＋匀质	烘箱干燥

表 10-3 为不同处理阶段的液体样品的 Zeta 电位测试结果。NFC 在水溶液中的 Zeta 电位约为−40mV，表明 NFC 在水溶液中的分散性良好，同时 IMC 药物在无水乙醇溶液中也能稳定存在，但在不同比例的混合溶剂中，|ZP|的值逐渐减小，然而，通过超声处理和进一步的匀质处理后，样品电势的绝对值逐渐增大（图 10-4，图中所示样品编号与表 10-3 相对应）。其原因可能是超声处理和匀质处理，将 NFC 进一步分离开来，致使更多的羟基基团暴露在纤丝表面，同时，IMC 药物粒子尺寸不断减小，增大了其比表面积，为 NFC 与 IMC 的交联提供了更多的机会，减弱了彼此之间的极性，随着氢键结合的进行，溶液环境中的静电斥力增大，进一步稳定了已形成的 NFC/IMC 复合纤维在溶液中的分散性。

表 10-3　不同液体样品 Zeta 电位平均值和标准偏差（$n = 10$）

样品编号	测试物质	无水乙醇在溶剂中的比例	处理方法	pH	Zeta 电位平均值/mV	标准偏差/mV
1	0.5% NFC	0		7	−40.08	2.35
3	IMC	100%		6	−35.22	6.89
4	IMC + NFC	100%		6	−22.65	5.11
5	IMC + NFC	100%	超声	6	−23.34	6.66
6	IMC + NFC	100%	超声＋匀质	6	−26.23	4.80
8	IMC	70%		6	−15.15	5.08
9	IMC + NFC	70%		6	−18.30	3.34
10	IMC + NFC	70%	超声	6	−25.15	3.85
11	IMC + NFC	70%	超声＋匀质	6	−28.36	5.15
13	IMC	50%		6	−24.10	4.71
14	IMC + NFC	50%		6	−26.09	6.44
15	IMC + NFC	50%	超声	6	−29.68	4.98
16	IMC + NFC	50%	超声＋匀质	6	−38.92	2.71

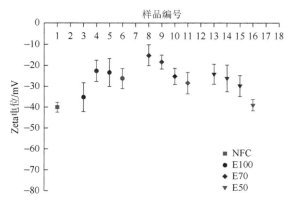

图 10-4　样品的 Zeta 电位散点图

图 10-5 为 IMC 粒子溶解于蒸馏水中，采用超声处理 [图 10-5（a）] 和进一步匀质处理 [图 10-5（b）] 的 IMC 悬混液的 TEM 图。由图 10-5（a）可见，固态 IMC 为不规则的微米级粒子，通过对比可以看出，MIC 经过超声处理和匀质处理后，粒径明显减小。采用北京天地宇科技有限责任公司的 V5.2 版彩色图像计算机分析系统对粒径进行测量和统计，得到：仅对药物悬混液进行超声处理后，溶液中药物粒子的粒径分布如图 10-5（c）所示，药物粒径分布在 7～45nm 范围内，其中 58% 的粒径大于 15nm，最大粒径为 44.22nm。IMC 在乙醇溶液中的溶解度大于在水中的溶解度，由此可知，在不同比例混合溶剂中的药物粒子的粒径均处于纳米尺度，且不超过 16.91nm，药物粒子具有巨大的比表面积，能优先在 NFC 的一维纳米尺度上沉积，形成复合纤维。

对悬混液样品进行 TEM 观察，其结果如图 10-6 所示。将超声处理后的 IMC 溶液，按一定比例加入到配制好的 NFC 悬混液中，进行磁力搅拌 1h 后 [图 10-6（a）]，发现已有大量的 IMC 粒子吸附在 NFC 表面，将 IMC 粒子继续进行 20min 匀质处理，随后按一定比例加入到配制好的 NFC 悬混液中，磁力搅拌 1h 后 [图 10-6（b）]，发现药物粒子明显减小，且大部分吸附在 NFC 表面。为了进一步减小药物粒径，增大药物与 NFC 的接触和吸附，将不同溶剂比例的 IMC 药物粒子与 NFC 悬混液同时进行超声处理和匀质处理，匀质处理后静置 1h，各样品中没有发现明显的 IMC 药物粒子，NFC 均匀分散在溶液中 [图 10-6（c，e，g）]。随着静置时间的延长，纤丝之间逐步聚集，形成纳米纤丝聚集体 [图 10-6（d，f，h）]，其原因可能是匀质处理促使更多的活性羟基暴露于纤丝表面，使得纤丝之间的氢键作用力增强，纤丝之间彼此聚集形成稳定的形态。此外 Zeta 电位也能够使得纤丝之间通过静电作用来减弱溶液环境中的极性，从而使整个溶液环境极性趋于平衡。由图 10-6（c，e，g）可知，溶剂中乙醇的含量越高，纤丝之间彼此的聚集越明显，其原因在于乙醇的极性弱于水，整个溶剂体系的极性较弱，羟基的存在打破了原有的平衡，纤丝之间通过氢键结合形成聚集体，来恢复溶液的各相平衡。为了促使更多的 IMC 药物粒子在 NFC 表面吸附，应使更多的活性羟基基团暴露于纤丝表面，为 IMC 药物粒子上的活性羧基基团提供结合位点。

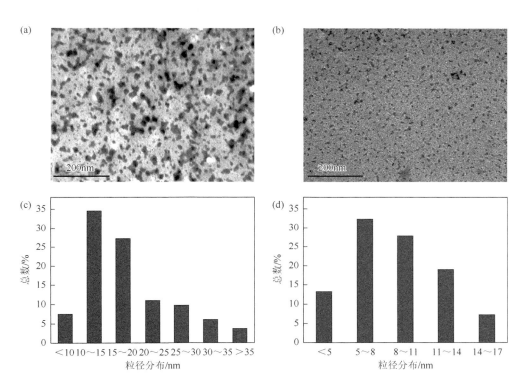

图 10-5　IMC 粒子的 TEM 图及其粒径分布

超声处理（a）和匀质处理（b）后药物粒子的 TEM 图；（c）超声处理后的药物粒径分布图；（d）匀质处理后的药物粒子粒径分布图

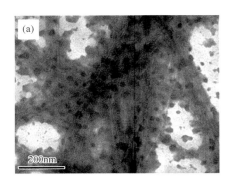
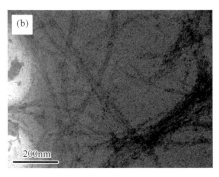

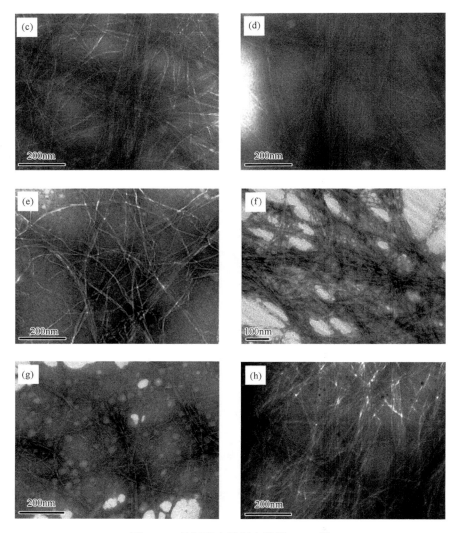

图 10-6　悬混液中的复合纤维 TEM 图

超声处理（a）和匀质处理（b）的 IMC 药物溶液与 NFC 混合后的 TEM 图；E100SH 匀质处理后 1h（c）和
12h（d）；E70SH 匀质处理后 1h（e）和 12h（f）；E50SH 匀质处理后 1h（g）和 12h（h）

　　继续对样品进行静置存储发现，随着时间的延长，纤维聚集越发明显，如
图 10-7（a，b）所示，2 周以后，纤维聚集形成有一定排列的片层结构［图 10-7
（c）］，并且随着时间的延长，溶剂开始蒸发，IMC 药物粒子开始在 NFC 表面结晶
生长，从而减小了溶液中的吉布斯自由能，直至达到药物的平衡浓度才终止药物
的生长。采用图像软件对图 10-7（c）中的复合纤维进行分析，结果如图 10-7（f）
所示，与纯 NFC［图 10-7（e）］相比，纤维的直径均有所增大，以直径分布在 6～

9nm 之间的增长最为明显,其原因主要是 NFC 的自聚及 IMC 药物粒子在 NFC 表面的结晶生长。

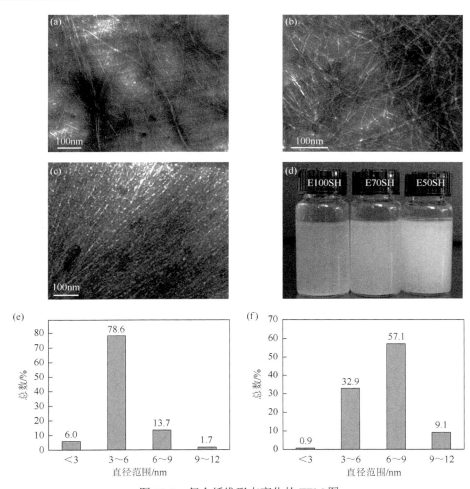

图 10-7　复合纤维形态变化的 TEM 图

E50SH 匀质处理后 24h(a)、1 周(b)和 2 周(c)的 TEM 图;(d)匀质处理后样品的实物照片图;(e)纯 NFC 的直径分布图;(f)复合纤维的直径分布图

为了进一步观察药物的结晶生长过程,采用偏光显微镜对溶液中的晶体结构进行观测,如图 10-8 所示。由于 IMC 在乙醇中的溶解度大于其在蒸馏水中的溶解度,随着乙醇含量在溶剂中减少,IMC 的晶体结构逐渐增加。当乙醇含量高于 70%时,溶液中的 IMC 大部分溶解在乙醇溶剂中,或者附着在 NFC 表面,形成杆状复合纤维[图 10-8(a,b)],如图 10-8(c)所示,除了形成复合纤维的结晶外,由于药物在蒸馏水中的溶解度低,一部分药物粒子结晶析出,形成药物晶体。

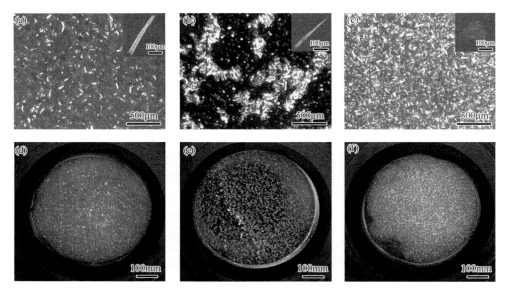

图 10-8　匀质处理后悬混液的光学照片

（a，d）E100SH；（b，e）E70SH；（c，f）E50SH；插图为样品的高倍率图片

　　将 E70SH 样品在室温下放置 2 周，促使 IMC 药物粒子继续结晶生长，随后用显微镜对样品进行观测。如图 10-9（a，b）所示，IMC 药物粒子在 NFC 表面生长，形成了具有高长径比的复合纤维。将几滴 E70SH 液体样品滴加在载玻片上，随后盖上盖玻片，让其在室温下自然烘干，采用显微镜观察。结果如图 10-9（c）所示，复合纤维从中心向四周辐射形成扇形结构，中心区域的复合纤维密集，在

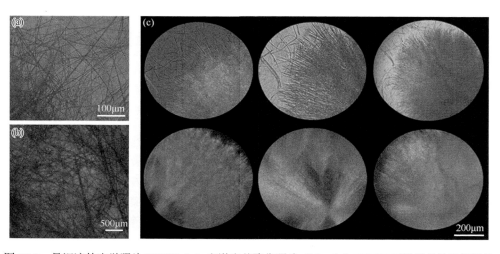

图 10-9　悬混液的光学照片 E70SH（a）和激光共聚焦照片（b）；（c）E70SH 干燥样品的光学照片

外围形成分散的复合纤维，其原因是随着溶剂的蒸发，从中心到四周，存在溶液的浓度梯度，此外，毛细管作用力的存在，可促使纤维之间紧密排列，完成组装。

10.3.3 干燥方式对复合纤维的形貌及晶型结构的影响

超声处理结束后，将样品静置 12h，随后采用过滤法去除溶剂，将样品分别采用烘箱干燥和冷冻干燥两种方式进行干燥处理。其中，对于冷冻干燥的样品，过滤后，各样品中均加入了 20mL 蒸馏水，温和磁力搅拌 6h 将复合纤维均匀分散在水中，随后进行 24h 冷冻干燥。使用 SEM 对样品进行观察，结果如图 10-10 所示。由图 10-10（a）可知，E100SF 样品中形成了均一的复合纤维，并且没有发现明显的药物颗粒，说明在干燥期间，药物完全溶解或与 NFC 完全复合，溶剂中没有药物粒子存在。因此过滤以后，药物与纤维形成了很好的复合结构，在搅拌的情况下没有大量药物粒子析出；对应的烘箱干燥样品 E100SO［图 10-10（d）］也形成了较为均一的复合纤维，其形态与冷冻干燥的样品相比，长径比较小；E70SF［图 10-10（b）］中复合纤维以片状结构存在，样品中也不存在明显的药物粒子，对应的烘箱干燥样品 E70SO［图 10-10（e）］中复合纤维以杆状结构存在，与 E100SO 相比，复合纤维较粗，长径比值较小；当乙醇含量降低至 50%时，E50SF 和 E50SO 样品中均有明显的药物粒子析出［图 10-10（c，f）］；在 E50SF 样品中，

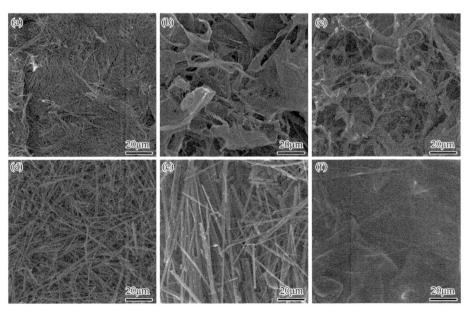

图 10-10 复合纤维的 SEM 图片

（a）E100SF；（b）E70SF；（c）E50SF；（d）E100SO；（e）E70SO；（f）E50SO

药物粒子结晶析出，药物粒子大小不一且与 NFC 缠结在一起；而在 E50SO 中，仅生成少数复合纤维附在 NFC 的片状结构之中，表面有 IMC 药物粒子沉积。

　　将匀质处理后的样品使用孔径为 0.2μm 的聚四氟乙烯（PVDF）膜进行过滤，并使用相应溶剂洗涤 3 次，随后将样品二等分，将其中的一份放入烧杯中，加入 10mL 蒸馏水，温和搅拌 24h 后，采用冷冻干燥处理，干燥机的冷阱温度为-40℃，干燥时间为 24h。将另一份样品直接放入烘箱中，65℃条件下干燥 6h。将两种干燥所得的样品进行 SEM 检测，结果如图 10-11 所示。由图可知，冷冻干燥所得样品中复合纤维的直径较为均一 [图 10-11（a，b，c）]，而烘箱干燥制备的样品均呈现针状结构 [图 10-11（d，e，f）]，且随着乙醇含量的减小，所制备的复合纤维的直径减小，长度增长，E50SHO 具有最高的长径比。

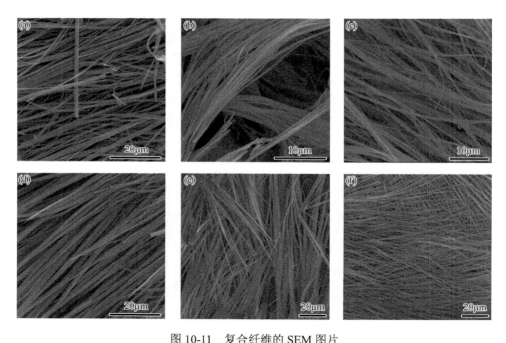

图 10-11　复合纤维的 SEM 图片
（a）E100SHF；（b）E70SHF；（c）E50SHF；（d）E100SHO；（e）E70SHO；（f）E50SHO

　　冷冻干燥和烘箱干燥处理均可以获得复合纤维，但其在形貌上有很大区别。图 10-12 为 E50SH 样品分别采用冷冻干燥和烘箱干燥所得样品的形貌图。冷冻干燥所得样品，在宏观上与纯纳米纤维素相似，是气凝胶多孔结构，在微观上是相互交织的三维网状结构 [图 10-12（a，b，c）]，纤维之间彼此交错，层叠在一起形成整体。烘箱干燥所得的纤维则较为笔直，纤维之间彼此肩并肩排列，且具有一定的方向性 [图 10-12（d，e）]，在高分辨率情况下 [图 10-12（f）] 也具有较高的长径比，纤维直径有一定差异，其原因可能是，在形成复合纤维的过程中，纤维素纤丝之间自聚并形成了纤维束，但由图可知，仅极少数纤维的直径较大，多数纤维均具有均一的形态。形貌的不同会使得所制备的复合纤维的载药情况有所不同。多孔结构的冷冻干燥样品在相同条件下比烘箱干燥样品具有更大的释药面积，药物释放速率更快，适合于 24h 的口服药物；而烘箱干燥样品，则由于其彼此纤维堆叠，形成了层状结构，药物释放周期更长，适合于长期的缓释药物。

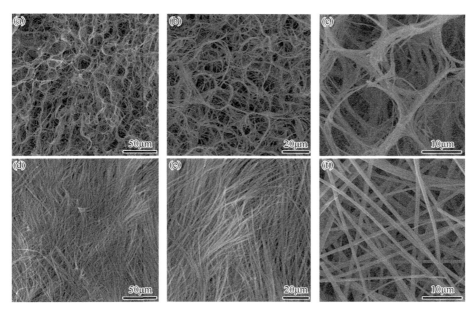

图 10-12　两种干燥方式制备的复合纤维 SEM 图

(a) 500 倍 E50SHF；(b) 1000 倍 E50SHF；(c) 3000 倍 E50SHF；(d) 500 倍 E50SHO；(e) 1000 倍 E50SHO；(f) 3000 倍 E50SHO

对 IMC、NFC 和复合纤维样品进行 X 射线衍射分析，结果如图 10-13 所示。NFC 在 16.5°和 22.6°处出现 X 射线衍射峰，显示仍保持原来的纤维素 I 型结晶结构，说明在不同乙醇溶液中超声处理对纤维素的晶型并没有实质影响。IMC 原药在 11.6°、19.6°、21.9°、26.6°和 29.4°出现明显的吸收峰，这些峰位是 γ 型 IMC 的特征吸收峰，表明原药晶型是 γ 型。所有冷冻干燥的样品中 IMC 的晶型与原药一致，均为 γ 型 [图 10-13（a）]。此外，烘箱干燥样品 [图 10-13（b）] E50SHO 也呈现 γ 型特征吸收峰，而 E70SHO 和 E100SHO 则在 7.0°、8.4°、11.9°、14.4°和 22.1°的位置出现新的特征吸收峰，与 α 型 IMC 相对应。图 10-13（c）是超声处理后进行冷冻干燥制备的复合纤维的 XRD 图。由图 10-13（d）可知，所有样品中的 IMC 药物均为 γ 型，而进行超声处理后烘箱干燥的样品中，E50SO 也出现 γ 型

IMC 的吸收峰，但在 8.4°的位置同样出现了较弱的吸收峰，表明仅进行超声处理后，药物在 NFC 中的分布不均，在溶剂挥发的过程中没有完全转变为 γ 型晶型结构，E100SO 和 E70SO 样品中的药物则出现了 α 晶型 IMC 的特征吸收峰。因此，与匀质处理的样品相比，超声处理的样品中 IMC 药物的吸收峰的强度均较弱，其原因是仅进行超声处理后，IMC 粒径依然很大，不能很好地在 NFC 表面吸附沉积，在过滤和洗涤的过程中，大部分药物被去除，仅少部分与纤维复合，所形成的复合纤维载药量较低。

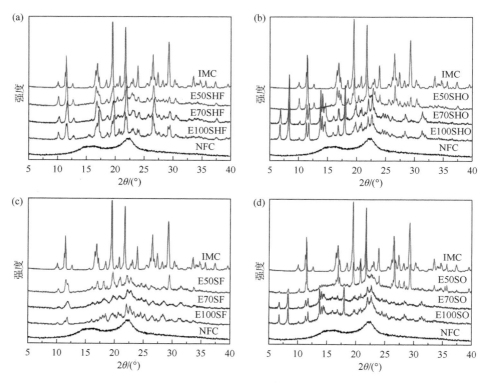

图 10-13　两种干燥方式制备的复合纤维 XRD 图谱

（a，c）冷冻干燥；（b，d）烘箱干燥

图 10-14 为样品的 FTIR 谱线，实验结果与 XRD 图谱相一致。所有的冷冻干燥样品及 E50SHO 在 1715cm⁻¹、1690cm⁻¹ 和 1590cm⁻¹ 处都出现吸收峰，这些吸收峰对应 γ 型的 IMC，与原药晶型一致。而 E100SHO 和 E70SHO 则在 1735cm⁻¹、1690cm⁻¹ 和 1650cm⁻¹ 处出现吸收峰，对应 α 型的 IMC。除这些特征吸收峰外，在所有复合纤维样品中均未发现新的吸收峰生成，表明复合纤维中，NFC 和 IMC 之间不存在共价键，整个复合体系是非共价键结合。

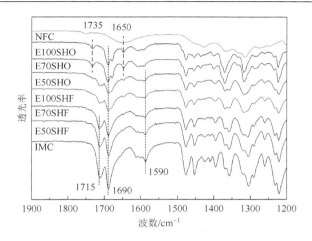

图 10-14　两种干燥方式制备的复合纤维 FTIR 图谱

将复合纤维和 IMC 原药进行 DSC 分析，结果如图 10-15 所示。原药在 163℃出现吸收峰，对应 γ 型 IMC 的熔化温度。如图 10-15（a）所示，E100SHF，E70SHF 和 E50SHF 均与原药的熔化温度一致，而烘箱干燥的样品则存在两种情况：E50SHO 与原药一致，熔化温度为 163℃；而 E70SHO 和 E100SHO 则在 155℃出现吸收峰，对应 α 型 IMC 的熔化温度。综合 XRD 和 FTIR 的分析结果可知，在所有冷冻干燥的复合纤维中，药物的晶型均为 γ 型；而在烘箱干燥的复合纤维中，E100SHO 和 E70SHO 的药物晶型为 α 型，E50SHO 的药物晶型为 γ 型。图 10-15（c）为超声处理所得样品的 DSC 曲线，超声处理后样品中 IMC 的吸收峰出现在 163℃，表面药物晶型为 γ 型，图 10-15（d）为超声处理后烘箱干燥制备的复合纤维，其中 E50SO 的熔化温度为 163℃，与原药吸收峰位一致；E100SO 在 155℃的吸收峰与 IMC 的 α 晶型结构的峰位相同；E70SO 中，则在 163℃出现了较弱的吸收峰，在 155℃出现主要吸收峰，其原因主要是在超声处理的样品中依然存在较大的 IMC 粒子，在溶剂蒸发的过程中，药物粒子的 γ 晶型较 α 晶型更稳定，部分药物粒子没有发生晶型转变。

图 10-16 为 IMC 两种晶型的分子结构模型，α 晶型的晶体单元是氢键连接三聚体，分子构型中存在两种氢键，在晶体结构中，分子 A 和 C 是顺反异构，分子 B 是反式构象；γ 晶型的晶体单元是氢键连接的二聚体，分子构型中只存在一种氢键，分子均具有反式构象。α 晶型是一种亚稳态结构，γ 晶型是一种稳态结构，但两种结构均具有药物活性。根据奥斯特瓦尔德规则，对于同时具有多种晶型结构的复合物，最不稳定的晶型将通过自发结晶过程首先产生，随后相继产生稳定性逐步增加的晶型。对于冷冻干燥的样品，溶液中水的存在使得 α 晶型转变为 γ 晶型，水的存在使得溶剂中的极性增大，α 晶型中 B 与 C 之间的氢键会断裂，形

成稳定的 γ 晶型。对于烘箱干燥的样品，因为其基质中溶剂含量较低，且乙醇的挥发速度快，不足以使得高乙醇含量的样品中的药物晶型向稳定的 γ 晶型转变，而E50SHO 中，由于水与乙醇比例相等，在乙醇不断挥发的过程中，溶剂中仍存在水，能够提供足够的溶液极性来破坏 B 与 C 分子中的氢键，最终形成稳定的 γ 晶型。

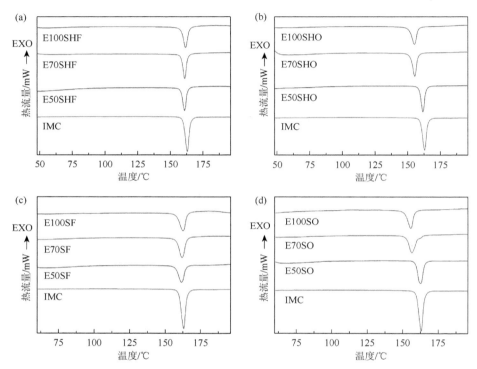

图 10-15　两种干燥方式制备的复合纤维 DSC 曲线

（a，c）冷冻干燥；（b，d）烘箱干燥

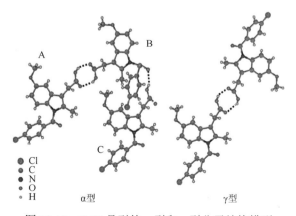

图 10-16　IMC 晶型的 α 型和 γ 型分子结构模型

10.3.4 复合纤维的形成机理

综合上述结果分析，可以推断 IMC 通过分子上的羧基与 NFC 表面的羟基形成氢键结合，从而使得 IMC 吸附在 NFC 表面。实验过程中，IMC 溶液为过饱和溶液，为了保持热力学稳定，减小吉布斯自由能，部分 IMC 粒子析出，并吸附于 NFC 表面来进一步减小表面能，IMC 粒子继续生长，形成复合纤维结构，其形成过程如图 10-17 所示。IMC 粒子的结晶生长过程是一个自发生长过程，其驱动力是吉布斯自由能的减小，其生长过程一方面与 IMC 的晶体结构有关，另一方面与基质材料及 NFC 有关，通过择优晶体生长方向而形成稳定的复合结构。NFC 在纤维方向上为一维纳米维度，同时表面含有大量的活性羟基基团，因此 IMC 粒子择优吸附在 NFC 的表面，形成以 NFC 为核、IMC 为壳的复合纤维，同时 IMC 在NFC 表面吸附并持续进行结晶生长，能够有效地防止纤丝之间相互聚集形成纤维束。在匀质处理的过程中，最初形成的复合纤维之间因其自组装可形成更大的复合纤维簇，此时 IMC 的结晶生长仍未终止，IMC 粒子继续结晶在纤维簇表面，直至 IMC 溶液浓度达到对应温度下的平衡浓度时才终止晶体生长。通过冷冻干燥或烘箱干燥形成最终的固态复合纤维束。在整个制备过程中，IMC 与 NFC 之间的静电吸附、非共价键结合、溶液环境以及处理方法和干燥方式等因素均对复合纤维的形成及复合纤维中的药物晶型有影响。

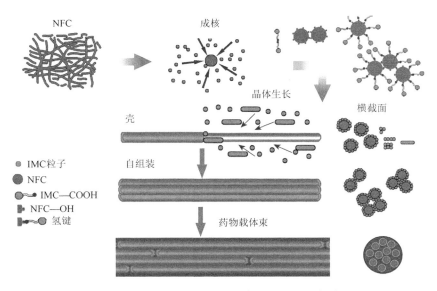

图 10-17 NFC/IMC 复合纤维形成过程示意图

10.3.5　复合纤维的载药特性

对于冷冻干燥的样品，由于其具有多孔结构，药物释放速率相对较快，药物有效释放时间为 24h，释药量在 85%以上，适用于口服制剂。本小节仅对烘箱干燥的样品 E100SHO、E70SHO 和 E50SHO 进行药物释放测试。由于 IMC 的溶解度与溶液的 pH 有关，选用 pH 为 7.4 的磷酸缓冲液为缓释媒介，对应的 IMC 的溶解度约为 1.3mg/mL。称取 10mg 烘箱干燥处理后的膜基质，置于 250mL 上述缓冲媒介中，将烧瓶放入振荡水浴锅，并设置温度为（37±0.5）℃，振荡频率为前 24h 60r/min，用于去除沉积在表面的药物，并将其采用高效液相色谱测试，计算出表面药物量，随后将振荡频率设置为 100r/min 进行缓释实验。前 10 天，每 24h 取出 5mL 样品，随后每隔 48h 取出 5mL 用于检测药物释放情况。每次取完样品后，同时加入 5mL 缓冲媒介，保持体积恒定。同时将 IMC 标准品配制成 5 个不同的浓度，分别为 0.1mg/mL、0.4mg/mL、0.8mg/mL、1.2mg/mL 和 1.4mg/mL，用高效液相色谱测试并作出标准曲线图，得出标准药物的线性回归方程，随后采用该方程，计算出各个时间药物的释放量，并计算出药物的载药量和有效释放时间。通过方程计算出药物的含量，按照式（10-1）、式（10-2）计算载药量（loading capacity，LC）和包封率（entrapment efficiency，EE）。

$$LC(\%) = \frac{\text{复合纤维基质中的药量}}{\text{复合纤维基质的质量}} \times 100 \qquad （10\text{-}1）$$

$$EE(\%) = \frac{\text{复合纤维中的药量}}{\text{总的投药量}} \times 100 \qquad （10\text{-}2）$$

计算得出的结果如表 10-4 所示，三种复合纤维均具有较高的载药量（均大于 69%），且其中 E50SHO 的包封率高达 97%；对于 E100SHO 和 E70SHO 样品，表面药物量较高，相当一部分药物粒子沉积在样品表面。

表 10-4　复合纤维的表面药物量、载药量和包封率

样品名称	表面药物量 [a]/%	载药量/%	包封率/%
E100SHO	19.28	69.98	67.6
E70SHO	16.60	70.00	67.2
E50SHO	7.30	77.15	97.8

a. 表面药物量的计算值为前缓释溶液中的药物量与总的使用的药物量的百分比。

10.3.6　复合纤维的药物释放分析

为深入了解复合纤维中 IMC 作为药物的释放机理，将缓释曲线按如下方程进行拟合：

$$M_t/M_\infty = kt^n \qquad (10\text{-}3)$$

式中，M_t/M_∞ 为复合纤维在 t 时间内所释放的药物分数；k 为动力学常数，用于表示药物释放速率；n 为药物扩散系数，n 值取决于药物的释放机制和复合纤维的几何形态特点。药物扩散系数 n 用于描述药物释放动力学，当 $n = 1$ 时，为零级释放动力学。对于一级释放动力学，方程如下：

$$M_t/M_\infty = 1 - \mathrm{e}^{-k_{1p} \times t} \qquad (10\text{-}4)$$

对于二级释放动力学，方程如下：

$$1/(M_t/M_\infty) = kt + A \qquad (10\text{-}5)$$

分别将三个样品的缓释曲线进行零级方程、一级方程和二级方程拟合，其相关系数如表 10-5 所示，相关系数的值越大，拟合越好。综合 3 个样品可知，较为适宜的拟合方程为一级方程。除样品 E50SHO 的第一阶段相关系数外，其余各阶段的相关系数均高于 0.96。

表 10-5　样品动态释放曲线相关系数

样品名称	pH 值	分段部分	R^2		
			零级方程	一级方程	二级方程
E100SHO	7.4	第 1 段	0.979	0.997	0.963
	7.4	第 2 段	0.990	0.982	0.975
E70SHO	7.4	第 1 段	0.974	0.997	0.972
	7.4	第 2 段	0.972	0.962	0.968
E50SHO	7.4	第 1 段	0.897	0.893	0.886
	7.4	第 2 段	0.973	0.982	0.965
	7.4	第 3 段	0.962	0.996	0.967

图 10-18（a）是复合纤维样品的体外缓释曲线图，图 10-18（b）为一级动力学方程拟合图。由图可知，复合纤维的药物释放分为 2 个或 3 个阶段，其中样品 E100SHO 和 E70SHO 在第一阶段的药物释放速率高于样品 E50SHO，而在第二阶段，E50SHO 的释放速率明显高于其余两个样品。样品 E50SHO 的有效药物释放时间为 20 天，样品 E100SHO 和 E70SHO 的药物释放时间为 30 天，3 个样品的累

积药物释放量达到了总载药量的 80%以上，实现了药物载体的有效释放。各复合纤维中药物释放速率的不同，一方面是由于载药量不同，另一方面是由于复合纤维中药物的晶型存在差异。药物的释放分为多个阶段，主要是由于复合纤维具有层状结构［图 10-18（c）］。在实验初期，由于复合纤维之间相互交联叠加在一起，药物与缓释媒介的接触面积有限，但随着时间的延长，纤维之间的药物部分溶解，整个基质变得松散，缓释媒介易于渗透到基质内部，大大提高了药物与缓释媒介的接触面积，溶胀速率和扩散速率提高。随后，各复合纤维表面的药物逐步释放，进一步提高了药物的释放速率。复合纤维的特殊复合形态和层状结构，有效地延长了药物释放周期，达到长效释放的效果。

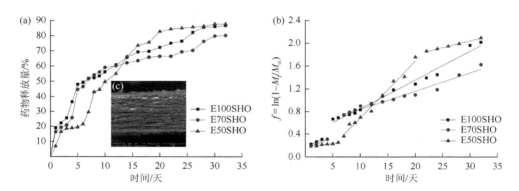

图 10-18 （a）复合纤维的药物释放曲线；（b）复合纤维释放曲线的一级动力学方程拟合图；（c）烘箱干燥样品的断面 SEM 图

10.4 本章总结

（1）溶剂中乙醇的比例、所采用的匀质处理和干燥方式对 NFC/IMC 复合纤维的制备以及 IMC 的载量和晶型有显著影响。乙醇浓度较高时，结合匀质处理，IMC 与 NFC 易形成均匀复合的纤维结构,烘箱干燥后得到的基质为片层纤维交织结构,冷冻干燥后得到的基质为松散的多孔状纤维缠绕结构。当乙醇含量小于 70%时，采用烘箱干燥，样品中的 IMC 晶型为 γ 型；当乙醇含量高于 70%时，样品中的 IMC 晶型均为 α 型；乙醇含量越高，则得到的复合纤维的长径比越小。

（2）NFC/IMC 复合纤维具有很高的 IMC 负载量和包封率，所有样品载药量达到约 70%，E50SHO 的药物包封率更高达 97.8%。冷冻干燥制得的复合片剂的释放速率相对较快，在 24h 内药物释放量达到 85%，适合于口服制剂；烘箱干燥制得的复合片剂，由于其复合纤维间彼此相邻形成了致密的层积复合结构，有效释放时间可长达 1 个月，适合于长期缓释的药物制剂。

参 考 文 献

[1]　Lipinski C. Poor aqueous solubility——an industry wide problem in drug discovery[J]. Am Pharm Rev, 2002, 5 (3): 82-85.

[2]　Cavallari C, Luppi B, Di Pietra A M, et al. Enhanced release of indomethacin from PVP/stearic acid microcapsules prepared coupling co-freeze-drying and ultrasound assisted spray-congealing process[J]. Pharmaceutical Research, 2007, 24 (3): 521-529.

[3]　Liu R. Water-Insoluble Drug Formulation[M]. New York: CRC Press, 2000.

[4]　Díez I, Eronen P, Österberg M, et al. Functionalization of nanofibrillated cellulose with silver nanoclusters: fluorescence and antibacterial activity[J]. Macromolecular Bioscience, 2011, 11 (9): 1185-1191.

[5]　Kolakovic R, Peltonen L, Laaksonen T, et al. Spray-dried cellulose nanofibers as novel tablet excipient[J]. Aaps Pharmscitech, 2011, 12 (4): 1366-1373.

[6]　Huang Y, Ding S, Liu M, et al. Ultra-small and anionic starch nanospheres: formation and vitro thrombolytic behavior study[J]. Carbohydrate Polymers, 2013, 96 (2): 426-434.

[7]　Huang Y, Liu M, Gao C, et al. Ultra-small and innocuous cationic starch nanospheres: Preparation, characterization and drug delivery study[J]. International Journal of Biological Macromolecules, 2013, 58: 231-239.

[8]　Chen W, Yu H, Liu Y, et al. Individualization of cellulose nanofibers from wood using high-intensity ultrasonication combined with chemical pretreatments[J]. Carbohydrate Polymers, 2011, 83 (4): 1804-1811.

[9]　Chen P, Yu H, Liu Y, et al. Concentration effects on the isolation and dynamic rheological behavior of cellulose nanofibers via ultrasonic processing[J]. Cellulose, 2013, 20 (1): 149-157.

[10]　Gao J, Li Q, Chen W, et al. Self-assembly of nanocellulose and indomethacin into hierarchically ordered structures with high encapsulation efficiency for sustained release applications[J]. ChemPlusChem, 2014, 79 (5): 725-731.

[11]　Wu L, Zhang J, Watanabe W. Physical and chemical stability of drug nanoparticles[J]. Advanced Drug Delivery Reviews, 2011, 63 (6): 456-469.

第 11 章　纳米纤维素复合白蛋白组织工程支架材料

11.1　背景概述

　　组织工程支架的作用是模拟细胞外基质结构，为细胞生长和组织形成创造并维持空间，促进组织修复与再生。由于天然细胞外基质的成分多具有微米或纳米级结构，所以组织工程支架多为纳米纤维多孔材料。2001 年，Ignatious 和 Baldoni 申请了一项发明专利[1]，采用电纺技术进行载药，并制备出具有缓慢、持续、延时、快速、即时等不同释药特性的药剂，同时，对药物在纳米纤维中存在的 4 种模式进行了总结。

　　牛血清白蛋白（bovine serum albumin，BSA）是由 583 个氨基酸残基组成的球状蛋白质，在中性 pH 环境中的净电荷为−17，是一种血液中的载体蛋白[2]。BSA 具有柔软的球状结构，易通过构象变化来适应各种复杂的液态环境，可与脂肪酸、脂肪形成复合物，能溶解小的阳离子和不同的药物分子，并携带进入血液中。此外，BSA 中含有大量的带电氨基酸，使 BSA 纳米粒能够通过静电吸附作用与带电基团结合，无须加入其他物质。2005 年美国食品药品监督管理局批准了用于肿瘤治疗的紫杉醇注射用白蛋白纳米粒，消除了原注射剂中表面活性剂克里莫佛（Cremophor）所引起的毒性，增加了可耐受的给药剂量从而改善了疗效。此后，BSA 纳米粒作为药物载体被广泛用于纳米医药的药物传递系统的研究[3-6]。

　　目前，许多基于天然材料、合成材料或者将两者相结合的高分子材料支架，已经作为非病毒载体，直接促进质粒 DNA 的定位靶向传递或缓控释放，诱导基因治疗相关分子的表达，常见的有水凝胶、电纺丝材料、多孔支架。Borges 等采用乙烯基吡咯烷酮与纳米纤维素（NFC）复合制备复合水凝胶作为髓核材料，所得水凝胶为多孔均一结构，孔径在 100nm 左右，具有生物相容性且其溶胀率使得其适合作为髓核材料[7]。Radt 等将微小聚合物胶束与金纳米颗粒连接组成壳–核结构，只需将一束激光打在负载的输送载体上，便可释放内容物，由此实现药物释放的外部可控[8]。海藻酸盐、壳聚糖、纤维素等多糖及其衍生物的静电纺丝，在再生医学中有着巨大的应用前景。为了促进细胞生长，理想的生物支架应具有多孔结构，为细胞充足的营养物质和废物的转运提供通道。纳米纤维支架因其具有独特的体系结构，能最接近地模拟天然的细胞外基质结构，被认为是一种理想的仿生基质[9]。Bodin 等[10]采用细菌纤维素接种人体尿道干细胞来制备用于尿流改道术的组织工程管道，发现多孔细菌纤维素能使尿源性干细胞在三个维度生长，形成多层尿道上皮细胞和细胞与基质的渗透体系。Valo 等[11]首次采用纳米纤维素固定蛋白质包覆的药物纳米粒子，在悬混液中，纳米纤维素的存在使得纳米粒子能稳定存储 10 个月以上，固定后的悬混液中药物的释放速率增加，同时体内药物性能增强。纳米纤维素被认为是纳米药物粒子的稳定剂，在冷冻干燥的过程中，纳米纤维素基质阻止了药物粒子的聚集，固态基质中药物形态没有明显变化。

　　本章为了进一步提高纳米纤维素支架的生物相容性，采用乳化法制备载 BSA 纳米粒的 NFC 基生物组织工程支架，研究制备过程中溶剂、交联剂、交联时间及 NFC 的形态等因素对生物支架形成的影响，通过对实验结果进行检测分析，确定较佳的工艺条件，并对该条件下制备的生物支架形貌、化学组分和细胞相容性等进行表征和分析。

11.2　制备加工方法

　　（1）配制 pH 为 6.4 的磷酸盐缓冲液（PBS）：取磷酸二氢钾 0.68g，加入 0.1mol/L 的氢氧化钠溶液 15.2mL，用蒸馏水稀释至 100mL。

　　（2）制备质量分数为 0.5% 的 NFC 水凝胶：按比例配制质量分数为 0.5% 的纤维素水溶液，采用超声波细胞粉碎机处理 30min，所得水凝胶备用；按此条件再制备一份超声处理的 NFC 水凝胶，随后继续进行高压匀质处理，处理时间为 20min，一级匀质阀压力设置为 90bar，二级匀质阀压力设置为 350～400bar。

　　（3）将 0.5g BSA 分别溶解在 10mL 去离子水和 10mL PBS 缓冲液中，随后滴加 10mL 无水乙醇，持续搅拌使其自发乳化，随后将 1/2 样品取出，剩余样品中滴加 8% 戊二醛溶液进行交联，最后将所有液体样品及冷冻干燥后的样品进行测试，获得优化参数。

　　（4）将 0.5g BSA 溶解在 BSA 溶剂中，搅拌 30min 后，滴加 10mL 无水乙醇，随后加入 30g 质量分数为 0.5% 的 NFC 水凝胶，混合搅拌 30min，在冰浴中，使用超声波细胞粉碎机超声处理 10min，功率为 400W。

　　（5）向超声处理后的液体样品中加入 8% 戊二醛溶液进行交联，并在不同的时间点将部分待测样品取出，最后将样品进行冷冻干燥，即制备了负载 BSA 纳米粒的纳米纤维素生物支架。

　　由于 BSA 纳米粒的合成过程中影响因素较多，实验首先在不同条件下制备 BSA 纳米粒，并对溶液 Zeta 电位和粒子粒径进行检测，实验中采用去离子水和 pH 为 6.4 的 PBS 作为 BSA 的溶剂，各实验参数如表 11-1 所示。

表 11-1 不同条件下制备 BSA 纳米粒

样品编号	BSA 质量/g	BSA 溶剂体积/mL	8%戊二醛体积/mL	乙醇体积/mL	去离子水体积/mL
BSA1	0.5	去离子水 10	0	10	20
BSA2	0.5	去离子水 10	1	10	20
BSA3	0.5	PBS pH = 6.4 10	0	10	20
BSA4	0.5	PBS pH = 6.4 10	1	10	20
BSA5	0.5	去离子水 10	0	30	0
BSA6	0.5	去离子水 10	1	30	0

采用超声处理和匀质处理分别制备质量分数为 0.5% 的 NFC 悬浊液。将 0.5g BSA 溶解在 30mL 相应的溶剂中，室温下搅拌 0.5h，加入 30g NFC 悬浊液，在室温下超声处理 10min，再使用磁力搅拌使其充分乳化，随后对样品进行冷冻干燥，实验条件如表 11-2 所示。

表 11-2 不同条件下制备载 BSA 纳米粒的 NFC 支架

样品编号	BSA 质量/g	BSA 溶剂体积/mL	8%戊二醛体积/mL	NFC 质量/g	乙醇体积/mL	去离子水体积/mL
BC1	0.5	去离子水 10	0	30	10	20
BC2	0.5	去离子水 10	1	30	10	20
BC3	0.5	PBS pH = 6.4 10	0	30	10	20
BC4	0.5	PBS pH = 6.4 10	1	30	10	20
BC5	0.5	去离子水 10	0	30	30	0
BC6	0.5	去离子水 10	1	30	30	0

11.3 纳米纤维素/牛血清白蛋白复合生物支架的结构性能分析

11.3.1 牛血清白蛋白纳米粒的电位及粒径

对 BSA 纳米粒及 BSA-NFC 悬混液进行 Zeta 电位测试，实验结果如图 11-1（a）所示。未加入戊二醛交联的 BSA 纳米粒的|ZP|值均小于交联后的纳米粒，其中以在 PBS 溶液中制备的 BSA3 纳米粒的电势最小，加入交联剂戊二醛交联后，|ZP|值增大，以在乙醇溶剂中制备的 BSA6 的电势为最大。

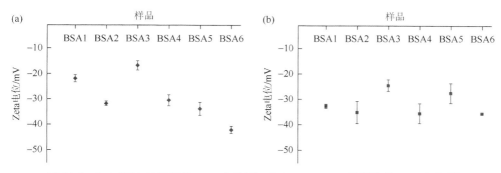

图 11-1　（a）BSA 纳米粒的 Zeta 电位图；（b）BSA-NFC 悬混液的 Zeta 电位图

优化实验条件并加入 NFC 后，对样品的电势再次进行测试，结果与 BSA 纳米粒的相似，即加入戊二醛交联后，|ZP|值均增大［图 11-1（b）］，BC2、BC4 和 BC6 的平均值分别为–35.18mV、–35.58mV 和–35.63mV，反映它们均处于较稳定状态。与未加入戊二醛交联的 BSA 纳米粒相比，加入 NFC 后，BC1 和 BC3 的|ZP|值较 BSA1 和 BSA3 增大，其原因可能是 NFC 表面带有一定的负电荷，加入后一方面增加了电荷，另一方面阻止了 BSA 纳米粒的聚集，使得悬混液分散均匀，体系变得更稳定。而对于乙醇溶剂的 BC5 和 BC6 样品则表现为电势值减小，可能是由于 NFC 的加入，使体系中乙醇体积比变小，BSA 不能絮凝形成稳定的 BSA 纳米粒，加入戊二醛后，进一步的交联促进 BSA 纳米粒的稳定，电势增大（BC6）。

图 11-2 为 BSA 纳米粒样品的实验照片，由图可知，BSA1 和 BSA3 悬混液呈白色［图 11-2（a, c）］，以乙醇为主溶剂进行絮凝生成的 BSA5 悬混液为乳白色［图 11-2（e）］。当加入交联剂戊二醛后，BSA 悬混液有一定程度变黄［图 11-2（b, d, f）］，这主要是由于戊二醛的醛基与蛋白质分子链上的氨基或赖氨酸残基发生反应，生成席夫碱类化合物，该化合物在偏酸性环境为黄色。通过 pH 测试得知，实验用 BSA 悬混液的 pH 为 6.8，略显酸性。

图 11-2　BSA 纳米粒的照片
（a）BSA1；（b）BSA2；（c）BSA3；（d）BSA4；（e）BSA5；（f）BSA6

将 BSA 纳米粒的粒径进行测量，结果如图 11-3 所示。以 PBS 为主溶剂制备的 BSA3 和 BSA4 的粒径最大，平均粒径为 494nm，加入戊二醛交联后，平均粒径为 498nm，且粒径分布在 440～560nm 范围内；以去离子水 [图 11-3（a）] 和无水乙醇 [图 11-3（c）] 为主溶剂制备的纳米粒粒径大致相同，但对于未加入戊二醛交联剂的 BSA1 和 BSA5 纳米粒，后者的粒径分布范围更窄；加入戊二醛交联后，BSA2 的粒径分布范围较 BSA6 窄，且 BSA1 和 BSA2 的平均粒径较小。由图 11-3（a，b，c）可知，BSA 纳米粒的粒径均偏大，通过计算调整比例后，将 0.38g BSA 按照 BSA2 的方法制备纳米粒，并对加入戊二醛交联剂的粒径进行测量，结果如图 11-3（d）所示，交联 5h 后，BSA 纳米粒的粒径分布在 55～210nm 范围内，平均粒径为 116.9nm，交联 10h 后，粒径增大，分布在 92～270nm 范围内，平均粒径为 168.5nm。因此，确定优化实验条件为：选用无水乙醇与去离子水的混合溶剂为主溶剂，交联时间为 5h。

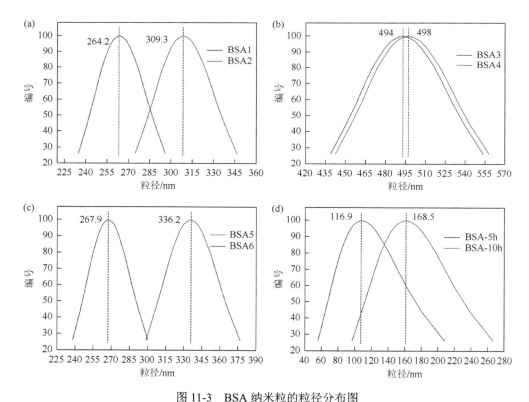

图 11-3   BSA 纳米粒的粒径分布图

（a）BSA1 和 BSA2；（b）BSA3 和 BSA4；（c）BSA5 和 BSA6；（d）BSA 交联 5h 和 10h

分别将纤维素进行超声处理和匀质处理制备两种纳米纤维素，并分别标记为

SNFC 和 HNFC，随后分别加入 BSA 溶液，磁力搅拌 1h，并使用浓度为 8%的戊二醛交联，交联时间为 5h 和 10h。分别对所制备的 BSA 纳米粒和 BSA-NFC 悬混液的电势进行测试，实验结果如图 11-4 所示。交联时间为 5h 的 BSA 纳米粒及 BSA-NFC 悬混液的电势较为稳定，平均值在–25mV，具有较好的稳定性；交联时间为 10h 的 BSA 纳米粒，不仅粒径增大［图 11-3（d）］，且电势减小，其原因可能是长期搅拌过程中，溶液中的乙醇蒸发，使得 BSA 不能稳定絮凝形成纳米粒，加入超声处理，为悬混液增加了电荷，同时 SNFC 起到阻止 BSA 纳米粒聚集的作用，进一步稳定了体系；匀质处理后的 HNFC，由于其表面有更多的羟基暴露，纳米纤丝间的氢键作用力较强，长期的搅拌作用，以及乙醇的存在均促进了纤丝之间的聚集作用，因而整个液态体系中的电势值略减小。

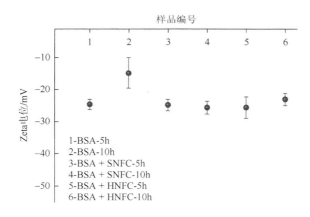

图 11-4　BSA 纳米粒和 BSA-NFC 悬混液的 Zeta 电位图

11.3.2　复合生物支架的形貌分析

将制备好的 BSA 悬混液通过离心机分离，并进行冷冻干燥后制备出 BSA 纳米粒，采用 SEM 观测，如图 11-5 所示。在不使用戊二醛交联剂的情况下，使用无水乙醇并调节 pH 后，也可制备出 BSA 粒［图 11-5（a，c，e）］，但使用交联剂后，BSA 纳米粒的数量明显增加［图 11-5（b，d，f）］。当主溶剂为去离子水时，在乙醇的作用下，可絮凝生成一部分纳米粒［图 11-5（a）］，当加入交联剂后，BSA 纳米粒明显增加［图 11-5（b）］。当 BSA 溶剂为 PBS 时，生成的 BSA 粒子的粒径较大［图 11-5（c，d）］，加入交联剂后，可生成粒径较小的 BSA 粒，其原因可能是 PBS 溶液的 pH 对 BSA 有影响，制备的粒子粒径差异较大。对于以无水乙醇为主溶剂的样品 BSA5，其絮凝过程是可逆的，当离心分离后，样品中同时存在少量的水分和乙醇，由于乙醇挥发速度快，随着乙醇的挥发，絮凝作用减弱，生成的 BSA 粒子为不规则的球体结构 [图 11-5（e）]；而加入交联剂后可以明显改善絮凝作用，BSA 粒子的数量增加，粒子结构为不完整的球形结构 [图 11-5（f）]。根据上述观测结果，选用以去离子水和乙醇按照体积比为 2∶1 的混合溶剂为主溶剂，去离子水为 BSA 的溶剂，选用浓度为 8% 的戊二醛为交联剂。

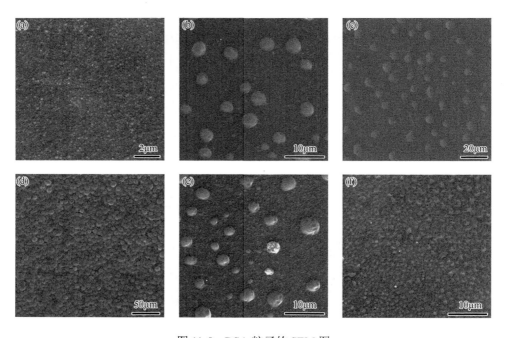

图 11-5　BSA 粒子的 SEM 图
（a）BSA1；（b）BSA2；（c）BSA3；（d）BSA4；（e）BSA5；（f）BSA6

先用去离子水溶解 BSA，随后以去离子水和乙醇体积比为 2∶1 的混合溶剂为主溶剂，制备两份相同的 BSA 悬混液，同时将浓度为 0.5% 的 NFC 溶液加入其中一份 BSA 悬混液中，磁力搅拌 1h，并逐渐滴加 1mL 浓度为 8% 的戊二醛水溶液进行交联，交联时间为 5h，随后采用离心机分离，冷冻干燥制备得到 BSA 纳米粒和 BSA-NFC 支架。在高倍率下，BSA 纳米粒的形态如图 11-6（a）所示，BSA 纳米粒为球形结构，加入 NFC 后制备的 BSA 纳米粒粒径均一，阻止了 BSA 纳米粒之间的聚集。由图 11-6（b）可知，BSA 与 NFC 形成了紧密的结合，NFC 起到了支撑和骨架的作用。

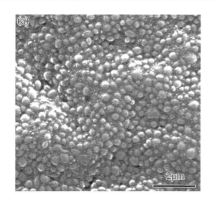
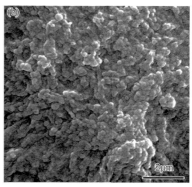

图 11-6　BSA 粒子（a）和 BSA-NFC 支架（b）的 SEM 图

分别采用超声和匀质处理制备浓度为 0.5%的 SNFC 悬浊液和 HNFC 悬浊液。随后按照上述实验条件制备 BSA-NFC 支架，实验所得样品的微观形貌如图 11-7 所示。无论是超声处理还是匀质处理所得的 NFC 均可制备复合支架。由图 11-7（a）的 BSA-SNFC 可见，BSA 纳米粒夹杂在 SNFC 周围，彼此紧密结合，形成二维的片层结构；当交联时间延长至 10h 时，BSA-SNFC 复合体形成了多孔的支架结构，BSA 纳米粒子吸附在纤丝束表面，使得载有 BSA 纳米粒的纤维分开，形成多孔的网状结构 ［图 11-7（b）］。此外，部分乙醇蒸发，使得未被交联固化的 BSA 重新溶解到去离子水中，离心分离时，这部分 BSA 被去除，促进了支架结构的形成。匀质处理后的 HNFC 之间极易发生聚集而形成纳米纤丝聚集体，因此当交联处理 5h 后，所得支架的直径 ［图 11-7（c）］明显大于超声处理的支架直径，当继续交联至 10h 时，纤丝与片状结构共同构成了复合支架体系 ［图 11-7（d）］。

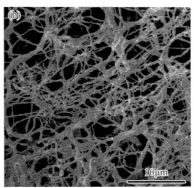

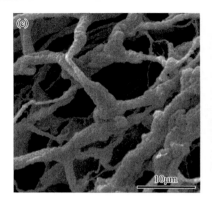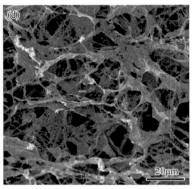

图 11-7　复合支架的 SEM 图

BSA-SNFC 支架交联时间为 5h（a）和 10h（b）；BSA-HNFC 支架交联时间为 5h（c）和 10h（d）

　　进一步采用扫描电镜对复合支架的微观形貌进行观测，结果如图 11-8 所示。超声处理制备的 SNFC 与 BSA 纳米粒形成均一复合结构，BSA 纳米粒掺杂在 SNFC 所形成的网状结构中［图 11-8（a）］；随着交联时间的延长，部分交联的 BSA 纳米粒的粒径逐渐增大［图 11-8（b）］，乙醇蒸发后，未被交联的絮凝形态的 BSA 重新溶解在去离子水中，在离心处理时被去除。对于匀质处理的 HNFC 与 BSA 形成的复合支架也存在相同的情况［图 11-8（c，d）］。与匀质处理制备的复合支架相比，超声处理制备的复合支架结构更为均一，BSA 纳米粒在交联处理 5h 时，发生自聚的情况较少，BSA 纳米粒的粒径较为均一。此外，交联时间不同，所得复合支架的微观形态差异较大。

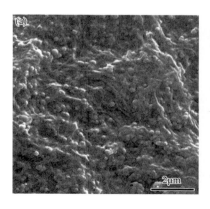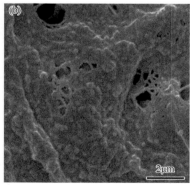

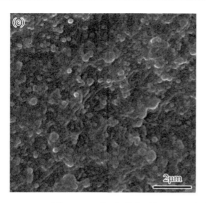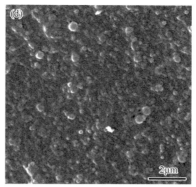

图 11-8　复合支架的 BSA 纳米粒与 NFC 交联形貌 SEM 图

BSA-SNFC 支架交联时间为 5h（a）和 10h（b）；BSA-HNFC 支架交联时间为 5h（c）和 10h（d）

　　将上述实验结果进行整理分析，采用优化工艺条件制备复合支架，即以去离子水为 BSA 的溶剂，以去离子水与乙醇的体积比为 2∶1 的混合溶剂作为实验的主溶剂，将 BSA 的量减少为 0.38g，戊二醛的交联时间为 5h，采用超声处理制备的 SNFC 为支架物质，来制备 BSA-SNFC 复合支架，实验结果如图 11-9 所示。在溶液环境中，BSA 纳米粒附着在 SNFC 表面［图 11-9（a）］；冷冻干燥后可得到尺寸较为均一的 BSA 纳米粒，它们较好地分散在纤丝的网络结构中［图 11-9(b)］，纤丝的存在有效阻止了 BSA 纳米粒的聚集，同时也起到了支撑和负载 BSA 纳米粒的作用。

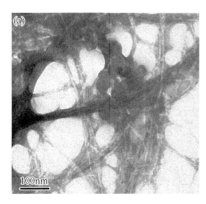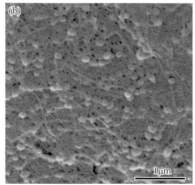

图 11-9　BSA-SNFC 复合支架的 TEM 图（a）和 SEM 图（b）

11.3.3　红外光谱分析

　　利用傅里叶变换红外吸收光谱来分析各样品在制备过程中的化学变化，样品的 FTIR 谱图如图 11-10 所示。在 NFC 的 FTIR 谱图中，3334cm^{-1} 处为—OH 的伸缩振动，而 2900cm^{-1}、1430cm^{-1}、1372cm^{-1}、1058cm^{-1} 和 897cm^{-1} 处则分别为—CH 的伸缩振动、—CH$_2$ 和—OCH 的面内弯曲振动、—CH 的弯曲振动、C—O—C 的伸缩振动以及异头碳（C$_1$）的振动。BSA 的主要特征峰是酰胺Ⅰ的氨基酸残基的 C═O 伸缩振动，BSA 的二级结构形态与羧基和氨基之间形成氢键有关，因此酰胺Ⅰ带对蛋白质二级结构的变化非常敏感；酰胺Ⅱ带则包含了 C—N 的伸缩振动和 N—H 的变形振动，它也是反映蛋白质结构的一个谱带，但对蛋白质二级结构变化的敏感程度低于酰胺Ⅰ带。酰胺Ⅰ带吸收光谱范围是 1700～1600cm^{-1}、1658～1656cm^{-1}，对应 α 螺旋（α-helix）型结构，1640～1610cm^{-1} 对应 β 片层（β-sheet）结构，1670～1665cm^{-1} 对应旋转结构，1648～1641cm^{-1} 对应无规卷曲结构，以及 1692～1680cm^{-1} 对应 β 反平行结构[12]。由图可知，1646cm^{-1} 吸收峰对应酰胺Ⅰ带的 C═O 伸缩振动吸收峰，实验使用的 BSA 的二级结构为无规卷曲结构，且在整个实验过程中其结构没有发生变化。1515cm^{-1} 处为 C—N 的伸缩振动和 N—H 的变形振动吸收峰，对应酰胺Ⅱ带吸收峰，无论是在制备的 BSA 纳米粒［图 11-10（a）］还是在 BSA-NFC 复合支架［图 11-10（b）］的 FTIR 谱线中均未发现新的吸收峰，表明整个制备过程中 BSA 和 NFC 之间没有形成新的化学键结合，两者间仅存在氢键、疏水作用等非共价键结合和静电吸附作用，在整个制备过程中，BSA 的生物活性没有发生改变，其二级无规卷曲结构在 BSA-NFC 复合生物支架中得以完整保留，NFC 起到了提供附着位点、阻止 BSA 纳米粒子聚集和支撑结构的作用。

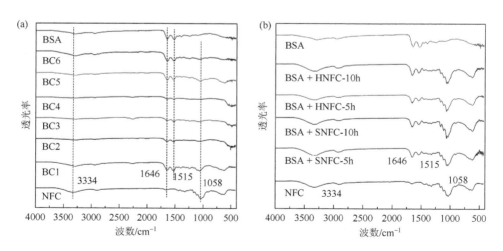

图 11-10　BSA 纳米粒（a）和 BSA-NFC 复合支架（b）的 FTIR 谱图

11.3.4　细胞相容性测试

选用小鼠成纤维细胞（L929）对 BSA-NFC 生物支架进行细胞相容性测试实验。首先对 L929 细胞进行细胞活力检测，采用添加有 10% FBS 的 DMEM 培养基对 L929 细胞进行传代培养，当细胞生长密度达到 80% 时，进行消化处理。随后去除上清液，加入 2mL DMEM 培养基重悬细胞沉淀后，取出 10μL 细胞悬液，加入到 90μL 的 PBS 溶液中，充分混匀，并调整细胞密度为 1×10^6 个/mL，充分混匀后，取出 10μL 细胞悬液，再加入 70μL 的 PBS 和 20μL 的 0.4% 台盼蓝，室温染色 1min 后，取出一滴到计数板中观察着色细胞数，通过式（11-1）计算细胞的活力。

$$细胞活力(\%) = \frac{细胞总数 - 着色细胞数}{细胞总数} \times 100 \qquad （11-1）$$

六次重复实验的实验结果如表 11-3 所示，六次实验所得的细胞活力的平均值为 96.79%，表明实验所使用的 L929 细胞具有较高的存活率。

表 11-3　L929 细胞活力重复测试实验

样品编号	1	2	3	4	5	6
细胞总数	22	21	18	27	25	30
着色细胞数	0	0	1	1	0	3
细胞活力/%	100.00	100.00	94.44	96.30	100.00	90.00

接着进行 L929 细胞的接种与培养实验：

（1）将 L929 细胞培养于含有 10% 胎牛血清的 DMEM 培养基中，在 37℃、5% CO_2、饱和湿度条件下的细胞培养箱中培养，细胞贴壁生长；

（2）称取 0.1g 已灭菌的 BSA 和 SNFC 材料，并将其浸入培养基中 24h，随后将材料取出，得到处理好的 BSA + SNFC 培养基；

（3）进行细胞计数，并将细胞接种于 6 个 96 孔培养板中，每孔的细胞个数为 3×10^3 个，实验分为两组，用标准培养基培养的 L929 细胞作为对照组，另外一组细胞用处理好的 BSA + SNFC 培养基培养，每组设计 5 个复孔，同时加入调零孔（只加培养基、MTT、DMSO）；

（4）将各组细胞置于 37℃、5% CO_2 的培养箱中分别培养 12h、24h、48h、72h、96h、120h，同时在各时间点进行 MTT 检测。

MTT 分析法是一种定量评估细胞活性的有效方法，实验时向特定时间的各组细胞中加入 MTT 溶液，设置 MTT 的工作浓度为 0.2mg/mL，随后将处理好的样品置于 37℃培养箱中孵育 4h。终止培养后，小心吸取培养液上清液，并加入 200μL 的 DMSO，振荡 10min 以溶解细胞中形成的紫色结晶。选择波长 490nm，在酶标仪上测定各样品在 490nm 处吸光（OD）值，记录结果。以时间为横坐标，OD 值为纵坐标，绘制 L929 细胞生长曲线，实验结果如图 11-11 所示。由图可知，培养时间至 96h 为止，两组培养基中的 L929 细胞一直处于细胞增殖状态，各时间点的 OD 值依次增大；至 120h 时，两组培养基中的 OD 值均减小，其原因主要是培养基中营养物质的消耗殆尽和细胞生存空间的减少。此外，L929 细胞在 BSA＋SNFC 生物支架上的细胞增殖状态良好，且在 48h 时的细胞数量超过了 L929 细胞在标准培养基中的数量，表明 BSA＋SNFC 材料不仅没有生物毒性，反而具有促进细胞增殖的效果，其原因主要是 BSA-NFC 生物支架是以生物质原料 NFC 为模板，BSA 纳米粒镶嵌附着于 NFC 表面，便于 L929 细胞的黏附，同时 BSA-NFC 的多孔结构，给予了细胞足够的生长增殖空间，便于各个孔状结构中细胞的营养物质输送和细胞的生长。

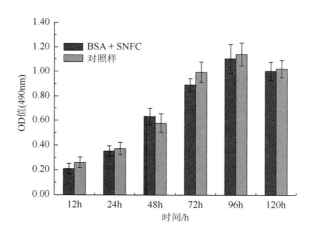

图 11-11　MTT 分析 L929 细胞在 BSA＋SNFC 培养基和标准培养基中的细胞生长曲线

为了进一步观测细胞在培养基上的生长情况，对各个生长时期的 L929 细胞采用光学显微镜进行观测，两组培养基上的 L929 细胞在前 48h 的生长情况如图 11-12 所示。由图可知，L929 细胞在前 24h 的时间内，位于两种培养基上的细胞生长状况相似，完成了初期的细胞生长和增殖［图 11-12（a，b）和（d，e）］；但在 48h 时，培养于 BSA＋SNFC 培养基中的 L929 细胞仍处于分裂增殖的状态［图 11-12（c）］，而置于标准培养基中的 L929 细胞则完成了细胞的分裂，形成了新的子细胞［图 11-12（f）］，细胞形态与 12h 时相似［图 11-12（d）］，结合

MTT 的测试结果可知，此时的 L929 细胞在 BSA + SNFC 培养基中的 OD 值比位于标准培养基中的 OD 值高 0.052，细胞数量明显大于标准培养基中的细胞数量，表明 L929 细胞在 BSA + SNFC 培养基中的生长状况良好，材料对细胞没有毒性且具有促进细胞生长的作用，其原因主要是 BSA-NFC 生物支架的中纤丝表面被 BSA 纳米粒包裹，BSA 纳米粒的存在便于细胞的黏附和生长，同时基于 NFC 所形成的多孔网状结构也为细胞的黏附提供了足够的位点和细胞生长空间。

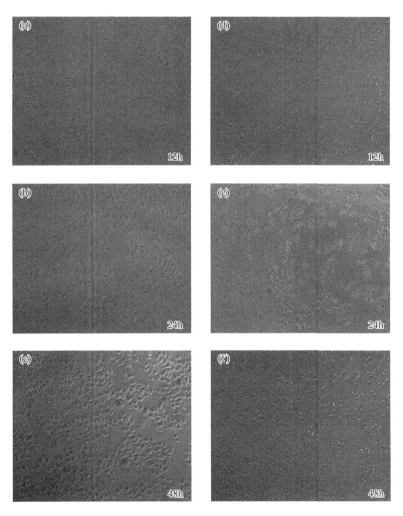

图 11-12　L929 细胞前 48h 在 BSA + SNFC 培养基（a，b，c）和标准培养基（d，e，f）中的生长的光学照片

对后续时间点的细胞生长情况进行观测，实验结果如图 11-13 所示。随着培

养时间的延长，L929 细胞继续生长增殖，在 96h 时两组培养液中细胞的 OD 值均达最大值，至 120h 时，两组中的细胞均出现死亡，其原因主要是营养物质的消耗和生长空间的减少。

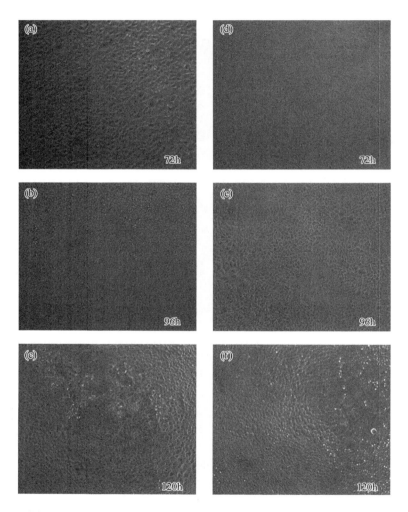

图 11-13　L929 细胞后续在 BSA + SNFC 培养基（a，b，c）和标准培养基（d，e，f）中的生长的光学照片

　　结合 MTT 分析测试结果以及对各实验阶段的细胞生长状态的观测可知，BSA-NFC 生物支架对 L929 细胞没有细胞毒性，L929 细胞在 BSA-NFC 生物支架上的生长增殖状况良好，由此可知该生物支架对细胞具有很好的生物相

容性。在整个细胞培养过程中，培养于 BSA-NFC 培养基中的 L929 细胞的生长趋势与标准培养液中的细胞生长趋势相同，均在 96h 达到最大，至 120h 出现细胞死亡，所制备的 BSA-NFC 生物支架在一定程度上具有促进细胞生长增殖的作用。

11.4　本章总结

（1）通过筛选主溶剂并结合戊二醛的交联作用，超声处理制备的 SNFC 和匀质处理制备的 HNFC 均实现与 BSA 复合制备 BSA-NFC 三维多孔支架。制备 BSA-NFC 复合支架的较佳工艺为：以去离子水为 BSA 的溶剂，以 SNFC 为支架底料，以去离子水与乙醇的体积比为 2∶1 的混合溶剂作为实验的主溶剂，BSA 的用量为 0.38g，戊二醛的交联时间为 5h。在整个制备过程中 BSA 的二级结构没有发生变化，BSA 与 NFC 之间没有发生共价键的结合，两者之间只存在氢键、疏水作用等非共价键结合和静电吸附。

（2）采用 MTT 分析法检测证实，BSA-NFC 支架对 L929 细胞没有细胞毒性，支架表面的 BSA 纳米粒利于细胞的黏附生长，而 NFC 所构建的多孔结构可为细胞生长提供足够的空间，整个支架呈现出良好的生物相容性，在一定程度上还能够促进细胞的生长增殖。这表明 BSA-NFC 支架初步具备了应用于生物组织工程培养的功能，并具有进一步研发的潜力。

参 考 文 献

[1]　Ignatius F，Baldoni J M. Pharmaceutical compositions：01544667. 2001.

[2]　Mathew T V，Kuriakose S. Studies on the antimicrobial properties of colloidal silver nanoparticles stabilized by bovine serum albumin[J]. Colloids and Surfaces B：Biointerfaces，2013，101：14-18.

[3]　Jiang W，Schwendeman S P. Stabilization and controlled release of bovine serum albumin encapsulated in poly（D，L-lactide）and poly（ethylene glycol）microsphere blends[J]. Pharmaceutical Research，2001，18（6）：878-885.

[4]　Jahanshahi M，Zhang Z，Lyddiatt A. Subtractive chromatography for purification and recovery of nano-bioproducts[J]. IEE Proceedings-Nanobiotechnology，2005，152（3）：121-126.

[5]　Rahimnejad M M，Jahanshahi M，Najafpour G D. Production of biological nanoparticles from bovine serum albumin for drug delivery[J]. African Journal of Biotechnology，2006，520：1918-1923.

[6]　Liu X，Kaminski M D，Chen H，et al. Synthesis and characterization of highly-magnetic biodegradable poly（D，L-lactide-co-glycolide）nanospheres[J]. Journal of Controlled Release，2007，119（1）：52-58.

[7]　Borges A C，Eyholzer C，Duc F，et al. Nanofibrillated cellulose composite hydrogel for the replacement of the nucleus pulposus[J]. Acta Biomaterialia，2011，7（9）：3412-3421.

[8]　Radt B，Smith T A，Caruso F. Optically addressable nanostructured capsules[J]. Advanced Materials，2004，16（23-24）：2184-2189.

[9]　Chew S Y，Mi R，Hoke A，et al. The effect of the alignment of electrospun fibrous scaffolds on Schwann cell maturation[J]. Biomaterials，2008，29（6）：653-661.

[10]　Bodin A，Bharadwaj S，Wu S，et al. Tissue-engineered conduit using urine-derived stem cells seeded bacterial cellulose polymer in urinary reconstruction and diversion[J]. Biomaterials，2010，31（34）：8889-8901.

[11]　Valo H，Kovalainen M，Laaksonen P，et al. Immobilization of protein-coated drug nanoparticles in nanofibrillar cellulose matrices—enhanced stability and release[J]. Journal of Controlled Release，2011，156（3）：390-397.

[12]　Bourassa P，Kanakis C D，Tarantilis P，et al. Resveratrol，genistein，and curcumin bind bovine serum albumin[J]. The Journal of Physical Chemistry B，2010，114（9）：3348-3354.

第 12 章　纳米纤维素/银纳米线柔性导电膜材料

12.1　背景概述

目前，柔性电子产品为轻质便携的下一代电子设备提供了新的可能[1-4]。通常将透明导电材料涂覆在聚对苯二甲酸乙二醇酯等透明柔韧的塑料薄膜上来制备透明导电膜。典型的透明导电材料为氧化铟锡（ITO），其主要兼具导电性和光学透明性[5]。但是，ITO 材质较脆并且弯曲易碎，纳米层沉积法成本高并需要真空环境等制备条件，很难应用于柔性电子产品[6,7]。因此，研究人员致力于制备出 ITO 的替代导体材料，如金属纳米线和碳纳米管等[5,8,9]。其中，碳纳米管具有良好的化学稳定性和柔韧性[10,11]，引起了研究者的广泛关注，但是它的电阻率相对较高。银纳米线（AgNWs）具有高透明性和导电性，是理想的候选材料[12-14]。

以往的研究中，高性能透明导电膜发展中最大的挑战是同时提高其透明性及电导率。影响导电性能的因素有：①导电材料在基底材料表面的分散状态；②均匀连接的导电网络结构[15]。一般情况下，利用分散剂或化学改性将银纳米线或碳纳米管分散到溶剂中，然后涂覆到基质材料上。但是，传统的湿涂方法如滴涂法和棒涂法，必将使干燥后的悬浮物产生自组装和分布不均，如咖啡环效应[16,11]。尽管均匀涂覆是卓越的透明导电性能的必要因素，但是复杂又难以控制的干燥工艺很难获得均匀性。因此，迫切需要另一种涂覆方法，即在基质材料上提供大空间、均匀性的导电网络。此外，银纳米线与塑料薄膜的黏结性较低[13]，而碳纳米管与塑料薄膜的黏结性较好[10]。因此，基材表面改性[17]、四氟乙烯薄膜封装[14]以及高密度脉冲照射[18]等方法也相继被尝试。尽管有这些努力，但对涂层工艺的改进和基底材料的选择仍需要进一步探索，以同时实现复合导电膜的高透明性、高导电性和良好的黏合性。

本章将直径约 60nm 的银纳米线与纳米纤维素（NFC）/聚甲基丙烯酸甲酯（PMMA）复合薄膜结合，并通过调控溶剂置换、抽滤以及成型热压等工艺，研究了纳米复合薄膜的微/纳观结构的可控构筑方法。并比较研究了各单一组分构筑的纳米薄膜与纳米复合薄膜在结构、力学、电学以及电化学性能间的差异，复合薄膜中各组分的协同作用机制，以及在扭转、弯曲等形状改变条件下的电学性能及电化学性能，研究了复合薄膜中 NFC、PMMA 以及 AgNWs 之间的缠结网络结构、层叠组装顺序与孔隙结构等因素对纳米复合薄膜的力学、电学性能以及电化学性能的影响。

12.2 制备加工方法

12.2.1 柔性透明复合薄膜的制备

将 20gPMMA 加入到 100mL 烧杯中，加入丙酮至 100mL 处，磁力快速搅拌30min，再次加入丙酮至 100mL，磁力搅拌 30min。将搅拌好的 PMMA 溶液置于烘箱中，室温下以 0.6MPa 的压力抽真空 10min，期间注意观察 PMMA 溶液是否有扑出，直到无气泡时泄压封装、待用。抽滤的纳米纤维素胶体置于乙醇溶液置换，再于 60℃烘箱中干燥 2h。再将制备好的纳米纤维素薄膜基底浸没到 PMMA 溶液中 30min。制备好的薄膜复合材料置于 40℃烘箱中干燥 1h，将温度缓慢加至 60℃干燥，制得纳米纤维素增强聚甲基丙烯酸甲酯（NFC-PMMA）复合薄膜。木质 NFC 透明复合薄膜的制备工艺流程如图 12-1 所示。

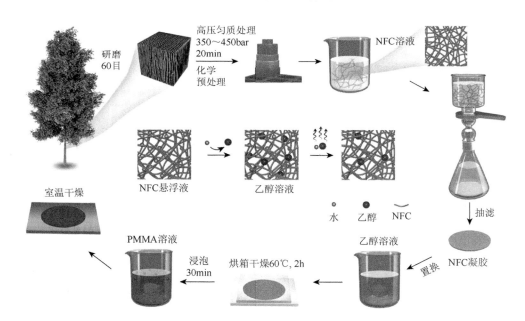

图 12-1 木质 NFC 透明复合薄膜的制备工艺流程

12.2.2 载银柔性导电复合薄膜的制备

利用等离子清洗机提高复合薄膜的黏结能力，承载 0.01mg/cm², 0.05mg/cm²、

$0.1 mg/cm^2$ 以及 $0.2 mg/cm^2$ 等不同浓度的银纳米线，最终得到负载银纳米线的 NFC-PMMA 导电复合薄膜材料，如图 12-2 所示。

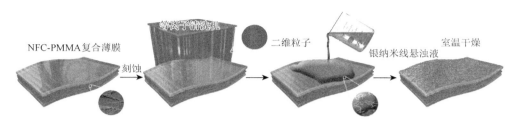

图 12-2　柔性透明导电纳米复合薄膜的制备工艺流程

12.3　柔性透明纳米复合薄膜的结构性能分析

12.3.1　宏观形貌与微观结构

木质 NFC 透明复合薄膜的制备方法如图 12-1 所示。首先将不同浓度的 NFC 悬浊液抽滤成 NFC 水凝胶薄膜，水凝胶薄膜具有一定的透明性（图 12-3）。由于是由高长径比的 NFC 抽滤而成，水凝胶薄膜还具有一定的柔韧性，薄膜的厚度随着 NFC 含量的增加而增大。将水凝胶薄膜进行热压干燥处理后，即得到 NFC 薄膜（图 12-4）。NFC 薄膜的透明性并不高，但是该薄膜具有非常好的柔韧性。利用 NFC 薄膜作为基底，将其与 PMMA 复合，即可制得 NFC-PMMA 复合薄膜。这不仅可以利用 NFC 提高 PMMA 的力学性能及热学性能，还可以借助 PMMA 填充到 NFC 薄膜的孔隙中，进一步降低薄膜内部孔隙对光的散射作用，提高复合薄膜的透明性。

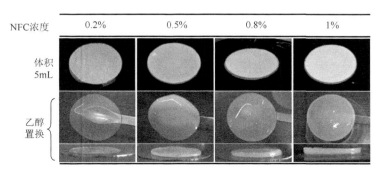

图 12-3　不同浓度的木质纳米纤维素水凝胶薄膜的数码照片

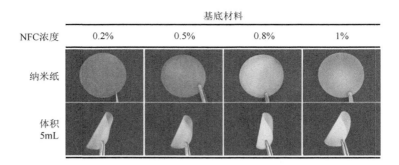

图 12-4　不同浓度的纳米纤维素薄膜的数码照片

　　填充 PMMA 前后的浓度为 0.2%的 NFC 薄膜的表面及断面结构如图 12-5 和图 12-6 所示。在填充 PMMA 前，NFC 薄膜由缠结成网状结构的高长径比纳米纤丝及其聚集体组成，薄膜的表面略具微观粗糙度，可观察到 NFC 及其聚集体间的纳米级孔隙。而当 PMMA 填充到 NFC 及其聚集体间的孔隙后，NFC-PMMA 复合薄膜表面变得十分光滑，这对提高 NFC 增强 PMMA 复合薄膜的透明性起着重

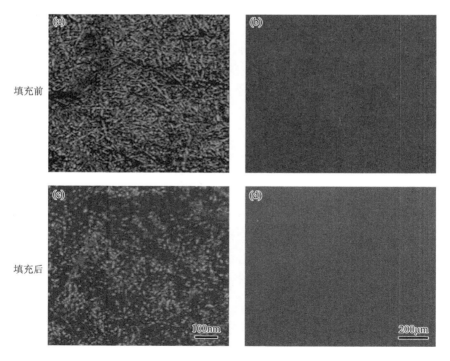

图 12-5　填充 PMMA 前后的浓度为 0.2%的 NFC 薄膜表面的 AFM 图（a，c）和 SEM 图（b，d）

要的作用。虽然有大量的 PMMA 填充到纳米纤维素薄膜的孔隙中，但是填充
PMMA 前后 NFC 薄膜的厚度基本相同，说明 PMMA 主要是填充到 NFC 聚集体
间的孔隙之中，并未对薄膜产生润胀影响。复合薄膜的断面仍然展现出层状排列
结构，这有利于提高薄膜的力学性能。NFC 薄膜在 PMMA 基体中仍然很好地保
持了自身结构的均一性和完整性。

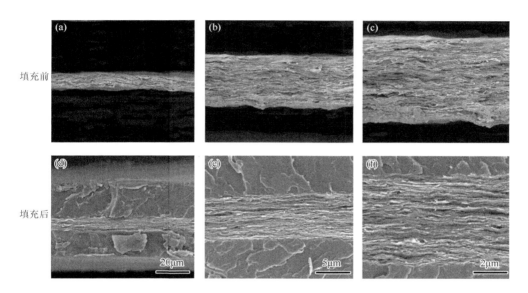

图 12-6　填充 PMMA 前后浓度为 0.2%的 NFC 薄膜断面的 SEM 图

　　填充 PMMA 前后的不同浓度的 NFC 薄膜的断面结构如图 12-7 所示。尽管复
合薄膜的厚度各不相同，但是所有的复合薄膜均展现出明显的层状结构。各层平
行排列于 NFC 薄膜的上下表面，表明复合薄膜中 NFC 及其聚集体之间非常紧密
地结合在一起，这为提高聚合物复合薄膜的力学性能以及热稳定性等起到了重要
作用。

12.3.2　光学特性

　　填充 PMMA 前后 NFC 薄膜的数码照片如图 12-8 所示。经热压干燥处理后得
到的 NFC 薄膜，由于薄膜仍具有较高的孔隙率和粗糙度，可见光在 NFC 薄膜的
表面发生反射和散射作用，因此 NFC 薄膜透明性较低。PMMA 充分填充 NFC 聚
集体间的孔隙后，大大降低了 NFC 聚集体间孔隙对光的散射作用，使得
NFC-PMMA 复合薄膜的透光性显著提高。

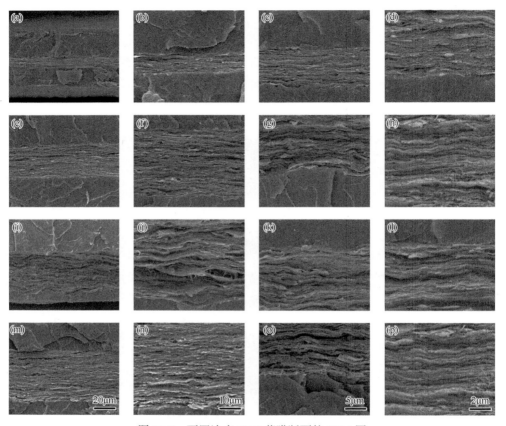

图 12-7　不同浓度 NFC 薄膜断面的 SEM 图

（a～d）0.2%；（e～h）0.5%；（i～l）0.8%；（m～p）1%

图 12-8　NFC-PMMA（左）和 NFC 薄膜（右）的宏观照片

　　四种不同浓度的 NFC 薄膜，尽管其厚度依次增加，但是在填充 PMMA 后，四种复合薄膜均变得透明（图 12-9）。透过复合薄膜，可以观察到其后背景鲜花的轮廓以及颜色。随着复合薄膜中 NFC 含量的增加，鲜花的颜色变得模糊，但仍然可见。因此 NFC-PMMA 复合薄膜的透光性能良好。通过光学特性曲线（图 12-10）可以发现，随着 NFC 含量的增加，透光性并无明显下降，其在 600nm 波长处的透光率均高于 75%（表 12-1），显示很高的透明性。

图 12-9　质量浓度为 0.2%（a）、0.5%（b）、0.8%（c）和 1%（d）的 NFC 制备的
NFC-PMMA 复合薄膜的宏观照片

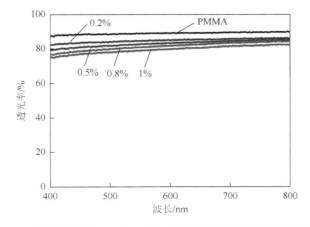

图 12-10　不同浓度的 NFC-PMMA 复合薄膜的 UV-Vis 透光率曲线

表 12-1　不同浓度的 NFC-PMMA 复合薄膜在不同波长下的透光率

样品名称	透光率/%		
	400nm	600nm	800nm
纯 PMMA	87.5	89.1	90.0
0.2% NFC	79.4	83.3	85.7
0.5% NFC	82.7	85.0	86.4
0.8% NFC	76.7	81.8	84.4
1% NFC	75.2	79.8	82.6

NFC-PMMA 复合薄膜具有非常好的柔韧性,可以在弯曲的条件下仍然保持较高的透明性（图 12-11）。

图 12-11　NFC-PMMA 复合薄膜的柔性和耐弯曲性的宏观照片

12.3.3　热力学性质

图 12-12 为 NFC-PMMA 复合薄膜的 DMA 曲线。随着 NFC 的加入,复合薄膜的储存模量（E'）在整个升温过程中都高于纯 PMMA 薄膜的储存模量 E' [图 12-12（a）]。纯 PMMA 薄膜在 100℃ 左右即开始热降解 [图 12-12（b）],而包含 NFC 的复合薄膜在整个温度测试范围内均未发生断裂。根据 NFC-PMMA 复合薄膜的储存模量-温度变化曲线,可以发现随 NFC-PMMA 复合薄膜中 NFC 含量的变化其储存模量也具有一定的变化规律。当 NFC 含量增大时,其储存模量增加。这是由于复合薄膜被拉伸时,低浓度 NFC 的缠结程度和储能均较低,NFC-PMMA 复合薄膜的储存模量稍低。对于高含量 NFC 的 NFC-PMMA 复合薄膜,NFC 间的网状缠结结构更加紧密,使复合薄膜的力学强度和热力学性质均明显提高。

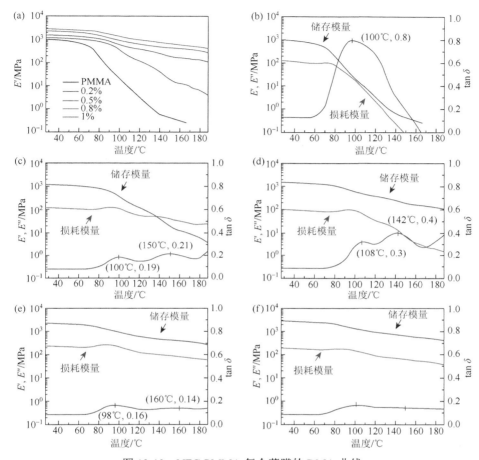

图 12-12　NFC-PMMA 复合薄膜的 DMA 曲线

（a）所有样品的储存模量对比；PMMA（b）及 NFC 浓度分别为 0.2%（c）、0.5%（d）、0.8%（e）、1%（f）的
NFC-PMMA 复合薄膜的储存模量、损耗模量和损耗角正切（tan δ）

当 NFC 浓度为 0.2% 时 ［图 12-12（c）］，NFC-PMMA 复合薄膜在室温情况下的储存模量值为 1.20GPa，略高于纯 PMMA 的储存模量值（1.02GPa）。由于两者均为弹性材料，复合薄膜的损耗模量 E''（0.11GPa）与纯 PMMA（0.12GPa）相比无明显差异。NFC-PMMA 复合薄膜在周期性拉伸过程中，随着温度的升高，受到横向拉伸作用时，分子链沿着受力方向发生伸长，分子之间的摩擦力以热的形式消耗掉外力载荷所作用的功；当载荷达到最大应变振幅，分子链段运动终止，但比链段小的运动单体仍有一定的活动性，这些小运动单体由于局部松弛运动而发生形变，吸收了一部分外力作用于复合薄膜的机械能，从而削弱外力的破坏作用[19, 20]。载荷撤掉后，复合薄膜以弹性能形式储存起来的机械能被释放，恢复原来的形状。但由于薄膜的储存模量远远大于损耗模量，而 tanδ（损耗模量 E'' 与储存模量 E'

之比）小于 1，表现出高聚物固有的黏弹性性能，且弹性性能大于黏性性能，因此 NFC-PMMA 复合薄膜在动态热力学中往复拉伸运动后，其应变变化较小。随着温度升高到约 150℃，NFC-PMMA 复合薄膜受 PMMA 热力学性质的影响，储存模量曲线下降的斜率较大，但由于 NFC 的支撑未完全降解。而损耗模量曲线下降斜率较小且平稳，说明 NFC 薄膜显著提高了 NFC-PMMA 复合薄膜的耐热性。NFC-PMMA 复合薄膜的 tanδ 曲线中有两个峰值（100℃和 150℃），说明复合薄膜由两个主相态构成，分别对应 NFC 与 PMMA 的玻璃化转变温度。由于 NFC 属于热稳定材料，同时葡萄糖分子链属于刚性链段，其较高的结晶度降低了分子链之间的交联度和柔性，因此受温度影响较小。但 PMMA 属于热塑性材料，受温度影响较大，表现出 PMMA 聚合物的玻璃态-高弹态转化状态。

当 NFC 浓度为 0.5%时，NFC-PMMA 复合薄膜在室温情况下储存模量值为 1.34GPa ［图 12-12（d）］，高于 NFC 浓度为 0.2%时的储存模量值。NFC-PMMA 复合薄膜为典型的弹性材料，其损耗模量随 NFC 浓度的增大无明显差异。随着温度升高，NFC-PMMA 复合薄膜储存模量曲线下降的斜率减小，而损耗模量曲线下降斜率也较小且平稳。这说明 NFC 与 PMMA 的复合提高了薄膜整体的耐热性。NFC-PMMA 复合薄膜的 tanδ 曲线的两个峰值（108℃和 142℃）与图 12-12（b）相比减弱，说明复合薄膜的玻璃态转化温度受 PMMA 影响变小。

当 NFC 浓度为 0.8%时，NFC-PMMA 复合薄膜在室温情况下储存模量为 2.32GPa ［图 12-12（e）］，曲线变化趋势与浓度为 0.5%的相似，但受温度影响更小。复合薄膜的 tanδ 的两个峰值（98℃和 160℃）变得非常微弱，说明复合薄膜的玻璃态转化温度受 PMMA 热力学性质的影响变得不明显。NFC 浓度为 1%时的 DMA 曲线 ［图 12-12（f）］，与浓度为 0.8%的总体相似，但储存模量更高。在整个动态热力学分析的测试温度范围内，NFC-PMMA 复合薄膜的储存模量随着温度的增加无明显降低，说明复合薄膜具有卓越的热力学稳定性。上述热力学性质的分析，为确定 NFC-PMMA 复合薄膜在高温环境下的应用性能奠定了基础。

12.3.4 力学性能

NFC-PMMA 复合薄膜的应力-应变曲线表明，当复合薄膜中 NFC 含量较低时，复合薄膜将外力所做的功转换成弹性能的能力也较低，因此不能达到屈服应力，仅展现出刚性材料的特点 ［图 12-13（a）］。随着复合薄膜中 NFC 浓度的提高，NFC-PMMA 薄膜具有更大的能力将外力对其所做的功转换成弹性能，因此复合薄膜不仅表现出刚性材料的性能，随着轴向拉伸时间的延长，还表现出了塑性材料的延展性，进而达到了屈服应力，复合薄膜的屈服强度以及极限拉伸强度也会随 NFC 浓度的增加而增大。

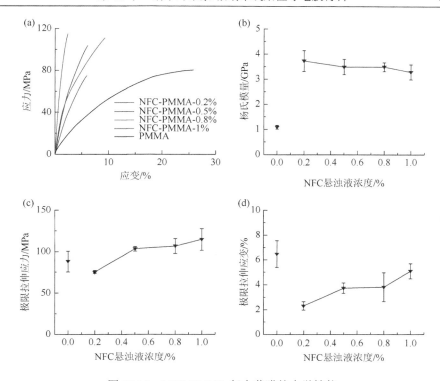

图 12-13　NFC-PMMA 复合薄膜的力学性能

（a）应力-应变曲线；（b）浓度-杨氏模量曲线；（c）浓度-极限拉伸应力曲线；（d）浓度-极限拉伸应变曲线

　　图 12-13（b）为 NFC-PMMA 复合薄膜的杨氏模量测试结果。杨氏模量随 NFC 浓度的增大而略呈减小趋势。但 NFC 的增强作用仍显著地提高了复合薄膜的力学强度，弥补了 PMMA 自身脆性的不足。NFC-PMMA 复合薄膜随着 NFC 浓度的增加，极限拉伸应力从 74MPa 增加到 120MPa［图 12-13（c）］。当复合薄膜受外力作用时，NFC 分子链可通过主链外的小运动单元的局部松弛运动而发生形变，吸收一部分外力作用于材料的机械能，从而削弱了外力的破坏作用。当复合薄膜受到轴向拉伸时，NFC 的分子链会沿拉伸方向发生定向排列，分子链的定向排列有利于结晶区-非晶区之间的界面取向，降低了界面结晶自由能，同时由于 NFC 自身具有较高的结晶度（约 80%），最终提高了复合薄膜的力学性能。随 NFC 浓度的增大，NFC-PMMA 所受的负载由包裹在复合材料表面的 PMMA 转移给内部的 NFC 薄膜，NFC 再将所受的外力功以弹性能的形式储存起来，因此复合薄膜的极限拉伸应变随之增大 2%～5%［图 12-13（d）］。但 PMMA 材料自身的脆性较大，也在一定程度上限制了 NFC 薄膜拉伸延展的能力，因此复合薄膜的应变值低于纯 PMMA 薄膜的极限拉伸应变。

12.4　导电柔性透明纳米复合薄膜的结构性能分析

12.4.1　表面及断面结构

载银后 NFC-PMMA 复合薄膜的表面如图 12-14（a～d）所示，银纳米线均匀地分布于复合薄膜表面，形成均匀的网状结构，彼此紧密连接，为良好的导电性能提供了依据。在复合薄膜的截面 [图 12-14（e～j）]，与复合薄膜的厚度呈现明显的反差，银纳米线仅占极其微薄的一层（约 1μm），这也降低了银纳米线对复合薄膜透光性的影响，使柔性复合薄膜仍保持其优越的光学性能。

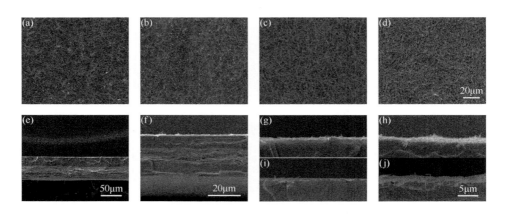

图 12-14　不同负载量银纳米线沉积于复合薄膜后的 SEM 图

（a～d）为表面图；（e～j）为截面图；（a）0.01mg/cm²；（b）0.05mg/cm²；（c）0.1mg/cm²；（d）0.2mg/cm²；
（e, f, g）0.01mg/cm²；（h）0.05mg/cm²；（i）0.1mg/cm²；（j）0.2mg/cm²

12.4.2　光学特性

载银后 NFC-PMMA 复合薄膜的数码照片如图 12-15（a）所示。银纳米线的负载会对复合薄膜的透光性有影响，但银纳米线分散均匀且负载量较小，因此低负载量时并不会对复合薄膜的光学特性产生明显影响。

图 12-15（b）为载银后 NFC-PMMA 复合薄膜的透光率曲线。当银纳米线负载量低于 0.1mg/cm² 时，仍能保持较高的透光率（＞60%）。随着银纳米线负载量的进一步增加，复合薄膜的透光率降低，其在 600nm 波长处的透光率分别为 86.0%、63.6%、59.6%以及 32.2%。

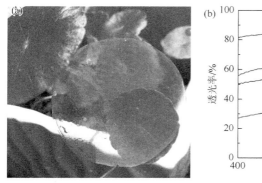
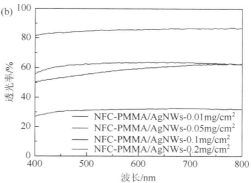

NFC-PMMA/AgNWs纳米复合材料的UV-Vis透光率

载AgNWs量	透光率/%		
	400nm	600nm	800nm
0.01mg/cm^2	81.5	86.0	86.7
0.05mg/cm^2	55.8	63.6	82.5
0.1mg/cm^2	50.7	59.6	82.7
0.2mg/cm^2	27.3	32.2	31.9

图 12-15　源于不同载银量的 NFC-PMMA 复合薄膜的 UV-Vis 透光率曲线

12.4.3　力学性能

　　载银后 NFC-PMMA 复合薄膜的应力-应变曲线（图 12-16）表明，当复合薄膜中 NFC 含量较低时，复合薄膜将外力所做的功转换成弹性能的能力也较低，因此不能达到屈服应力，仅展现出刚性材料的特点。随着复合薄膜中银纳米线负载量的提高，复合薄膜仍表现出刚性材料的性能。因此，银纳米线的加入并未明显改变复合薄膜的力学性质及其强度。

　　从图 12-16 内嵌图的复合薄膜杨氏模量测试结果可知，从银负载率为 0.01mg/cm^2 的 NFC-PMMA/AgNWs 复合薄膜的 5.5GPa 到 0.2mg/cm^2 时复合薄膜的 5GPa，杨氏模量也并未显著受到银纳米线负载量的影响。尽管银纳米线的负载量不同，但其浓度低于 0.2mg/cm^2，因此银纳米线的涂覆不会对复合薄膜的力学强度产生明显影响。

12.4.4　电化学性能

　　利用四探针法在不同部位测量十个数值，当复合薄膜上银纳米线的负载量为

0.01mg/cm² 时电阻为 17～21Ω、当负载值增加到 0.05mg/cm² 时复合薄膜的电阻值降低为 2Ω，随着银纳米线负载值的增加，复合薄膜的电阻值最低降为 0.2Ω。可知随着银纳米线负载值的增大，薄膜的导电性逐渐变大 [图 12-17（a）]。利用万用表测试时表现出同样的变化规律，显示的数值依次为 29.4Ω、0.39Ω、0.29Ω 和 0.12Ω [图 12-17（b）]。

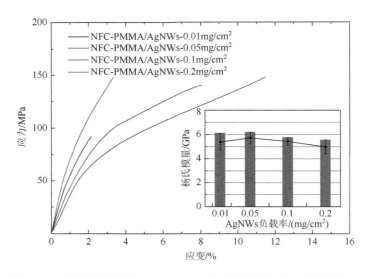

图 12-16　不同载银量的 NFC-PMMA 复合薄膜的应力-应变曲线，
内嵌图为杨氏模量-载银量柱状图

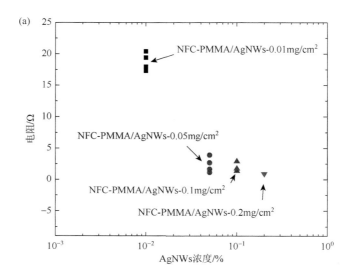

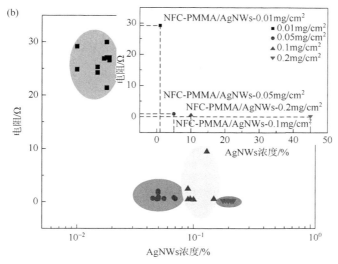

图 12-17　不同载银量的 NFC-PMMA 复合薄膜的电阻值

（a）四探针法测试结果；（b）万用表测试结果

图 12-18 为将载银后复合薄膜作为参比电极，在浓度为 3mol/L 的 KOH 电解液中，高频 100kHz、低频 0.01Hz、振幅为 5mV 的 EIS 测试中所得到的交流阻抗曲线。从图中可以看出，试样交流阻抗图是由高频区的圆弧部分和低频区的直线部分组成。分析得出，高频区的半圆弧较小，说明复合材料的内阻较小；低频区的直线斜率较大，说明电极的电容性能较好。银纳米线负载量为 $0.2mg/cm^2$ 时所形成的曲线距离纵坐标最近，起始值最小，电阻最小，随着负载量的降低，电极的电容性能呈现下降的趋势，但仍表现出卓越的电化学性能。

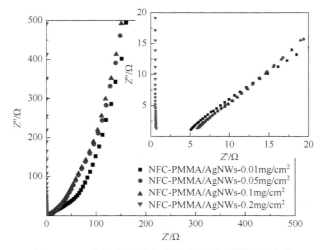

图 12-18　载银柔性导电复合薄膜的交流阻抗曲线

12.4.5 复合薄膜的应用分析

将制得的银纳米线负载量为 0.1mg/cm² 的复合导电薄膜和小灯泡、电池进行简易的导电性能测试（图 12-19），可以发现这种导电薄膜具有多个优良特征，其中包括良好的导电性、柔韧性和透明性。即使反复弯曲复合薄膜，小灯泡的明暗程度也基本不变。此外，改变复合薄膜的形状、大小及弯曲度，均对其导电性和灯泡亮度无明显影响。

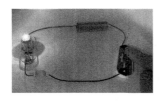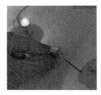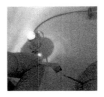

图 12-19　载银纳米纤维素复合薄膜应用测试数码照片

12.5　本章总结

本章将 NFC 薄膜作为基底材料与 PMMA 复合，经热压干燥后制得透光性良好并具有良好力学强度的 NFC-PMMA 复合薄膜。NFC 作为基底材料显著提高了复合薄膜的力学性能和热稳定性，其质量分数对性能影响显著。本章中制备的复合薄膜的拉伸强度最高可达到120MPa，杨氏模量达到3.9GPa，极限应变为5%。

将银纳米线均匀负载到 NFC-PMMA 复合薄膜表面，可以制得柔性透明导电复合薄膜。所制备的银纳米线负载量分别为 0.01mg/cm²、0.05mg/cm²、0.1mg/cm² 和 0.2mg/cm² 的复合薄膜，均具有良好的柔韧性和透明性。随着银纳米线负载量的增加，复合薄膜的电阻值从 17～21Ω 可降低至 0.2Ω，交流阻抗曲线斜率也逐渐减小，说明银纳米线的负载显著改变了 NFC-PMMA 复合薄膜的导电性和电化学性能，使之可应用到导电储能器件之中。

参 考 文 献

[1]　Ginley D S，Perkins J D. Handbook of Transparent Conductors[M]. Berlin：Springer，2010.

[2]　Nathan A，Ahnood A，Cole M T，et al. Flexible electronics：the next ubiquitous platform[J]. Proceedings of the IEEE，2012，100（Special Centennial Issue）：1486-1517.

[3]　Wong W S，Salleo A. Flexible Electronics：Materials and Applications[M]. Berlin：Springer Science & Business Media，2009.

[4]　Tobjörk D，Österbacka R. Paper electronics[J]. Advanced Materials，2011，23（17）：1935-1961.

[5]　Ellmer K. Past achievements and future challenges in the development of optically transparent electrodes[J]. Nature Photonics，2012，6（12）：809-817.

[6]　Chen Z，Cotterell B，Wang W，et al. A mechanical assessment of flexible optoelectronic devices[J]. Thin Solid Films，2001，394（1-2）：201-205.

[7]　Chen Z，Cotterell B，Wang W. The fracture of brittle thin films on compliant substrates in flexible displays[J]. Engineering Fracture Mechanics，2002，69（5）：597-603.

[8]　Kumar A，Zhou C. The race to replace tin-doped indium oxide：which material will win？[J]. ACS Nano，2010，4（1）：11-14.

[9]　Hecht D S，Hu L，Irvin G. Emerging transparent electrodes based on thin films of carbon nanotubes，graphene，and metallic nanostructures[J]. Advanced Materials，2011，23（13）：1482-1513.

[10]　Kim T Y，Kim Y W，Lee H S，et al. Uniformly interconnected silver-nanowire networks for transparent film heaters[J]. Advanced Functional Materials，2013，23（10）：1250-1255.

[11]　Han W，Lin Z. Learning from "coffee rings"：ordered structures enabled by controlled evaporative self-assembly[J]. Angewandte Chemie International Edition，2012，51（7）：1534-1546.

[12]　Lee J Y，Connor S T，Cui Y，et al. Solution-processed metal nanowire mesh transparent electrodes[J]. Nano Letters，2008，8（2）：689-692.

[13]　De S，Higgins T M，Lyons P E，et al. Silver nanowire networks as flexible，transparent，conducting films：extremely high DC to optical conductivity ratios[J]. ACS Nano，2009，3（7）：1767-1774.

[14]　Hu L，Kim H S，Lee J Y，et al. Scalable coating and properties of transparent，flexible，silver nanowire electrodes[J]. ACS Nano，2010，4（5）：2955-2963.

[15]　Kim Y，Chikamatsu M，Azumi R，et al. Industrially feasible approach to transparent，flexible，and conductive carbon nanotube films：cellulose-assisted film deposition followed by solution and photonic processing[J]. Applied Physics Express，2013，6（2）：025101.

[16]　Deegan R D，Bakajin O，Dupont T F，et al. Capillary flow as the cause of ring stains from dried liquid drops[J]. Nature，1997，389（6653）：827-829.

[17]　Madaria A R，Kumar A，Ishikawa F N，et al. Uniform，highly conductive，and patterned transparent films of a percolating silver nanowire network on rigid and flexible substrates using a dry transfer technique[J]. Nano Research，2010，3（8）：564-573.

[18]　Jiu J，Nogi M，Sugahara T，et al. Strongly adhesive and flexible transparent silver nanowire conductive films fabricated with a high-intensity pulsed light technique[J]. Journal of Materials Chemistry，2012，22（44）：23561-23567.

[19]　过梅丽. 高聚物与复合材料的动态力学热分析[M]. 北京：化学工业出版社，2002.

[20]　Yao H B，Fang H Y，Wang X H，et al. Hierarchical assembly of micro-/nano-building blocks：bio-inspired rigid structural functional materials[J]. Chemical Society Reviews，2011，40（7）：3764-3785.

第13章 纳米纤维素碳基吸附和过滤材料

13.1 背景概述

原油和石油泄漏造成的水污染已成为生态系统和人类健康紧迫和关键的问题之一。碳气凝胶由于其化学成分、高比表面积、多孔结构等卓越的物理化学特性，在吸附污染物等方面受到了广泛的关注[1, 2]。由于它们优越的疏水亲油性，碳气凝胶可以在无水渗透下有效吸收各种油脂和有机溶剂。然而，这些碳气凝胶大多数是含碳聚合物[3]、碳纤维[4]、碳纳米纤维[5]、碳纳米管[6-8]和石墨烯[9-11]的碳质合成前驱体合成的，这些昂贵材料的复杂制备和能量消耗，限制了其大规模生产和应用。应该重视利用可再生生物质作为前驱体，通过简单和低能量损耗的处理方法，生产可持续碳气凝胶[12]。利用化学气相沉积法制备的一种功能化的 NFC 气凝胶三乙氧基（辛基）硅烷，能够吸收 139～356 倍有机溶剂或油的质量[13]。但是这种合成的 NFC 气凝胶浸入水中阻止了污染物与水完全分离，还会吸收水分。因此，化学改性的 NFC 气凝胶虽然具有明显的污染物吸收和分离的优点，但是明显存在与水的分离的局限性。因此，本章介绍利用纳米纤维素作为前驱体凝胶，制备可持续碳气凝胶的策略。

选择 NFC 作为碳前驱体是基于其独特的结构和性能。第一，纤维素是一种好的碳源，含纤维素的木材已多年来被用作活性炭的前驱体。第二，与传统纸浆微米级纤维素相比，通过纸浆解纤产生的 NFC，拥有更小的纳米级（通常<10nm）的直径以及高的机械强度和高的比表面积[14]。此外，NFC 能够形成具有微观网状结构和特定表面积的多孔气凝胶。由于纤维素具有很强的亲水性，NFC 气凝胶用于吸收或分离水中的油脂有机溶剂，分离效率低[15, 16]。NFC 气凝胶可以通过表面化学修饰为疏水性和亲油性的 TiO$_2$ 涂层[17]或气相硅烷化[18]改进吸收性能。然而，这些修饰后的 NFC 气凝胶仍表现出较弱的吸附性能（<自身质量的 45 倍）。因此，本书作者注意到碳化 NFC 气凝胶形成的多孔碳材料。最近，来自西瓜[19]、几丁质[20]、木质素[21]和纤维素废纸等材料[22]和棉花[4]的生物质，已经用于生产功能性多孔碳材料。与它们相比，NFC 可以形成类似的多孔碳材料，具有纳米孔和更大的表面积、更好的吸收能力。除此之外，NFC 原料（如木材、竹子、农业用品、秸秆等）会更加降低成本效益。

本章开发了一种 NFC 碳气凝胶，并进一步开发出由真空泵和复合海绵组成的装置，实现了从水中连续分离煤油的目的。这种 NFC 衍生的碳气凝胶由于其优异的疏水性和亲油特性，能够有效地吸收不同类型的油和有机物溶剂，从水中高效分离污染物，具备一定的实际应用潜力，而且，当暴露于严酷的温度和腐蚀性液体时，这些碳气凝胶仍然表现出很高的吸收效率。

13.2　制备加工方法

NFC 的制备：使用酸化亚氯酸钠对杨木的粉末进行一系列化学预处理，利用亚氯酸钠（75℃，1h，5 次），5%（质量分数）氢氧化钾（90℃，2h），亚氯酸钠（75℃，1h，2 次）和 5%氢氧化钾（90℃，2h），相继除去木质素和半纤维素。随后，将纤维素浆使用高强度超声波发生器在输出功率 1200W 下持续 30min 超声，制备出 0.8%的 NFC 水凝胶[23]。

NFC 气凝胶和碳气凝胶的制备：将 0.8%NFC 水凝胶倒入模具中，然后放入冰箱中在−18℃下超过 24h。然后，将样品使用冷冻干燥机（Scientz-10N, Ningbo Scientz Biotechnology Co.）冷冻干燥，形成 NFC 气凝胶。随后，将 NFC 气凝胶转移到管式炉中在氩气流下进行热解。接下来，将 NFC 气凝胶以 3℃/min 加热速率升温至 450℃。保持 1h，然后以 3℃/min 加热速率将温度升至 850℃并保持 2h。之后，温度以 5℃/min 的速率降低至 450℃。最后，样品自然冷却到室温，获得碳气凝胶。

液氮处理碳气凝胶（LNTCAs）和热处理碳气凝胶（TTCAs）的制备：将 LNTCAs 碳气凝胶浸入液氮中 10h，TTCAs 通过在 300℃下加热 10h 来制备。

油和有机溶剂的吸收：将碳气凝胶浸入油和有机溶剂中直至吸收饱和。然后，迅速将它们移除以测质量。用于各种油和有机溶剂的碳气凝胶的质量增加定义为每单位干燥的碳气凝胶质量与吸收饱和湿碳气凝胶的质量差。

复合海绵的制备：碳气凝胶浸没在乙醇中，通过超声波分解成片状碳。然后，具有微米级孔的 PU 海绵浸入含有碳片的溶液中。挤压浸渍超过五次，将海绵捡起并在 60℃下加热 12h，得到复合海绵。将复合海绵浸入水中慢慢摇晃，去掉被困在海绵毛孔里面的碳片。接下来，将复合海绵立即干燥并用于连续去除污染物的分离试验装置的制造。将管的一端插入复合海绵中，管的另一端连接到密闭收集容器的一端，第二根管道连接真空泵和收集容器另一端之间。

13.3　纳米纤维素碳气凝胶的结构性能分析

13.3.1　碳气凝胶的合成与表征

为了得到多孔、轻质的碳气凝胶材料，首先从木粉中提取制备分散良好的纳米纤维素悬浊液。图 13-1 示意了制备碳气凝胶的方法。首先，从树木中采伐的木材被转换成增值产品，而在利用木材生产单板及家具过程中产生的低质残留物，将其作为原料研磨成粉末，通过化学方法去除木材提取物、木质素和半纤维素，制备纯化纤维素，粉末变成纤维素浆[16]。随后，借助高强度超声波发生器，纸浆经过纳米纤维开纤化处理获得 NFC 水凝胶。然后，将水凝胶冷冻干燥以形成使用形状可控的多形态的气凝胶。在最后一步中，将气凝胶在 850℃下氩气中热解产生黑色和轻质的碳气凝胶。值得一提是，这些气凝胶在热解后形状仍然可以保持不变，由于挥发物的蒸发，尺寸在一定程度上缩小了。悬浊液中的纳米纤维素由于表面游离羟基的存在及悬浊液中纳米纤维素浓度的提升，纳米纤维素链之间相互靠近，氢键结合并缠结在一起形成水凝胶，水凝胶经过冷冻干燥或者超临界干燥之后保持多孔状的缠结结构，得到了白色的多孔的块状纤维素气凝胶（CA）材料，最后经过高温热解得到所需的碳气凝胶。

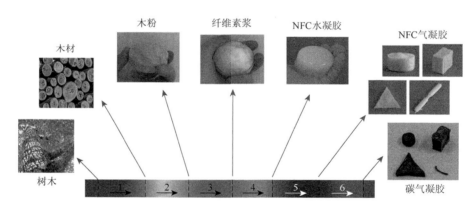

图 13-1　纳米纤维素碳气凝胶的制备原理

　　得到的碳气凝胶是多孔的，主要由相互连接的二维片状结构组成三维网络。前期的研究表明，当悬浊液浓度超过 0.5%（质量分数）时，NFC 在形成气凝胶的过程中会聚集成二维片状骨架。这是因为悬浊液浓度高于 0.5%（质量分数）的NFC，分散空间不足。因此，NFC 在 0.8%（质量分数）悬浊液中彼此紧密交联并最终在冻结烘干后演变成二维片状结构。在热解之后，NFC 气凝胶保存了二维片状结构，所制备的碳气凝胶密度约 7.8mg/cm³。Brunauer-Emmett-Teller（BET）碳气凝胶的表面积由氮气吸附-解吸等温线决定，经计算得出比表面积为 554.8m²/g [图 13-2（a）]。碳气凝胶的比表面积与之前来自碳纳米纤维的气凝胶（547m²/g）[24]和多壁碳纳米管（580m²/g）[25]的报道类似。多孔碳气凝胶的孔径特征进一步由孔径分布分析 [图 13-2（b）]，发现衍生自木材的 NFC 碳气凝胶主要由直径为 2～50nm 的中孔组成。

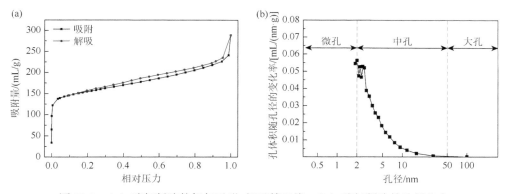

图 13-2　（a）碳气凝胶的氮气吸附-解吸等温线；（b）碳气凝胶的孔径分布

13.3.2　微观形貌及化学组成

通过扫描电子显微镜及场发射电子显微镜可以观察到制备的纳米纤维素碳气凝胶，块体外表面存在纤丝 [图 13-3（a，b）]，内部是由二维的片状结构构成的三维网状材料。图 3-13（c，d）显示纤维素水凝胶干燥过程中纳米纤维素交联构成了薄膜，而薄膜上存在的均匀的孔隙，可能是由碳化过程中产物的气化造成的。通过检测其密度约为 $7.8mg/cm^3$。

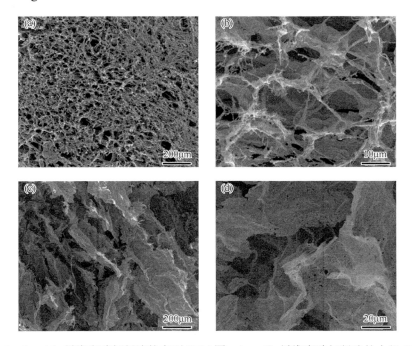

图 13-3　（a，b）纤维素碳气凝胶的表面 SEM 图；（c，d）纤维素碳气凝胶的内部 SEM 图

　　图 13-4 显示 NFC 气凝胶的傅里叶变换红外光谱（FTIR）图，峰值在 3400cm^{-1}
和 1640cm^{-1} 归因于 O—H 伸缩振动和 H—O—H 伸缩振动，表明气凝胶中存在亲
水基团。热解后，两个峰都消失了，表明去除了亲水基团。结果与 X 射线光电子
能谱（XPS）很好地吻合［图 13-5（a）］，显示了 NFC 气凝胶中 C 与 O 的原子比
为 1.66，而碳气凝胶中的比例增加到 12.29。

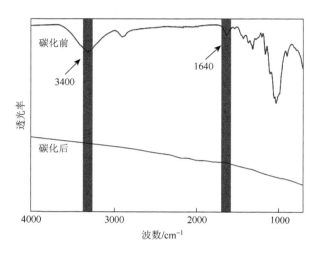

图 13-4　碳化前后气凝胶的 FTIR 谱图

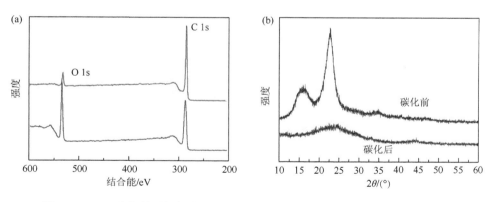

图 13-5　（a）碳化前后气凝胶的 XPS 谱图；（b）碳化前后气凝胶的 XRD 图谱

　　由图 13-5（b）可知，纳米纤维素气凝胶在 14.6°、16.5°、22.6°处分别对应（110）、
（110）和（200）晶面，可以确定纤维素气凝胶是纤维素Ⅰ型结晶结构。碳化之后，
这些晶面消失，说明碳化过程中结晶结构遭到了破坏，形成无定形碳。

13.3.3　力学特性

图 13-6 显示了纳米纤维素碳气凝胶在空气中压缩时，最大应变为 10%、30% 和 70% 的应力-应变曲线。在应变低于 55% 时，碳气凝胶显示线性弹性行为，表现出了良好的柔韧性和弹性。在超过 55% 的应变下，碳气凝胶显示出致密区域。在致密化区域，增加很小的应变需要很大的压缩应力。在线性弹性区域，压缩应力随应变缓慢增加，相互连接的碳结构存在弹性弯曲。

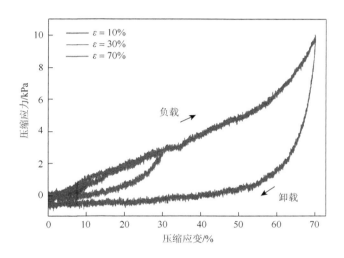

图 13-6　碳气凝胶在 10%、30% 和 70% 不同固定应变下的压缩应力-应变曲线

与传统的低密度、多孔性材料不同，制备得到的呈三维立体网状结构的碳气凝胶，表现出良好的柔韧性，可以经受反复的挤压。图 13-7（a）显示，当应变在 70% 以内，压应力解除时其可以回弹至原高度。由图 13-7（b）可知，当应变为 70% 时，其抗压应力较低，为 16.4kPa，可能是碳气凝胶密度较低和多孔结构造成的。和木质素衍生的气凝胶（压缩时约 360kPa）50% 的应变相比较，纳米纤维素衍生的碳纳米纤维气凝胶更柔软（85kPa，压缩应变约 70%），这种材料的柔软性是由 NFC 前驱体低密度和多孔结构造成的。

13.3.4　疏水亲油性

检测气凝胶高温热解碳化之后其疏水亲油特性。其中水和油在其表面的接触角分别为 129° 和 0°［图 13-8（a）］。油滴可迅速扩散渗透入气凝胶内部，而水珠

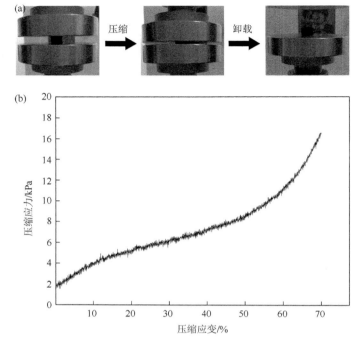

图 13-7 （a）碳气凝胶的压缩释放过程中的状态照片；
（b）碳气凝胶在应变为 70%时的应力-应变曲线

可长时间在碳气凝胶表面保持小球状 [图 13-8（b）]。虽然纳米纤维素气凝胶和碳气凝胶有较低的密度，但是由于纳米纤维素表面有大量的羟基，二者的性能大相径庭。纳米纤维素气凝胶接触水时 [图 13-8（c）]，由于亲水性能，会沉到水面下，而碳气凝胶由于良好的疏水性能，会漂浮在水面上，当用外力使其浸入水面下时 [图 13-8（d）]，可以观察到碳气凝胶表面聚集了很多气泡，出现了"银镜"。当外力撤去时，碳气凝胶可以快速漂浮在水面上，并且没有吸水的迹象。综上所述，碳气凝胶在油水分离等方面的应用有很大潜力。

为了进一步探究其疏水亲油性能及其所适用的环境，将纳米纤维素碳气凝胶吸附不同种类、不同密度的油及有机溶剂。如图 13-9（a，b）所示，选取漂浮在水面上的庚烷和水下的三氯甲烷，碳气凝胶快速吸附漂浮在水面上的经苏丹Ⅲ染色的庚烷和水下的三氯甲烷。吸收完毕后，碳气凝胶均漂浮在水面上，方便回收。实验过程中，利用碳气凝胶吸附有机溶剂及油的前后质量的增重率评价碳气凝胶的吸附能力：

$$增重率 (\%) = \frac{吸附后碳气凝胶的质量 - 吸附前碳气凝胶的质量}{吸附前碳气凝胶的质量} \times 100$$

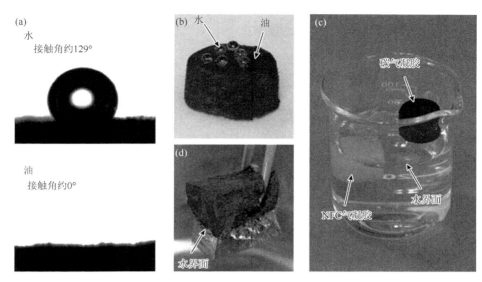

图 13-8　（a）水与油在碳气凝胶表面的接触角；（b）碳气凝胶对甲苯胺蓝染色的水珠和油的吸附性能照片；（c）气凝胶和碳气凝胶对水的吸附性能照片；（d）碳气凝胶在水中形成的"银镜"照片

图 13-9　（a）碳气凝胶吸附漂浮在水面上的染色庚烷；（b）碳气凝胶吸附水下的染色三氯甲烷

　　共 18 种有机溶剂和油作为目标污染物（图 13-10），碳气凝胶展现了良好的吸附性能，其增重率可高达 22356 倍，超过了部分已经出现的研究结果。随着污染物密度的增高，碳气凝胶的吸附量也呈现线性增长。

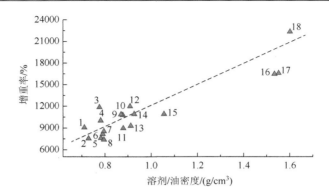

图 13-10　碳气凝胶的质量增加图，测量不同的油和有机溶剂的增重率作为其密度的函数

1～18 号分别为乙醚、汽油、环己烷、乙醇、十八烯、煤油、甲酚、丙酮、泵油、苯乙烯、甲苯、橄榄油、乙二胺、大豆油、乙酸、溴苯、氯仿、四氯化碳

　　碳气凝胶可以吸收高达自身质量 224 倍的油和有机溶剂（表 13-1）。本书制备碳气凝胶的吸收能力优于许多报道的材料，包括纳米线膜（最多 20 次）[26]、多孔氮化硼纳米片（最多 33 次）[27]、类似棉花糖的大孔凝胶（最多 15 次）[28]和超疏水共轭微孔聚合物（最高可达 23 次）[29]。对不同纤维素材料形成的碳气凝胶的吸收能力进行比较，其吸收容量小于细菌纤维素衍生的碳气凝胶（106～312g/g）[19]和 2，2，6，6-四甲基哌啶-1-氧基（TEMPO）的气凝胶-氧化稻草纤维素纳米纤维（139～356g/g）的容量。然而，它大于衍生自原棉（50～192g/g）[4]和废纸（56～188g/g）的碳气凝胶[15]和具有原子层沉积二氧化钛的纳米纤维素气凝胶（20～40g/g）[10]、气相沉积三氯硅烷（最多 45g/g）[21]的碳气凝胶。吸收的液体可以通过挤压饱和碳气凝胶，很容易地回收。在第一个周期中，通过碳气凝胶吸收 535mg乙醇，完全挤压后剩余质量为 285mg。从第二个周期开始，碳气凝胶的吸收能力基本保持稳定（图 13-11）。

表 13-1　油和有机物的各种吸收材料的比较

原料	合成方法	吸附的化学物质	密度/(mg/cm³)	吸附容量/(g/g)	接触角	比表面积/(m²/g)	参考文献
木材制备的纳米纤维素	冻干后热解	乙醚，汽油，环己酮等	约 7.8	74～224	约 129°	554.8	当前工作
细菌纤维素	冻干后热解	甲醇，乙醇，乙烯，乙二醇等	4～6	106～312	113.50°～128.64°	—	[19]
TEMPO-氧化稻草纤维素纳米纤维（0.2 NFC）	冻干后化学气相沉积的三乙氧基（octyl）硅烷	己烷，甲苯，泵油等	2.7（在化学气相沉积的三乙氧基（octyl）硅烷之前）	139～356	—	10.9	[12]

续表

原料	合成方法	吸附的化学物质	密度/(mg/cm³)	吸附容量/(g/g)	接触角	比表面积/(m²/g)	参考文献
原棉	热解	菜籽油，氯仿，甲苯等	约 12	50～192	—	—	[4]
废纸	浸没和搅拌，冻干后热解	氯仿，苯甲醇，二甲基甲酰胺等	约 5.8	56～188	—	约 178	[15]
微纤丝纤维素	真空冻干后原子层沉积 TiO₂	己烷，辛烷，甲苯等	20～30（在原子层沉积 TiO₂ 之前）	20～40	＞90°	—	[10]
纳米原纤丝纤维素	冻干后气相沉积三氯硅烷	非极性液体	4～14（在气相沉积三氯硅烷之前）	多达 45	约 150°	11～42（在气相沉积三氯硅烷之前）	[11]

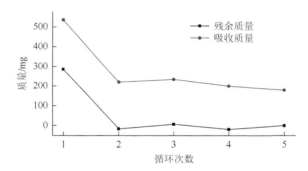

图 13-11　碳气凝胶在吸收乙醇时采用挤压法的可重复使用性

　　蒸馏法是碳气凝胶另一个高效去除低沸点液体的方法。例如，碳气凝胶通过加热吸附庚烷（沸点约为 100℃），直至庚烷完全蒸发。吸收-蒸发过程重复十次，庚烷在每个循环后可以从碳气凝胶中除去并且基本上没有剩余。此外，在十个循环期间吸收容量稳定（图 13-12），证明其具有令人满意的吸收和回收性能。

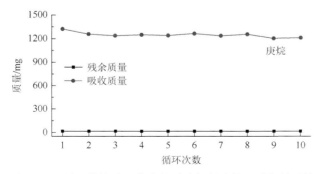

图 13-12　采用蒸馏法吸收庚烷时碳气凝胶的可重复使用性

生活中有机污染物的泄漏是不可预见的，有时往往发生在恶劣的环境条件下，材料的吸附性能不受环境的影响是至关重要的。所以调查碳气凝胶在高温、低温、有腐蚀性液体存在的环境下的吸附性能。图 13-13（a，b）显示，经过低温液氮处理、高温 300℃ 处理的碳气凝胶，其水接触角分别为 122° 和 125°，油的接触角为 0°。二者吸附煤油的增重率[图 13-13（c）]分别为 7971%、8020%，与原始碳气凝胶的 8192% 相比没有大幅的改变。这表明碳气凝胶可以在很大的温度范围内保持良好的疏水亲油性能。除此之外，图 13-13（d，e）显示，原始的碳气凝胶、经液氮处理的碳气凝胶、高温处理的碳气凝胶在高温（80°）和低温（−5°）的氢氧化钠溶液、氯化钠溶液中的接触角都保持在 120° 以上，也表现出良好的疏水亲油性能。图 13-13（f，g）中气凝胶快速吸附了处于高温（80°）和低温（−5°）下的氢氧化钠溶液上方漂浮的染色庚烷，表明碳气凝胶的吸附性较少受环境限制，在不同的温度范围、在碱或盐溶液中都保持了良好的吸附性能。

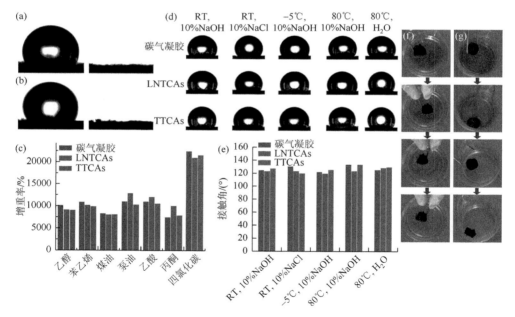

图 13-13 经液氮处理（a）、高温处理（b）过的碳气凝胶对水和油的接触角；（c）原始碳气凝胶、经液氮处理、高温处理过的碳气凝胶对几种有机溶剂或者油的吸附；（d，e）原始碳气凝胶、经液氮处理、高温处理过的碳气凝胶在不同温度下、碱、盐的环境中的接触角；−5℃（f）、80℃（g）下碳气凝胶对染色庚烷的吸附

13.3.5　碳薄片复合海绵的制备及性能

将碳气凝胶在乙醇溶液中超声粉碎，形成细小的片状结构碳，然后将碳薄片负载在 PU 海绵上，形成图 13-14（a）所示的复合海绵，从扫描电镜图 13-14（b，c）可以看出，无定形的碳气凝胶经超声粉碎之后变为片状结构。由图 13-14（d～g）可以看出，PU 海绵骨架是光滑的，复合后其骨架上出现了细小的片状碳。

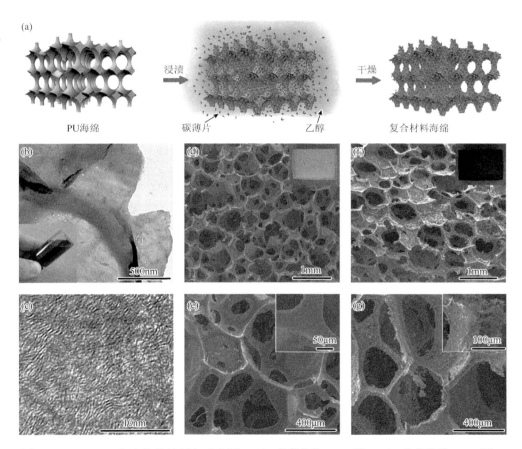

图 13-14　（a）PU 复合海绵的制备示意图；（b）碳薄片的 SEM 图；（c）碳薄片的 TEM 图；（d，e）复合前 PU 海绵的 SEM 图；（f，g）复合后 PU 海绵的 SEM 图

碳气凝胶可以进一步用海绵复合实现大规模连续分离水中的污染物。首先，在碳气凝胶浸入乙醇中，然后超声波打碎成碳片［图 13-14（b）］。如图 13-14（c）所示，在碎片碳片中观察到了部分有序的层状结构。然后，将碳片与具微米级蜂

窝孔隙的聚氨酯（PU）海绵浸渍在乙醇溶液中［图 13-14（d，e）］。用乙醇将碳片在海绵上进行灌注，接下来蒸发乙醇进行烘干。PU 海绵从黄色变成黑色，PU海绵的骨架被厚而均匀的碳片层包裹着［图 13-14（f，g）］。将复合材料进一步浸入水中并缓慢摇动去除被困在海绵毛孔内的碳片。最后，将复合海绵干燥并直接用于连续分离。碳片紧密地黏合在 PU 海绵的表面上，甚至复合海绵在水中于300r/min 下连续搅拌 24h，几乎没有观察到碳片掉入水中（图 13-15）。得到的复合海绵不仅保留了 PU 支架的机械韧性和弹性，也继承了碳气凝胶突出的疏水性（图 13-16）和亲油性。

图 13-15　将复合海绵放入装有水的烧杯中，搅拌 0h，1h，2h，3h，5h，24h（300r/min）

真空泵常用于疏水/亲油复合物的油水分离，以连续去除污染物[22]。为了有效地将水中的污染物与水分离，将复合海绵与泵相连，通过泵的吸力与复合海绵的亲油疏水性能共同作用，将污染物与水快速地、高效地、大量地分离开。通过橡胶导管将复合海绵与真空泵相连通构建出一套简易抽滤装置，用含有煤油（用油红染色）的水溶液（约 90mL）作为模型系统，染色的煤油接连不断地通过管进入锥形瓶中，当煤油层被抽至殆尽时，空气通过复合海绵接连不断地进入管中。如图 13-17（a）所示，打开真空泵，煤油不断地通过复合海绵进入管道并最终收集起来。复合海绵内部形成空气通道，当煤油完全从水中取出时，碳片的疏水性以及复合海绵对

图 13-16　复合海绵的疏水性

（a）在一张合成海绵表面一水滴（甲苯胺蓝染色）的宏观照片；（b）浸在水中的复合海绵照片

水的排斥的共同作用，使水不容易通过管进入收集的容器中。而且在此过程中几乎没有碳片材料从复合海绵上脱落。

图 13-17　（a）利用复合海绵抽滤漂浮在水面上的煤油；（b）利用复合海绵大规模抽滤漂浮在水面上的煤油

进一步的实验表明，分离速度取决于液体的黏度。通过回收液体质量除以操作时间和复合海绵质量的比值，得到了油和有机溶剂的流量。如图 13-18 所示，泵快速通过复合海绵传送低黏度的苯乙烯和庚烷，流速分别为 164716g/(h·g)和163953g/(h·g)。通过对比发现，当油和有机溶剂有较高的黏度时，污染物被分离的速度会大大降低。

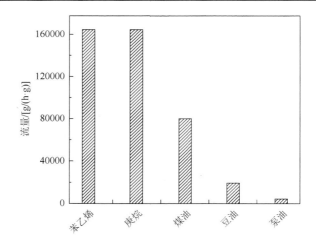

图 13-18　复合海绵抽滤下几种有机溶剂的流量

　　由于在海洋和河流融合中，污染物的泄漏经常发生快速变化，因此大面积连续吸收污染物尤为重要。为了模拟真实的污染环境，约 7L 的煤油（加入红色染料染色）加入水池（143m×39m×42cm）。煤油迅速蔓延并完全覆盖在水面上。然后，一个自制设备从水中参与煤油的分离。如图 13-17（b）所示，在初始阶段，煤油被迅速吸入收集容器中。在继续抽压下，残留煤油的量减少，导致水面上变成较薄的煤油层。同时，由于煤油供应减少，复合海绵周围的煤油量减少。另外，煤油在复合海绵参与的泵收集期间是被水包围的一个“孤岛”，这偶尔会导致吸附的暂时性中断。在这种情况下，复合海绵可以移动并再次与剩余的煤油接触直到煤油几乎完全被吸收。在整个吸收过程中，没有水被吸附上来。这些结果证明了所制备的有碳片覆盖的复合海绵便携式设备可以连续分离来自水中的污染物。

13.4　本章总结

　　碳气凝胶是一种具有弹性、疏水亲油的吸附材料。从如木材生物质材料中提取纳米纤维素作为碳气凝胶的前驱体，经过碳化这种简单的方法得到了低密度、高孔隙度、疏水亲油、吸附性能优异的纳米纤维素碳材料。将此碳材料及其复合材料应用到有机溶剂和油对水的污染中，能够使得污染物与水分离开。此研究为纳米纤维素在吸附水污染物方面的应用提供了一定的研究思路。

参 考 文 献

[1]　Wang B，Liang W，Guo Z，et al. Biomimetic super-lyophobic and super-lyophilic materials applied for oil/water separation：a new strategy beyond nature[J]. Chemical Society Reviews，2015，44（1）：336-361.

[2]　Niu Z，Liu L，Zhang L，et al. Porous graphene materials for water remediation[J]. Small，2014，10（17）：3434-3441.

[3]　Al-Muhtaseb S A，Ritter J A. Preparation and properties of resorcinol-formaldehyde organic and carbon gels[J]. Advanced Materials，2003，15（2）：101-114.

[4]　Bi H，Yin Z，Cao X，et al. Carbon fiber aerogel made from raw cotton：a novel，efficient and recyclable sorbent for oils and organic solvents[J]. Advanced Materials，2013，25（41）：5916-5921.

[5]　Liang H W，Guan Q F，Chen L F，et al. Macroscopic-scale template synthesis of robust carbonaceous nanofiber hydrogels and aerogels and their applications[J]. Angewandte Chemie International Edition，2012，51（21）：5101-5105.

[6]　Cao A，Dickrell P L，Sawyer W G，et al. Super-compressible foamlike carbon nanotube films[J]. Science，2005，310（5752）：1307-1310.

[7]　Aliev A E，Oh J，Kozlov M E，et al. Giant-stroke，superelastic carbon nanotube aerogel muscles[J]. Science，2009，323（5921）：1575-1578.

[8]　Kim K H，Oh Y，Islam M F. Graphene coating makes carbon nanotube aerogels superelastic and resistant to fatigue[J]. Nature Nanotechnology，2012，7（9）：562.

[9]　Qiu L，Liu J Z，Chang S L Y，et al. Biomimetic superelastic graphene-based cellular monoliths[J]. Nature Communications，2012，3：1241.

[10]　Chen Z，Ren W，Gao L，et al. Three-dimensional flexible and conductive interconnected graphene networks grown by chemical vapour deposition[J]. Nature Materials，2011，10（6）：424.

[11]　Wu Y，Yi N，Huang L，et al. Three-dimensionally bonded spongy graphene material with super compressive elasticity and near-zero Poisson's ratio[J]. Nature Communications，2015，6：6141.

[12]　Sun H，Xu Z，Gao C. Aerogels：multifunctional，ultra-flyweight，synergistically assembled carbon aerogels[J]. Advanced materials，2013，25（18）：2554-2560.

[13]　White R J，Brun N，Budarin V L，et al. Always look on the "light" side of life：sustainable carbon aerogels[J]. ChemSusChem，2014，7（3）：670-689.

[14]　Moon R J，Martini A，Nairn J，et al. Cellulose nanomaterials review：structure，properties and nanocomposites[J]. Chemical Society Reviews，2011，40（7）：3941-3994.

[15]　Chen W，Li Q，Wang Y，et al. Comparative study of aerogels obtained from differently prepared nanocellulose fibers[J]. ChemSusChem，2014，7（1）：154-161.

[16]　Chen W，Yu H，Li Q，et al. Ultralight and highly flexible aerogels with long cellulose I nanofibers[J]. Soft Matter，2011，7（21）：10360-10368.

[17]　Korhonen J T，Kettunen M，Ras R H A，et al. Hydrophobic nanocellulose aerogels as floating，sustainable，reusable，and recyclable oil absorbents[J]. ACS Applied Materials & Interfaces，2011，3（6）：1813-1816.

[18]　Cervin N T，Aulin C，Larsson P T，et al. Ultra porous nanocellulose aerogels as separation medium for mixtures of oil/water liquids[J]. Cellulose，2012，19（2）：401-410.

[19]　Wu X L，Wen T，Guo H L，et al. Biomass-derived sponge-like carbonaceous hydrogels and aerogels for supercapacitors[J]. ACS Nano，2013，7（4）：3589-3597.

[20]　Nogi M，Kurosaki F，Yano H，et al. Preparation of nanofibrillar carbon from chitin nanofibers[J]. Carbohydrate Polymers，2010，81（4）：919-924.

[21]　Yang Y，Tong Z，Ngai T，et al. Nitrogen-rich and fire-resistant carbon aerogels for the removal of oil contaminants from water[J]. ACS Applied Materials & Interfaces，2014，6（9）：6351-6360.

[22]　Bi H，Huang X，Wu X，et al. Carbon microbelt aerogel prepared by waste paper: an efficient and recyclable sorbent for oils and organic solvents[J]. Small，2014，10（17）：3544-3550.

[23]　Chen W，Yu H，Liu Y，et al. Individualization of cellulose nanofibers from wood using high-intensity ultrasonication combined with chemical pretreatments[J]. Carbohydrate Polymers，2011，83（4）：1804-1811.

[24]　Wu Z Y，Li C，Liang H W，et al. Carbon nanofiber aerogels for emergent cleanup of oil spillage and chemical leakage under harsh conditions[J]. Scientific Reports，2014，4：4079.

[25]　Zou J，Liu J，Karakoti A S，et al. Ultralight multiwalled carbon nanotube aerogel[J]. ACS Nano，2010，4（12）：7293-7302.

[26]　Yuan J，Liu X，Akbulut O，et al. Superwetting nanowire membranes for selective absorption[J]. Nature Nanotechnology，2008，3（6）：332.

[27]　Lei W，Portehault D，Liu D，et al. Porous boron nitride nanosheets for effective water cleaning[J]. Nature Communications，2013，4：1777.

[28]　Hayase G，Kanamori K，Hasegawa G，et al. A superamphiphobic macroporous silicone monolith with marshmallow-like flexibility[J]. Angewandte Chemie International Edition，2013，52（41）：10788-10791.

[29]　Li A，Sun H X，Tan D Z，et al. Superhydrophobic conjugated microporous polymers for separation and adsorption[J]. Energy & Environmental Science，2011，4（6）：2062-2065.

第 14 章　纳米纤维素/氧化锰电极及其对称超级电容器

14.1　背景概述

二氧化锰（MnO_2）由于其广泛的来源和低廉的价格[1-3]常被应用于超级电容器电极材料，但是其最大弊端是电子传导率低和电荷转移电阻高，从而严重影响 MnO_2 有效物质的利用，导致材料的质量电容值远远低于其理论容量。为了改善 MnO_2 的电导率，提高 MnO_2 电极材料的利用率和循环使用寿命，往往将其与其他导电性较好的材料复合，如碳材料、金属、金属氧化物等，从而缩短离子和电子的扩散路径，提高二氧化锰电极材料的电导率，实现增大材料电容量和提高材料循环使用寿命的目的[4]。

碳材料是目前超级电容器中最常用的电极材料。其中，近年来碳纳米管、石墨烯和活性炭得到了广泛的研究[5-7]。然而，碳纳米材料的高成本和复杂的制备工艺（液相沉积、电沉积、水热反应、循环伏安阳极沉积等）限制了碳/锰氧化物电极材料的快速发展[8-14]。从可行性和成本的角度来看，开发可持续生物炭和生物炭纳米材料来替代不可再生碳材料十分必要[15-19]。目前，从生物质聚合物中提取的活性炭被认为是超级电容器最可行的材料[20-22]。生物质材料纳米纤维素，由于其特有的结构和性能，以及可再生和丰富的原材料资源而应用在储能材料中[23]。Yang 等将球形二氧化锰纳米颗粒和其他类型的活性纳米材料与纤维素纳米晶须复合制备的复合气凝胶超级电容器材料具有轻质、高孔性和柔性的特点[24]。活性材料与电极总质量的质量比很高，在高充放电速率下电容保持良好，这表明纳米纤维素在高性能超级电容器中的应用潜力很大。

在以往的研究中，随着对材料新性能的需求提高，国内外学者对纤维素的研究也不再局限于其作为支撑功能的研究。纤维素也可作为一种来源广泛的碳源在电化学中应用，如 Sharifi 等[25]以天然纤维素纤维作为模板、以蔗糖作为还原剂，通过银镜反应、加热煅烧除模板，制得纳米结构银纤维，将其与石墨复合可用作燃料电池的电极材料。Guilminot 等[26]热解纤维素醋酸酯气凝胶，制备出负载纳米颗粒 Pt 的碳气凝胶，其可作为电极应用在质子交换膜燃料电池中。Gómez-Cámer 等[27]在纳米纤维素纤丝上沉积纳米硅和碳，后热压干燥制备的三体系复合材料，具有低膨胀收缩率和高电荷容量等性能，可作为阳极材料应用在锂电池中。Du 等[28]将纤维素与乙酸锰通过静电纺丝工艺，后高温碳化，制备具有独立自支撑的电极材料。

本章以木质 NFC 为结构模板和碳源，乙酸锰为锰源，将 NFC 和乙酸锰的溶液均匀混合并通过冷冻干燥形成复合气凝胶，进一步碳化后制备成 NFC/MnO$_x$ 复合电极材料。利用纤维素材料的结构和组分特点，使其作为结构支撑体和碳源与锰源混合，通过简单的工艺制备成 NFC/MnO$_x$ 复合电极材料，缩短离子和电子的扩散路径，提高氧化锰电极材料的电导率，实现增大材料电容量和提高材料循环使用寿命的目的。

14.2　制备加工方法

以杨木木粉为原料，通过化学预处理脱去木粉中的木质素和半纤维素，然后利用强酸法结合高强度超声制备纤维素纳米晶须，再通过真空抽滤形成基底膜。加入混有活性剂（CTAB）的石墨烯溶液，通过层层抽滤成膜的方法，使石墨烯均匀铺展，形成均匀连续的导电表面。CTAB 的加入可以降低石墨烯溶液的液体表面张力，防止石墨烯间的团聚，有利于石墨烯片层在纤维素膜表面均匀铺展。通过控制石墨烯的加入量，控制膜表面石墨烯的层数。利用 SEM、TEM、XRD 测试表征复合材料的微观形貌和结构特征；通过透光率测试、热力学性能测试、膜拉伸测试、热稳定性测试和四探针测试电性能等，表征复合膜的光电性能和热力学性能。具体的制备路线如图 14-1 所示。

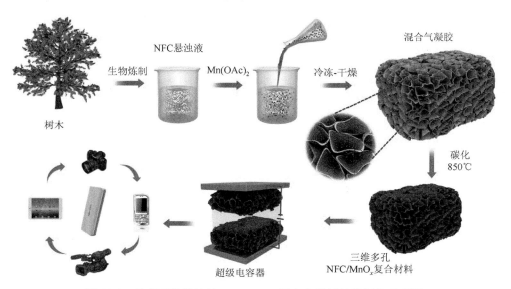

图 14-1　具有三维结构的 NFC/MnO$_x$ 复合电极材料的制备示意图

14.2.1　纳米纤维素/乙酸锰气凝胶的制备

（1）将纯化纤维素配制成质量分数为 1% 的纤维素水悬浊液，然后利用超声波粉碎机（JY99-IID，宁波新芝生物科技股份有限公司）进行纤丝化处理，超声功率 1200W，超声时间 30min，制得 NFC 水悬浊液，待用。

（2）将 20g NFC 溶液与 PVP 和乙酸锰按质量比 20：0.1：0.02、20：0.1：0.06、20：0.1：0.1、20：0.1：0.14 和 20：0.1：0.2 混合，分别标记为 NFC/Mn(OAc)$_2$-1、NFC/Mn(OAc)$_2$-2、NFC/Mn(OAc)$_2$-3、NFC/Mn(OAc)$_2$-4、NFC/Mn(OAc)$_2$-5，搅拌60min 后进行冷冻干燥。

14.2.2　纳米纤维素/氧化锰复合体系电极材料的制备

NFC/MnO$_x$ 气凝胶的碳化：将 14.2.1 小节所得的 NFC/乙酸锰气凝胶样品放入高温真空管式炉中碳化，通入 N$_2$ 作为惰性气氛。温度由室温升高到 850℃，升温速度为 3℃/min，并在 270℃ 和 450℃ 下分别保持 1h，在 850℃ 下保持 2h；然后在 N$_2$ 保护下降温至 100℃ 以下，得到 NFC/锰系氧化物复合材料。该体系被命名为 NFC/MnO$_x$ 复合体系，根据冷冻干燥后复合气凝胶中锰源含量由 10% 到 50% 的变化，标记所得样品依次为 NFC/MnO$_x$-1、NFC/MnO$_x$-2、NFC/MnO$_x$-3、NFC/MnO$_x$-4 和 NFC/MnO$_x$-5。纯 NFC 气凝胶碳化后产物作为对照样，标记为CF。

NFC/MnO$_x$ 复合电极材料的制备：将制备的 NFC/MnO$_x$ 作为电极材料，与导电炭黑（Super P）和黏结剂（质量分数为 1.3% 的 PVDF 溶液）以 8：1：1 的质量比混合，加入一定量的氮甲基吡咯烷酮后超声分散均匀。将活性物质涂覆在称量过质量的 1.5cm×1.5cm 的泡沫镍集流体上，在 80℃ 真空干燥 24h，将电极在 10MPa的压力下压制 5min 成片，然后称重，计算镍片上电极材料的质量。以铜导线引出，环氧树脂封住导线。铂丝作为对电极，C（K$_2$SO$_4$）电极作为参比电极，电解液选择 1mol/L Na$_2$SO$_4$ 水溶液，室温下测试。

测试用极片和扣式电池的组装见图 14-2。

（1）极片制备：冲压打孔制备圆形集流体泡沫镍片，向冲好的镍片中加入无水乙醇，反复超声清洗泡沫镍，然后放入烘箱干燥，待用。将制得的 NFC/MnO$_x$复合体系与 PVDF、乙炔黑按 8：1：1 的质量比混合，滴加适量 NMP 使混合物黏稠度适当为止，超声 30min 使混合物混合均匀。以称量好质量的泡沫镍为载体，将混合物均匀涂抹于泡沫镍单侧的表面，然后将其放在真空干燥箱中在 120℃ 下干燥 10h，干燥完毕后取出。将极片以 10MPa 的压力挤压 5min，然后分别称量极片质量，而后放入真空干燥箱中 80℃下干燥 6h。

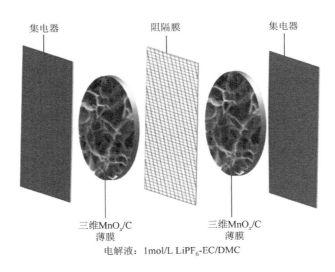

图 14-2　电容器的组装原理图

（2）组装扣式电池：模拟电池采用 CR2025 扣式电池。以自制极片为对称的正、负极，按正极壳、极片 1（混合材料朝向负极方向）、薄薄膜、厚薄膜、极片 2（混合材料朝向正极方向）、垫片、垫圈和负极壳的顺序（图 14-2）制备，并用 1mol/L LiPF$_6$ 的 EC、DMC 和 EMC（体积比 1：1：1）的电解液填充电池，要注意排干极片和薄膜间的氩气。在水和氧含量均适宜的氩气气氛手套箱中组装模拟电池，并取出进行压制。

14.3　纳米纤维素/氧化锰复合电极材料的结构性能分析

14.3.1　纳米纤维素/乙酸锰气凝胶结构性能分析

1. SEM 分析

图 14-3（a）为 NFC 气凝胶在氮气保护下，经过高温碳化前后的照片。从图中可以看出，经过高温碳化后形成的 NFC 仍然保持完整的三维结构，但碳化后其体积收缩较大，这种自支撑的多孔结构也具有巨大的比表面积。图 14-3（b）为 NFC 气凝胶的电镜图，从图中可以看出气凝胶的孔隙大小非常均匀，由于纤

维素的浓度较大，经过冷冻干燥后的 NFC 气凝胶呈薄片层状，每一片层中高长径比的 NFC 以网状缠结在一起，起到了自支撑的作用。图 14-3（c）为 NFC 气凝胶在氮气保护下，经高温碳化后的电镜图，从图中可以观察到其三维结构的完整性和密实性，片层状的纤丝经碳化后仍然保持着碳连续薄片结构，这种结构作为导电介质材料使用时，有利于电子的连续传递和电容的存储。图 14-3（d）为 NFC 与乙酸锰气凝胶（NFC/MnO$_x$-4）碳化后的电镜图，其同样具有均匀孔隙的三维结构，乙酸锰在氮气保护下经高温，最终分解为锰的氧化物，表面活性剂 PVP 的加入，有利于经碳化后复合体系中锰的氧化物颗粒纳米尺寸更优异和分散更均匀。

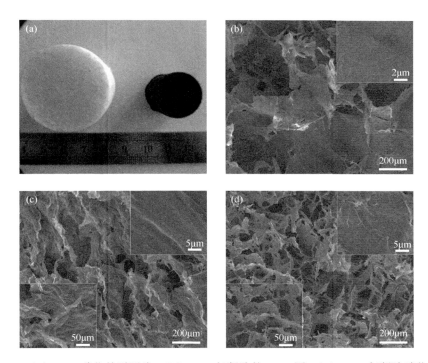

图 14-3　（a）NFC 碳化前后照片；（b）NFC 气凝胶的 SEM 图；（c）NFC 气凝胶碳化后的
SEM 图；（d）NFC 与乙酸锰气凝胶（NFC/MnO$_x$-4）碳化后的 SEM 图

2. EDS 分析

图 14-4（a）为 NFC/MnO$_x$-4 复合材料的 EDS 谱图，从图中可以看出样品中的 C、O、Mn 元素的特征峰，图 14-4（b~e）为 NFC/MnO$_x$-4 复合材料的 EDS 二维扫描图像，图 14-4（b）为扫描区域图像，图 14-4（c~e）分别为所扫描区域内的 C、O、Mn 元素的分布图，观察 O、Mn 元素的分布可知，NFC/MnO$_x$-4 复

合材料中 MnO_x 在 NFC 表面均匀分布，且纳米纤维素表面的 MnO_x 尺寸均一，没有颗粒团聚。

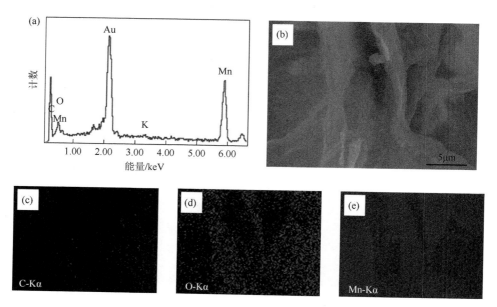

图 14-4　（a）NFC/MnO_x-4 复合纳米纤维的 EDS 谱图；
（b）扫描区域图像；（c）C 元素；（d）O 元素；（e）Mn 元素

3. TEM 分析

图 14-5（a，b）中的高分辨率 TEM 图和选区电子衍射（SAED）图进一步揭示了 NFC 膜的石墨碳结构。图 14-5（c）显示附着在 NFC 膜上的 MnO_x 纳米颗粒具有典型的晶体结构。图 14-5（d）为孔径分布曲线图，NFC 气凝胶具有较高的 BET 表面积（S_{BET} = 554.8m^2/g），而 NFC/MnO_x-4 的 BET 表面积值下降至 219.3m^2/g。根据孔径尺寸分布曲线可计算出 NFC/MnO_x-4 的孔径尺寸在 1.99～305.3nm，中孔（2.0～58.0nm）和微孔（≤1.95nm）分别占 80.25%和 31.5%，复合材料的独特的结构特点有利于电解质的迁移，为电解质离子提供扩散通道。

4. XRD 分析

图 14-6 为 NFC 与含有不同质量分数乙酸锰的复合气凝胶碳化后的 XRD 图谱。从图中可以看出，NFC 在 2θ = 18°～30°内出现较缓的弥散峰，而在 2θ = 23.5°的位置出现特征衍射峰。这个特征峰的形成是由于 NFC 中 I 型的纤维素经碳化后，石墨化程度较好的部分石墨化结构对应呈现（002）的衍射晶面。引入锰源

后，随着锰含量的增加，所得到的复合材料中 MnO$_x$ 特征峰逐渐变得明显。根据特征峰所对应的晶面，分析复合材料中的物相主要成分为 C、MnO 和 Mn$_3$O$_4$，其中存在锰的多种价态氧化物。例如，试样 NFC/MnO$_x$-4 图谱中的主要特征峰所对应的关系分别为：MnO（111）晶面 $2\theta = 34.910°$、（200）晶面 $2\theta = 40.547°$、（220）晶面 $2\theta = 58.722°$、（311）晶面 $2\theta = 70.176°$、（222）晶面 $2\theta = 73.793°$；Mn$_3$O$_4$（101）晶面 $\theta = 18.015°$、（112）晶面 $2\theta = 28.966°$、（103）晶面 $2\theta = 32.411°$、（211）晶面 $2\theta = 36.040°$、（220）晶面 $2\theta = 44.369°$、（224）晶面 $2\theta = 60.024°$ 和（400）晶面 $2\theta = 64.651°$。因此，MnO$_x$ 的组成主要为 MnO 和 Mn$_3$O$_4$，并且锰的高价态含量较多，结晶程度高。这说明引入锰源含量的不同对复合材料中 MnO$_x$ 的价态组成没有明显的影响，碳化工艺的设置是影响 MnO$_x$ 的价态组成和晶型生长程度的决定性因素。

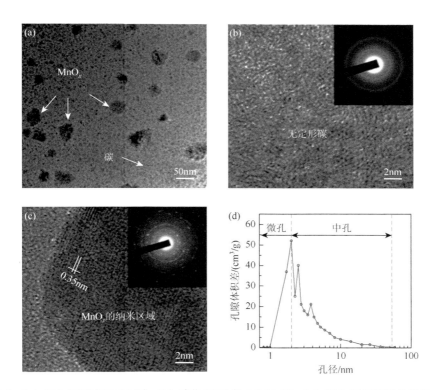

图 14-5　（a）复合气凝胶 TEM 图；（b）碳化 NFC 的 SAED 图；（c）复合气凝胶碳化后的 SAED
图；（d）NFC/MnO$_x$-4 的孔径分布图

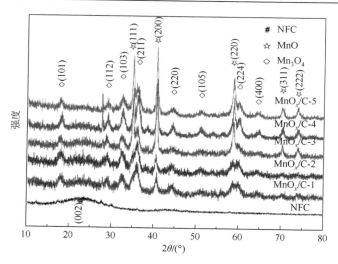

图 14-6　NFC 与含有不同质量分数乙酸锰的复合气凝胶碳化后的 XRD 图谱

5. XPS 分析

图 14-7 为试样 NFC/MnO$_x$-4 的 XPS 图谱，其中图 14-7（a）为试样的全谱扫描图，图 14-7（b）为 Mn 2p 的 XPS 谱图。从测试结果可知，Mn 2p$_{3/2}$ 和 Mn 2p$_{1/2}$ 的自旋分离能量差为 11.6eV，与文献中锰的氧化物的数据基本吻合。通过分峰软件，对 C 1s 进行分峰，得到图 14-7（c）所示的 C 1s 不同键能结合态所对应的子峰。A 子峰的结合能为 284.53eV，为 C（sp^2）所对应峰位，较为明显。B 子峰的结合能 286.18eV，为 C—OH、C—O—C 所对应峰位，原子分数为 4.63%。C 子峰的结合能 287.25eV，为 C＝O 所对应峰位，原子分数为 5.56%。D 子峰的结合能 288.94eV，为 O—C＝O 所对应峰位。E 子峰的结合能 290.36eV，为 π-π* 所对应峰位。从各个子峰的峰位和原子分数可以看出，NFC 气凝胶石墨化的程度较高，并且与其他元素存在多种结合态。图 14-7（d）为 O 1s 谱线的分峰拟合结果，其中 F 为 Mn—O—Mn 所对应的子峰，结合能为 529.91eV；G 为 O—Mn—O 所对应的子峰，结合能为 531.47eV；H、I 分为 Mn—O—H 和 O—H 所对应的子峰。O—Mn—O 的含量比 Mn—O—Mn 高，说明材料中同时存在锰的 II 价和 IV 价氧化态，锰的 IV 价氧化物含量较多。

6. TGA 测试

图 14-8 为 NFC/MnO$_x$ 复合气凝胶的 TGA 曲线。以下试验数据为室温加热至 800℃样品的热重曲线（升温速率为 30K/min/10.0K/min）。结果表明，随着锰源加入量的增加，氧化锰的质量保留率增大。NFC/MnO$_x$-4 中氧化锰的质量保留率为 51%。

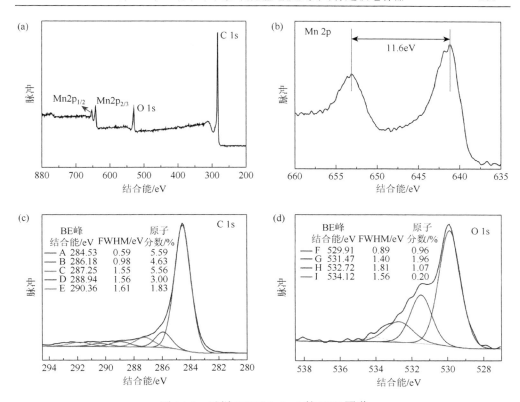

图 14-7　试样 NFC/MnO$_x$-4 的 XPS 图谱

（a）全谱扫描；（b）Mn 2p；（c）C 1s；（d）O 1s

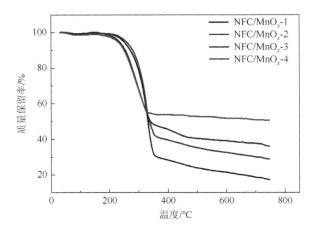

图 14-8　NFC/MnO$_x$ 复合气凝胶 TGA 图谱

7. 简易导电装置串联检测导电性

图 14-9 为通过简易导电装置串联检测 NFC/MnO$_x$ 复合气凝胶导电性的照片。通过图片可以看出，经碳化后所得到的 NFC/MnO$_x$ 复合气凝胶具有较好的导电性能，用镊子轻轻按压，灯泡即可变亮。

图 14-9 　通过简易导电装置串联检测 NFC/MnO$_x$ 复合气凝胶导电性的宏观照片

14.3.2　三电极体系的电化学性能分析

1. 循环伏安测试

图 14-10 为三维结构 NFC/MnO$_x$ 复合气凝胶作为电极在浓度为 1mol/L 的 Na$_2$SO$_4$ 电解液中的循环伏安曲线（CV）。图 14-10（a，b）为试样分别在低扫速（5mV/s）和高扫速（50mV/s）下的循环伏安曲线。从图中可以看出，在扫描速率 5mV/s 下，三个电极体系的 CV 曲线均呈现基本对称可逆的矩形，在工作电压范围内没有十分明显的氧化还原峰。从闭合的 CV 曲线所围成的面积可以看出，随着锰源含量从 0% 到 40% 增加，CV 曲线所围成的面积增加，即 NFC/MnO$_x$ 复合电极的比电容增加，且比电容的增加值较为均匀。当锰源含量为 50%（NFC/MnO$_x$-5）时，其比电容值小于试样 NFC/MnO$_x$-2、NFC/MnO$_x$-3 和 NFC/MnO$_x$-4。试样 NFC 和 NFC/MnO$_x$-1 的 CV 曲线最接近矩形，而 NFC/MnO$_x$-2、NFC/MnO$_x$-3、NFC/MnO$_x$-4 和 NFC/MnO$_x$-5 的 CV 曲线在工作电压的两端稍许偏离矩形，是由于在此测试体系中 MnO$_x$ 出现微弱的极化。当扫描速率增大为 50mV/s 时，三电

极的 CV 曲线仍保持对称可逆的矩形，没有明显的扭曲，但响应电流增大，极化现象减弱。

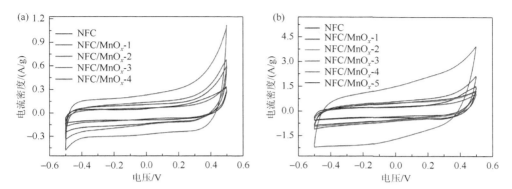

图 14-10　NFC/MnO$_x$ 复合气凝胶在 5mV/s（a）和 50mV/s（b）扫描速率下的 CV 曲线

图 14-11 为试样 NFC/MnO$_x$-4 在扫描速率从 2mV/s 到 100mV/s 下对应的循环伏安曲线。从图中可以看出，随着扫描速率的增加，NFC/MnO$_x$-4 的响应电流依次增大，且均保持着稳定可逆的电化学特性。

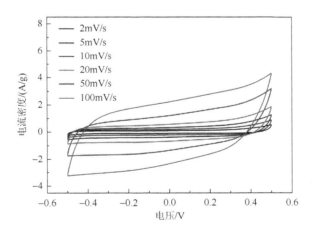

图 14-11　NFC/MnO$_x$-4 复合气凝胶试样在不同扫描速率下对应的 CV 曲线

图 14-12 为 NFC/MnO$_x$ 复合气凝胶在扫描速率由 2mV/s 到 100mV/s 下的循环伏安曲线，通过计算得到的不同扫速下的比电容点线图。从图中可以看出，在扫描速率为 2mV/s 时，5 个试样所对应的比电容值分别为 34.8F/g、35.9F/g、72.0F/g、91.5F/g 和 138.4F/g。当扫描速率增大到 50mV/s 时，试样所对应的比电容值相对于 2mV/s 时的电容保留率分别为 40.6%、44.6%、26.8%、26.7%和 41.5%，说明

三维结构 NFC/MnO$_x$ 复合气凝胶试样在大功率条件下，具有良好的倍率特性。相比于碳化纤维素，锰源的引入使 NFC/MnO$_x$ 复合物的倍率特性有所改变，主要是由于在高扫描速率下 MnO$_x$ 的氧化还原反应和电荷迁移相对滞后，使得电极材料的电容下降。

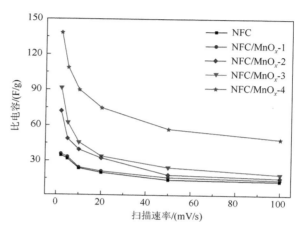

图 14-12　不同NFC/MnO$_x$复合气凝胶试样在扫描速率由2mV/s 增加到100mV/s 时比电容值变化

相比于其他试样，NFC/MnO$_x$-4 具有较高的比电容值（在扫描速率为 2mV/s 时的比电容可达 138.4F/g）和倍率特性，表现出优异的综合电化学性能。这是因为在材料最初制备的过程中引入锰源溶解在纤维素水溶液中，使得二者均匀混合。NFC/MnO$_x$-4 中水溶 NFC 胶与 PVP 和乙酸锰的质量比为 20：0.1：0.14，冷冻干燥后乙酸锰的质量分数约为 50%，而乙酸锰中 Mn 元素的含量与质量分数为 26% 的 MnO$_2$ 相同。通过计算可知，NFC/MnO$_x$-4 中的 MnO$_2$ 的质量分数约为 35.9%。在碳化的过程中，复合体系中形成具有纳米尺寸的 MnO$_x$ 颗粒，并且在 NFC 体相中良好分布，纳米尺寸的 MnO$_x$ 颗粒，增加了其表面氧化还原反应活性点，使 MnO$_x$ 的赝电容特性能更好地发挥；三维结构的生物炭纤维可作为高度导电的集电器，其高比表面积和丰富的孔隙为电解液的扩散提供连续通道，并起到骨架支撑的作用，增强电极循环特性；同时表面生长的纳米结构 MnO$_x$ 与电解液接触的界面面积增加，缩短了离子在氧化物内部的固态传输距离，从而达到提高综合电容性能的目的。

2. 恒流充放电测试

图 14-13 为三维结构不同 NFC/MnO$_x$ 复合材料作为电极在浓度为 1mol/L 的 Na$_2$SO$_4$ 电解液中恒流充放电曲线。在 0.5A/g 下的恒流充放电曲线，充放电电压范

围为−0.5～0.5Vvs. SCE。从图中可以看出，复合材料的库仑效率较好。由不同 NFC/MnO$_x$复合材料与 NFC 电极材料的放电曲线对比可以看出，NFC/MnO$_x$复合材料在放电过程起始的时候有微小的电压降低，这说明 MnO$_x$ 的存在对复合电极材料中的电荷转移速率有一定的影响，但影响较微弱。其中 NFC/MnO$_x$-4 复合电极材料具有更好的电性能。

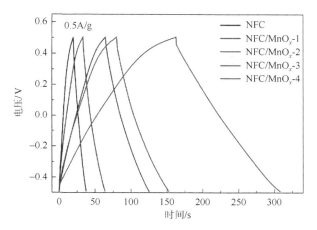

图 14-13　NFC/MnO$_x$复合电极材料在电流密度为 0.5A/g 下的恒流充放电曲线

图 14-14 为 NFC/MnO$_x$-4 复合电极材料在电流密度为 0.25A/g、0.5A/g、1A/g 和 2A/g 下的恒流充放电曲线。在不同电流密度下，充电曲线与放电曲线基本对称，随着电流密度的增加，试样充放电曲线形状稳定，说明电极材料的功率特性较好。

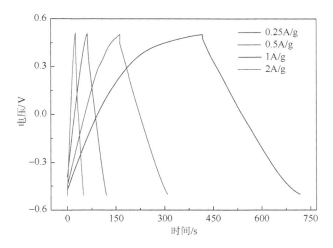

图 14-14　NFC/MnO$_x$-4 复合电极材料在不同电流密度下的恒流充放电曲线

图 14-15 为 NFC/MnO$_x$-4 复合电极材料在电流密度为 0.5A/g 下的恒流多次充放电曲线。试样经过多次充放电后，仍然表现出较好的三角对称关系，且各个三角形面积几乎相等，这说明 NFC/MnO$_x$-4 复合电极材料具有较好的电化学可逆性和超电容性能。

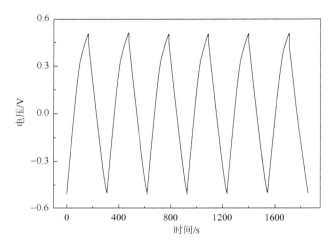

图 14-15　NFC/MnO$_x$-4 复合电极材料在电流密度为 0.5A/g 下的恒流充放电曲线

图 14-16 为根据 NFC/MnO$_x$-4 复合电极材料在电流密度为 0.25A/g、0.5A/g、1A/g 和 2A/g 下充放电曲线计算得到的电流密度与比电容点线图。复合电极材料在电流密度为 0.25A/g、0.5A/g、1A/g 和 2A/g 下所对应的比电容值分别为 90F/g、

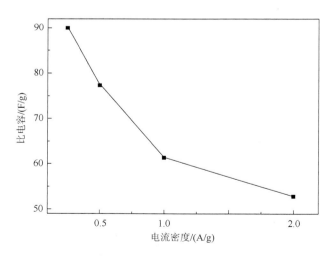

图 14-16　NFC/MnO$_x$-4 复合电极材料在不同电流密度下的比电容值的变化

77.35F/g、61.38F/g 和 52.75F/g；电流密度增加，复合电极材料仍具有较好的功率特性，但比电容值减小，主要是由于在较大的电流密度下，电荷的迁移速率、离子的吸附/脱附速率和氧化还原反应速率跟不上电流的变化。

对于理想三电极体系的电极材料，进行恒电流充放电测试时，电容 C 为恒定值，电位随时间的变化呈线性关系，理想电容器或者电极材料的恒流充放电曲线应该是三角对称的，通过恒流充放电曲线计算出电极材料的比电容值，计算公式如下：

$$C = I/[(\mathrm{d}V/\mathrm{d}t)m] = I \times \Delta t/(m \times \Delta v) \tag{14-1}$$

式中，C 为电极比容量（F/g）；I 为电极上通过的电流（A）；m 为电极上活性物质的质量（g）；$\Delta v = \varphi_2 - \varphi_1$，$\Delta v$ 为电位窗口（V）；$\Delta t = t_2 - t_1$，Δt 为恒流放电时间（s）。

3. 交流阻抗测试

图 14-17 为三维结构 NFC/MnO$_x$-4 复合材料作为电极材料，在浓度为 1mol/L 的 Na$_2$SO$_4$ 电解液中，100kHz~0.01Hz、振幅 5mV 的 EIS 测试所得的交流阻抗曲线。从图中可以看出，试样 NFC/MnO$_x$-4 的阻抗图由高频区的圆弧部分与低频区的直线部分组成。在高频区与横轴 Z' 的交点表示三电极体系的内阻，包括集流电阻、溶液电阻和活性物质接触电阻等，半圆弧表示电化学氧化反应和双电层电容过程。从图中可以看出，高频区的半圆弧较小，表明复合材料内阻较小。在低频区出现的直线部分的斜率较大，表明电极的电容性能较好。

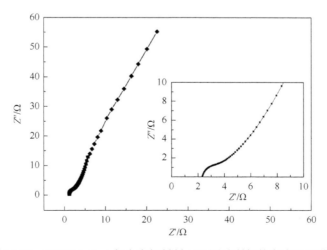

图 14-17　NFC/MnO$_x$-4 复合电极材料 EIS 测试所得的交流阻抗曲线

14.3.3　对称电容器的电化学性能分析

图 14-18（a）为试样 NFC/MnO$_x$-4 作为电极材料制备对称电容器的组装图。图 14-18（b）为电容器在扫描电位区间 0～3.5V，扫描速率分别为 5mV/s、10mV/s、20mV/s、50mV/s 和 100mV/s 时的 CV 曲线。随着扫描速率的增加，NFC/MnO$_x$-4 的响应电流依次增大，且 CV 曲线基本呈现对称可逆的矩形，在工作电压范围内没有十分显著的氧化还原峰。

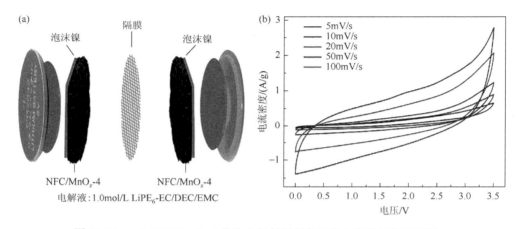

图 14-18　（a）NFC/MnO$_x$-4 作为电极材料制备对称电容器组装原理图；
（b）电容器在不同扫描速率下的 CV 曲线

图 14-19 为电容器的交流阻抗曲线和 100kHz～0.01Hz、振幅为 5mV 的 EIS 测试所得的交流阻抗曲线。从图中可以看出，NFC/MnO$_x$-4 作为对称电容器电极材料的阻抗图，由高频区的圆弧部分与低频区的直线部分组成。在高频区与横轴 Z'的交点表示三电极体系的内阻，包括集流电阻、溶液电阻和活性物质接触电阻等，半圆弧表示电化学氧化反应和双电层电容过程。高频区的半圆弧较小，表明复合材料内阻较小。在低频区直线部分的斜率较大，表明电极的电容性能较好。

由通过计算得到的不同扫描速率下的比电容点线图[图 14-20（a）]可以看出，NFC/MnO$_x$-4 从低扫描速率到高扫描速率，所对应的比电容值从 269.7F/g 降到 108.6F/g。图 14-20（b）为在电流密度 1A/g 下电容器经过 1000 次充放电中，循环次数与电容保留率的变化曲线。根据充放电曲线，计算得到电容器正极的比电容值和在不同充放电次数时的电容保留率。从图中可以看出，经过 200 次充放电后的比电容量衰减 10%左右；当充放电次数达到 500 次的时候，比电容量衰减 17%；其后随着循环次数的增加，比电容的降低速度减缓，表明该电极材料具有

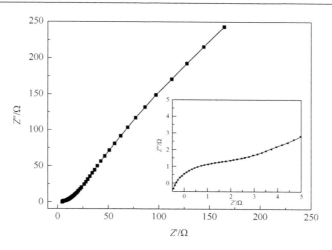

图 14-19　NFC/MnO$_x$-4 作为电极材料制备对称电容器的交流阻抗曲线

较好的电化学稳定性，所制备的对称电容器具有优异的循环稳定性。这主要是由于 NFC/MnO$_x$-4 体系中 MnO$_x$ 颗粒与 NFC 间具有紧密的结合，增强了机械结构的稳定性，从而减少了由于多次充放电循环所造成的 MnO$_x$ 颗粒脱落及复合材料结构的塌陷，降低了比电容的衰减幅度。通过 CV 和恒流充放电数据结果分析，NFC/MnO$_x$-4 作为电极材料制备对称电容器具有较高的能量密度和功率密度。

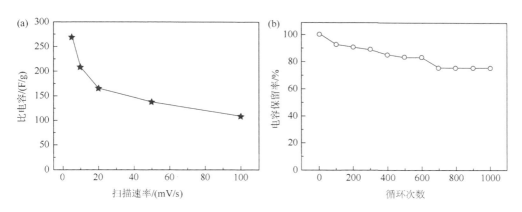

图 14-20　（a）NFC/MnO$_x$-4 作为电极材料的交流阻抗图谱；
（b）电容器在不同扫描速率下的比电容

基于 NFC/MnO$_x$ 的对称超级电容器的能量密度和功率密度根据恒流充放电曲线计算，并在功率密度与对应能量密度的对数关系图（图 14-21）中，在相同的充放电条件下（3.5V），可以看出，与基于 CNT/MnO$_2$ 的超级电容器和基于 G/MnO$_2$

的超级电容器的性能进行比较，NFC/MnO$_x$-4 作为电极材料制备超级电容器的性能相对较好。

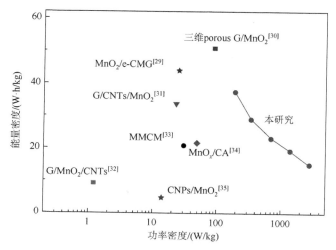

图 14-21　NFC/MnO$_x$-4 作为电极材料的功率密度与能量密度的关系

　　循环伏安测试使用上海辰华仪器有限公司的 CHI660D 电化学工作站，采用三电极体系。在三电极玻璃电解池中，浓度为 1mol/L 的 Na$_2$SO$_4$ 溶液为电解液，C(K$_2$SO$_4$)-1 为参比电极和铂丝为对电极，扫描速率分别为 2mV/s、5mV/s、10mV/s、20mV/s、50mV/s 和 100mV/s，扫描电位区间为–0.5～0.5V。将样品做成对称电容器，测试电池循环伏安特性。扫描速率分别为 5mV/s、10mV/s、20mV/s、50mV/s 和 100mV/s，扫描电位区间为 0～3.5V。

　　通过循环伏安曲线，计算不同扫描速率下的比电容，计算公式如下：

$$C_s = 2S/(\Delta V m \gamma)$$
（14-2）

式中，C_s 为电极的比电容（F/g）；S 为 CV 图的积分面积；ΔV 为电位窗口（V）；m 为电极活性物质质量（g）；γ 为扫描速率（V/s）。

　　通过循环伏安测试，研究电池材料的氧化还原反应的电位和电极反应的可逆性，并且根据式（14-2）算出材料的比电容值。测试参数设置为：扫描速率分别为 5mV/s、10mV/s、20mV/s、50mV/s 和 100mV/s，扫描电位区间为 0～3.5V；通过恒流充放电测试，研究材料的充放电比容量、工作电压和电池材料的循环性能，在电流密度为 2A/g 下，经过 1000 次充放电，结合式（14-3）算出材料的电容保留率。通过交流阻抗研究扣式电池的电化学动力学过程，测试参数设置为：100kHz～0.01Hz，振幅 5mV。

$$C = 2I \times \Delta t/(m \times \Delta v)$$
（14-3）

式中，C 为电极比容量（F/g）；I 为电极上通过的电流（A）；m 为电极上活性物质的质量（g）；$\Delta v = \phi_2 - \phi_1$，$\Delta v$ 为电位窗口（V）；$\Delta t = t_2 - t_1$，Δt 为恒流放电时间（s）。

14.4　本章总结

本章主要报道了 NFC 为碳源，乙酸锰为锰源，将二者的溶液均匀混合后冷冻干燥形成复合气凝胶，再进一步碳化制成 NFC/MnO$_x$ 复合电极材料。通过复合电极材料微观形貌、复合材料的成分、元素分析和电化学性能的测试分析，得到以下结论：乙酸锰与 NFC 的均相溶液混合后再成型、碳化工艺，解决了直接加入 MnO$_2$ 粉末所导致的分散不均、颗粒团聚等问题。所制备的 NFC/MnO$_x$ 复合体系具有自支撑三维结构、高比表面积和丰富的孔隙，为电解液的扩散提供连续通道，增强电极循环特性。同时，表面生长的纳米 MnO$_x$ 结构与电解液的接触界面增加，缩短了离子在氧化物内部的固态传输距离，从而达到提高综合电容性能的目的。制备的 NFC/MnO$_x$ 复合材料中，Mn 以多种价态氧化物的形式存在，其价态主要与碳化工艺的温度设置有关。锰源的引入量对其电性能具有较大的影响，随着锰源含量从 0% 到 50% 增加，NFC/MnO$_x$ 复合电极的比电容和倍率特性增加，表现出优异的综合电化学性能。

将试样 NFC/MnO$_x$-4 作为电极材料制备出的对称电容器，循环伏安曲线均呈现基本对称可逆的矩形。在扫描速率为 2mV/s 时，其比电容可达 138.4F/g，表明电极的电容性能较好。在电流密度为 1A/g 下电容器经过 200 次充放电后复合材料的比电容量衰减 10% 左右，500 次充放电的比电容量衰减 17%，1000 次充放电的比电容量衰减约 25%，表明该材料所制备的对称电容器具有优异的循环稳定性。

参　考　文　献

[1] Pendashteh A，Senokos E，Palma J，et al. Manganese dioxide decoration of macroscopic carbon nanotube fibers：from high-performance liquid-based to all-solid-state supercapacitors[J]. Journal of Power Sources，2017，372：64-73.

[2] Amir F Z，Pham V H，Schultheis E M，et al. Flexible，all-solid-state，high-cell potential supercapacitors based on holey reduced graphene oxide/manganese dioxide nanosheets[J]. Electrochimica Acta，2018，260：944-951.

[3] He W，Wang C，Zhuge F，et al. Flexible and high energy density asymmetrical supercapacitors based on core/shell conducting polymer nanowires/manganese dioxide nanoflakes[J]. Nano Energy，2017，35：242-250.

[4] Xu Y，Wang S，Ren B，et al. Manganese oxide doping carbon aerogels prepared with MnO$_2$ coordinated by N，N-dimethylmethanamide for supercapacitors[J]. Journal of Colloid and Interface Science，2019，537：486-495.

[5] Han Z J，Seo D H，Yick S，et al. MnO x/carbon nanotube/reduced graphene oxide nanohybrids as high-performance supercapacitor electrodes[J]. NPG Asia Materials，2014，6（10）：e140.

[6] Borenstein A，Hanna O，Attias R，et al. Carbon-based composite materials for supercapacitor electrodes：a

review[J]. Journal of Materials Chemistry A, 2017, 5 (25): 12653-12672.

[7] Xia W, Qu C, Liang Z, et al. High-performance energy storage and conversion materials derived from a single metal-organic framework/graphene aerogel composite[J]. Nano Letters, 2017, 17 (5): 2788-2795.

[8] Jin X, Zhou W, Zhang S, et al. Nanoscale microelectrochemical cells on carbon nanotubes[J]. Small, 2007, 3 (9): 1513-1517.

[9] An G, Yu P, Xiao M, et al. Low-temperature synthesis of Mn_3O_4 nanoparticles loaded on multi-walled carbon nanotubes and their application in electrochemical capacitors[J]. Nanotechnology, 2008, 19 (27): 275709.

[10] Zhang H, Cao G, Wang Z, et al. Growth of manganese oxide nanoflowers on vertically-aligned carbon nanotube arrays for high-rate electrochemical capacitive energy storage[J]. Nano Letters, 2008, 8 (9): 2664-2668.

[11] Wan C, Azumi K, Konno H. Hydrated Mn (IV) oxide-exfoliated graphite composites for electrochemical capacitor[J]. Electrochimica Acta, 2007, 52 (9): 3061-3066.

[12] Long J W, Sassin M B, Fischer A E, et al. Multifunctional MnO_2-carbon nanoarchitectures exhibit battery and capacitor characteristics in alkaline electrolytes[J]. The Journal of Physical Chemistry C, 2009, 113 (41): 17595-17598.

[13] Fischer A E, Pettigrew K A, Rolison D R, et al. Incorporation of homogeneous, nanoscale MnO_2 within ultraporous carbon structures via self-limiting electroless deposition: implications for electrochemical capacitors[J]. Nano Letters, 2007, 7 (2): 281-286.

[14] Cheng Q, Tang J, Ma J, et al. Graphene and nanostructured MnO_2 composite electrodes for supercapacitors[J]. Carbon, 2011, 49 (9): 2917-2925.

[15] Cakici M, Kakarla R R, Alonso-Marroquin F. Advanced electrochemical energy storage supercapacitors based on the flexible carbon fiber fabric-coated with uniform coral-like MnO_2 structured electrodes[J]. Chemical Engineering Journal, 2017, 309: 151-158.

[16] Zhang L, Liu Z, Cui G, et al. Biomass-derived materials for electrochemical energy storages[J]. Progress in Polymer Science, 2015, 43: 136-164.

[17] Chen W, Zhang Q, Uetani K, et al. Sustainable carbon aerogels derived from nanofibrillated cellulose as high-performance absorption materials[J]. Advanced Materials Interfaces, 2016, 3 (10): 1600004.

[18] Berenguer R, García-Mateos F J, Ruiz-Rosas R, et al. Biomass-derived binderless fibrous carbon electrodes for ultrafast energy storage[J]. Green Chemistry, 2016, 18 (6): 1506-1515.

[19] Karthikeyan K, Amaresh S, Lee S N, et al. Construction of high-energy-density supercapacitors from pine-cone-derived high-surface-area carbons[J]. ChemSusChem, 2014, 7 (5): 1435-1442.

[20] Tian W, Gao Q, Tan Y, et al. Unusual interconnected graphitized carbon nanosheets as the electrode of high-rate ionic liquid-based supercapacitor[J]. Carbon, 2017, 119: 287-295.

[21] Zhang W, Lin N, Liu D, et al. Direct carbonization of rice husk to prepare porous carbon for supercapacitor applications[J]. Energy, 2017, 128: 618-625.

[22] Pang J, Zhang W, Zhang H, et al. Sustainable nitrogen-containing hierarchical porous carbon spheres derived from sodium lignosulfonate for high-performance supercapacitors[J]. Carbon, 2018, 132: 280-293.

[23] Chen W, Li Q, Wang Y, et al. Comparative study of aerogels obtained from differently prepared nanocellulose fibers[J]. ChemSusChem, 2014, 7 (1): 154-161.

[24] Yang X, Shi K, Zhitomirsky I, et al. Cellulose nanocrystal aerogels as universal 3D lightweight substrates for supercapacitor materials[J]. Advanced Materials, 2015, 27 (40): 6104-6109.

[25] Sharifi N, Tajabadi F, Taghavinia N. Nanostructured silver fibers: Facile synthesis based on natural cellulose and

application to graphite composite electrode for oxygen reduction[J]. International Journal of hydrogen energy, 2010, 35（8）: 3258-3262.

[26] Guilminot E, Fischer F, Chatenet M, et al. Use of cellulose-based carbon aerogels as catalyst support for PEM fuel cell electrodes: electrochemical characterization[J]. Journal of Power Sources, 2007, 166（1）: 104-111.

[27] Arrebola J C, Caballero A, Gómez-Cámer J L, et al. Combining 5 V $LiNi_{0.5}Mn_{1.5}O_4$ spinel and Si nanoparticles for advanced Li-ion batteries[J]. Electrochemistry Communications, 2009, 11（5）: 1061-1064.

[28] Du J, Hsieh Y L. Cellulose/chitosan hybrid nanofibers from electrospinning of their ester derivatives[J]. Cellulose, 2009, 16（2）: 247-260.

[29] Choi B G, Yang M H, Hong W H, et al. 3D macroporous graphene frameworks for supercapacitors with high energy and power densities[J]. ACS Nano, 2012, 6（5）: 4020-4028.

[30] Shao Y, Wang H, Zhang Q, et al. High-performance flexible asymmetric supercapacitors based on 3D porous graphene/MnO_2 nanorod and graphene/Ag hybrid thin-film electrodes[J]. Journal of Materials Chemistry C, 2013, 1（6）: 1245-1251.

[31] Chen W, He Y, Li X, et al. Facilitated charge transport in ternary interconnected electrodes for flexible supercapacitors with excellent power characteristics[J]. Nanoscale, 2013, 5（23）: 11733-11741.

[32] Cheng Y, Lu S, Zhang H, et al. Synergistic effects from graphene and carbon nanotubes enable flexible and robust electrodes for high-performance supercapacitors[J]. Nano Letters, 2012, 12（8）: 4206-4211.

[33] Jiang H, Yang L, Li C, et al. High-rate electrochemical capacitors from highly graphitic carbon-tipped manganese oxide/mesoporous carbon/manganese oxide hybrid nanowires[J]. Energy & Environmental Science, 2011, 4（5）: 1813-1819.

[34] Lin Y H, Wei T Y, Chien H C, et al. Manganese oxide/carbon aerogel composite: an outstanding supercapacitor electrode material[J]. Advanced Energy Materials, 2011, 1（5）: 901-907.

[35] Yuan L, Lu X H, Xiao X, et al. Flexible solid-state supercapacitors based on carbon nanoparticles/MnO_2 nanorods hybrid structure[J]. ACS Nano, 2011, 6（1）: 656-661.

第15章 纳米纤维素/钴酸镍电极及其超级电容器

15.1 背景概述

可再生生物质碳纳米材料具有丰富的来源、绿色的合成方法和良好的电化学性能，引起了人们的广泛关注。作为生物质的一种增值精炼产品，纳米纤维素可以通过简单的化学预处理和机械纳米纤化工艺大规模地提取。纳米纤维素及其衍生物具有高的杨氏模量以及丰富的羟基，已被修饰和组装成膜类和气凝胶类材料，具有较强的力学强度和高的孔隙率，适用于储能装置中的电极和隔膜。近年来，多孔碳源生物质作为锂（钠）离子电池、锂硫电池和超级电容器的负极材料受到了广泛的关注。纳米纤维素作为生物质的主要成分，可以在惰性气氛中热解去除有机物，直接转化为碳纤维，而不破坏前驱体的自然形态。通过调整纳米纤维素的初始含量，可以控制生成碳产品的密度和孔隙率，有利于多孔碳材料的制备。此外，纳米纤维素表面含有大量的羟基，可作为热解前修饰杂原子的活性中心，从而实现各种功能化，有利于设计出新的电极。

以往的研究中，一个非常成功的研究来自 Ji 的课题组，他们将具有丰富纳米孔的纤维素衍生物碳材料直接作为钠离子电池的负极[1]。Zhang 和他的同事开发了一种孔隙可调的纤维素/聚苯胺衍生物硬碳阳极，大大提高了电化学性能。纳米纤维素除可作为碳化后的电极材料外，还可以直接用于储能装置中的黏结剂、基体、隔膜和电解质[2]。最近，Lee 和同事们报道了一种具有稳定电化学性能的纤维纸基全喷墨打印固态柔性超级电容器[3]。该课题组还开发了一种纳米纤维素基膜，该膜顶层为三吡啶（TPY）功能化的纤维素纳米孔薄垫，支撑层为静电纺丝的聚乙烯吡咯烷酮（PVP）/聚丙烯腈（PAN）大孔厚垫材料[4]。纳米纤维素基隔膜在抑制 Mn^{2+} 引起的不良反应方面具有协同耦合作用，最终使电池高温循环性能得到实质性的改善。Lars Wågberg 等证明了纳米纤维素是制备柔性纳米纸基锂离子电池正极的优良黏合剂[5]。

本章展示了一种集成策略：使用纳米纤维素作为电极（阳极和阴极）和隔膜。以全纳米纤维素衍生的分级多孔碳（HPC）为阳极，介孔纳米纤维膜为隔膜，在HPC 上原位生长的尖晶石 $NiCo_2O_4$（$HPC/NiCo_2O_4$）作为阴极，成功制备了全纳米纤维非对称超级电容器（ASC）。在气凝胶形成期间引入 $ZnCl_2$ 作为孔隙调节剂，诱使 HPC 和 $HPC/NiCo_2O_4$ 中形成高的孔隙率和高表面积。制备的纳米纤维素膜具有高孔隙率（约 59%）、高电解质吸收率（770%）、高离子电导率（0.265S/cm）和稳定的力学性能。将这些基于纳米纤维素的三种组分整合到一个 ASC 装置中有助于制备具有互连导电网络、高比表面积和丰富的分级孔隙的全纳米纤维结构，因此加速离子和电子传输，赋予其高电容、高能量/功率密度和长循环寿命等优点。

15.2　制备加工方法

15.2.1　高性能纳米纤维素多孔碳的制备

将质量分数为 0.8% 的纳米纤维素悬浊液与 $ZnCl_2$ 以 1:4 的质量比混合，冷冻干燥成气凝胶泡沫（图 15-1）。随后，将气凝胶泡沫转移到管式炉中，在氩气流动下进行热解。加热速率为 3℃/min，温度升高到 750℃保温 2h，随后，以 5℃/min 的速率冷却到室温。最后用 1mol/L 的 HCl 溶液、乙醇和蒸馏水分别进行洗涤，以除去残留的 $ZnCl_2$。

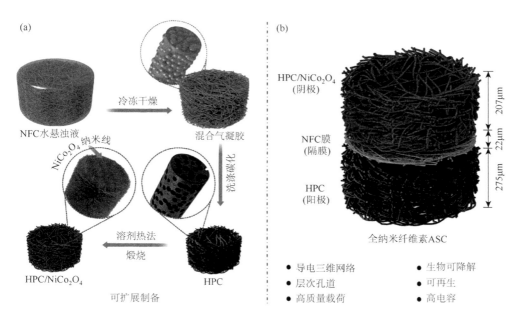

图 15-1　（a）孔隙可调的纳米纤维素基 HPC 和 HPC/NiCo$_2$O$_4$ 复合气凝胶的制备工艺；（b）组装成的全纳米纤维 ASC 器件

15.2.2 介孔纳米纤维素膜的制备

将质量分数为 0.8% 的 10g 纳米纤维素悬浊液泵式抽滤成膜状水凝胶，在 60℃下干燥 48h，得到介孔纳米纤维素膜。使用纳米纤维素膜的密度（ρ_a）和致密纤维素的密度（ρ_0）计算膜的孔隙率（P）：

$$P(\%) = \left(1 - \frac{\rho_a}{\rho_0}\right) \times 100$$

式中，ρ_a 为纳米纤维素膜的密度（g/cm^3）；ρ_0 为由简单的混合规则得到的密度（1.59g/cm^3），气体密度可以忽略不计。

15.2.3 纳米纤维素/钴酸镍复合材料的制备

1mmol Ni(NO$_3$)$_2$·6H$_2$O 和 2mmol Co(NO$_3$)$_2$·6H$_2$O 溶于 20mL 乙醇和 20mL 蒸馏水中形成粉红色溶液。溶液中加入 5mmol 尿素，搅拌 10min。然后在溶液中加入 HPC 气凝胶泡沫，搅拌 30min。混合物在 100℃的高压釜中反应 24h，得到的最终产物在 250℃空气中干燥 2h，得到 HPC/NiCo$_2$O$_4$ 复合泡沫。NiCo$_2$O$_4$ 与 HPC 的负载量之比为 3：2。

15.3 纳米纤维素/钴酸镍复合电极材料的结构性能分析

纳米纤维素具有纳米尺度、高比表面积、含羟基的活性表面、缠结的网状结构以及优越的力学和热学性能，可作为一维纳米结构材料用于：①构建自支撑电极或隔膜；②与其他电化学活性材料相结合，发展碳基多孔材料和碳杂化材料；③构建多种电化学储能材料用于不同的电化学储能应用，如超级电容器[6]。

15.3.1 纳米纤维素衍生分级多孔碳电极

1. HPC 电极的微观形貌

首先通过化学预处理和高强度超声纳米纤维技术从木材中提取纳米纤维素[7]。得到的纳米纤维素具有纤维结构，在图 15-2（a）中，其宽度为 2～20nm，长度超过 1μm。纳米纤维素具有高的长径比和大量暴露的羟基，特别是质量分数在 0.8% 以上的纳米纤维素，很容易缠绕在一起形成凝胶。当 ZnCl$_2$ 加入到纳米纤维素悬浊液中时，Zn^{2+} 与纳米纤维素的结合促进了相邻细长纳米纤维素的团聚，并使其组装成束，这也加剧了悬混液的凝胶化［图 15-2（b）］。冷冻干燥后，将纳米纤维素水凝胶转化为轻质的纳米纤维素气凝胶泡沫，该泡沫呈现出由纤维束缠绕形成的三维网状结构［图 15-2（c）］。

图 15-2 （a）纳米纤维素的 TEM 图；（b）加入 ZnCl$_2$ 前后纳米纤维素悬浊液的光学照片；
（c）纳米纤维素泡沫的 SEM 图像；（d，e）HPC 泡沫结构的不同倍率 SEM 图像；
（f）HPC 表面微孔的 TEM 图像

在氩气中碳化后，纳米纤维素泡沫转变为 HPC，集微孔、介孔、大孔于一体。在气凝胶泡沫形成过程中引入的 ZnCl$_2$ 可作为孔隙调节剂，使 HPC 具有较高的孔隙率和较高的比表面积。HPC 既保持了纳米纤维素泡沫收缩性小的特点，也保留了多孔纤维的互连结构 ［图 15-2 （d）］。同时，HPC 保留了由纳米纤维/束组成的内部三维纳米孔结构 ［图 15-2 （e）］。通过 TEM 图，也可观察到 HPC 表面微孔的精细结构 ［图 15-2 （f）］，这为电解质离子传输提供了更多的活性位点。

2. HPC 电极的微孔结构

HPC 的主干表面粗糙且充满大量的纳米孔和中孔。如图 15-3 所示，HPC 的表面 ［图 15-3 （a）］和内部 ［图 15-3 （b）］均含有纳米孔，且内部纳米孔隙均匀分布，这与 TEM 图 ［图 15-3 （c）］相一致，充分表明 HPC 具有介孔性质。

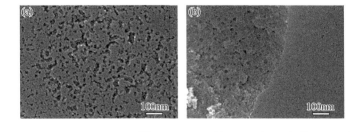

图 15-3 HPC 的 SEM （a，b）和 TEM （c）图像

HPC 的氮吸附-解吸等温线呈 I 型（图 15-4），这是由微孔的典型吸附引起的。相应的表面积为 2046m²/g。孔径为多级结构，平均孔径为 0.8nm。这种高度多孔和导电的三维结构为电子和电解质离子的电荷转移及短传输路径提供了更多的活性位点。

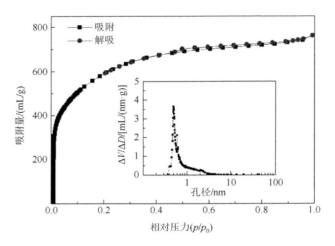

图 15-4　氮气吸附-解吸等温线（插图是 HPC 的孔径分布）

3. HPC 电极的晶相结构

HPC 的高分辨透射电镜图像 ［图 15-5（a）］表明 HPC 具有石墨特征。在拉曼光谱中，在与结构缺陷和 sp³ 碳面有关的 1350cm⁻¹ 处检测到 D 带，在 1580cm⁻¹ 处检测到归属于六方 sp² 碳面的 G 带 ［图 15-5（b）］。I_D 与 I_G 的比值为 0.7，表明石墨化程度很高。此外，HPC 具有的良好导电性有利于低的欧姆降。

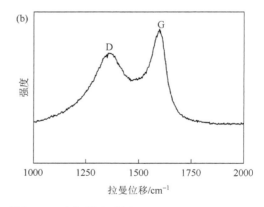

图 15-5　HPC 的 HR-TEM 图像（a）和拉曼光谱图（b）

4. HPC 电极的电化学性质

在三电极体系中测试 HPC 基电极的电化学性能。图 15-6（a）显示了在 5～200mV/s 的扫描速率下，在 -1.0～0.0V 的工作电位窗口中的 CV 曲线。即使在 200mV/s 的高扫描速率下，CV 曲线仍呈准矩形，表明电荷转移迅速而高效。图 15-6（b）表示在 0.5～10A/g 的电流密度下，恒流充放电曲线呈现近似对称的三角形，表明在电极内形成了高效的双电层以及快速的离子运输。

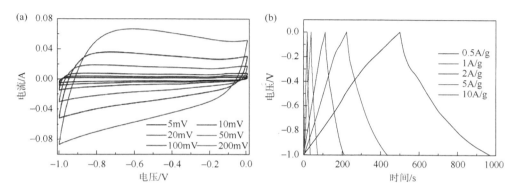

图 15-6　HPC 电极的电化学性能

（a）不同扫描速率下的 CV 曲线；（b）在不同电流密度下的恒流充放电曲线

该电极具有可观的比电容，在 0.5A/g、1A/g、2A/g、5A/g 和 10A/g 下，其比电容分别为 235F/g、211F/g、196F/g、170F/g 和 150F/g（图 15-7）。HPC 的比电容

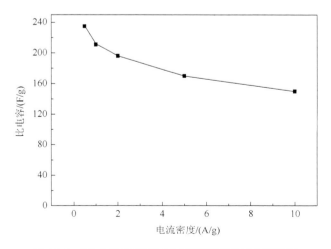

图 15-7　HPC 电极在不同电流密度下的比电容变化

可达到 235F/g，高于大多数生物质多孔碳材料。HPC 优异的电化学性能可以归功于它的分级多孔和高导电结构，这可以加速电解质的渗透，从而允许离子和电子的快速传输。

15.3.2　纳米纤维素/钴酸镍复合电极

1. HPC/NiCo$_2$O$_4$ 电极的微观形貌

采用溶剂热法合成 HPC/NiCo$_2$O$_4$ 复合材料。扫描电镜图像显示，复合材料的三维互连网络主要由交织的微纤维组成 [图 15-8（a）]。大量的纳米颗粒均匀地生长在微纤维的表面 [图 15-8（b）]。高分辨率扫描电镜图像显示，纳米颗粒呈针状，长度约为 1μm [图 15-8（c）]。这些垂直方向的针状物相互连接，可有效扩大可及面 [图 15-8（d）] [8]。

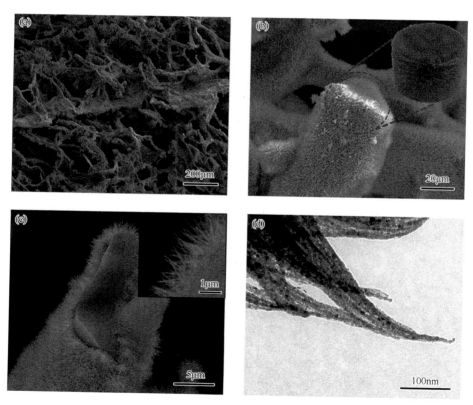

图 15-8　HPC/NiCo$_2$O$_4$ 复合材料的 SEM 图像（a～c）和 TEM 图像（d）

2. HPC 电极的微孔结构

采用氮气吸附-解吸等温线研究 HPC/NiCo₂O₄ 复合材料的多孔性。图 15-9 中等温线的轮廓被鉴定为具有非常小的磁滞回线的Ⅳ类，证实了介孔结构的存在。等温线在低压区具有微孔填充的特征，在高压区表现出陡峭的吸附特征，表明微孔和中孔都发生了填充。

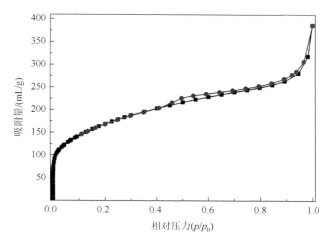

图 15-9　HPC/NiCo₂O₄ 复合材料的氮气吸附-解吸等温线

复合材料的 BET 表面积为 588.1m²/g，高于纯纳米结构的 NiCo₂O₄（148.5m²/g），且 NiCo₂O₄ 的总孔体积为 0.491mL/g[9]（图 15-10）。用非定域密度泛函理论模型计

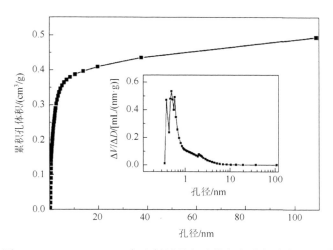

图 15-10　HPC/NiCo₂O₄ 复合材料累积孔体积和孔径分布的关系

算的累积孔隙体积表明，微孔占总孔体积的 51.1%，孔径为多级结构，平均孔径为 0.8nm。中孔在电解质离子的传输中起着电荷储存的重要作用。这种结构有利于电解质的吸收，并为离子传输提供了扩散通道，因此可以减少电荷的转移电阻，缩短带电离子运动所需的时间。该结构还有利于缓解充放电过程中的体积膨胀，减轻结构损伤。

3. HPC 电极的晶相结构

在（220）面上，纳米畴的晶格条纹间距为 0.28nm，证实了 $NiCo_2O_4$ 的结晶性质［图 15-11（a）］，与 $NiCo_2O_4$ 的（220）、（311）、（400）和（442）面相对应的衍射环选区电子衍射（SAED）图样［图 15-11（b）］一致。

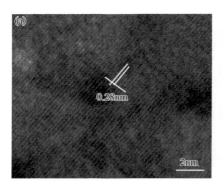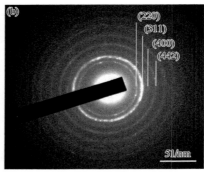

图 15-11　（a）TEM 图像显示 $NiCo_2O_4$ 纳米畴的晶格条纹；（b）SAED 图像显示 $NiCo_2O_4$ 的循环衍射图样

XRD 结果（图 15-12）进一步证实了 $NiCo_2O_4$ 的结晶性质与理论上 $NiCo_2O_4$ 的（220）、（311）、（400）和（442）面相对应的 SAED 图样一致[9]。

4. HPC/$NiCo_2O_4$ 电极的化学组分

除了相结构外，金属离子在 HPC/$NiCo_2O_4$ 复合材料中的氧化态分布也是影响材料电性能的重要因素。用 XPS 进一步分析了 $NiCo_2O_4$ 针状物的化学成分和氧化状态［图 15-13（a）］。

利用高斯拟合方法，依据自旋-轨道双重特性，将 Ni 2p 谱拟合成 Ni^{2+}（855.6eV，873.5eV）和 Ni^{3+}（855.9eV，872.5eV）［图 15-13（b）］。同样依据自旋-轨道双重特性，将 Co 2p 谱拟合成 Co^{2+} 和 Co^{3+}［图 15-13（c）］。这些卫星峰可能与 HPC 中的碳电子和相邻的金属原子（Ni 和 Co）的离域化有关[10, 11]。O 1s 谱包含了四种氧的贡献，其中有典型的金属氧键：529.3eV 处的 O1；与—OH 基团中的氧相关联

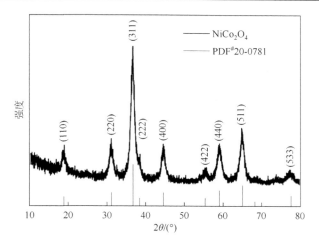

图 15-12　HPC/NiCo₂O₄复合材料的 XRD 图谱

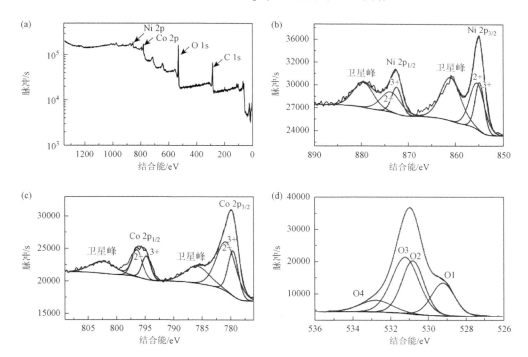

图 15-13　对 HPC/NiCo₂O₄的测量光谱（a）及 Ni 2p（b）、Co 2p（c）和 O 1s（d）电子的高分辨扫描进行 XPS 分析

的 530.7eV 的 O2；在 531.3eV 时与较高数量的低氧配位缺陷位有关的 O3；以及由于表面或附近的物理和化学吸附水的多重性而产生在 532.8eV 处的 O4 ［图 15-13（d）］[9]。值得注意的是，O2 的存在表明，由于表面羟基或氧原子被

羟基取代，NiCo$_2$O$_4$ 的表面发生了一定程度的羟基化。这些结果表明，氧化还原电偶 Ni^{3+}/Ni^{2+} 和 Co^{3+}/Co^{2+} 共存于合成的 NiCo$_2$O$_4$ 中。因此，NiCo$_2$O$_4$ 的分子式一般可以表示为 $\{Co^{2+}_{1-x}Co^{3+}_{x}\}_{tet}[Co^{3+}Ni^{2+}_{x}Ni^{3+}_{1-x}]_{oct}O_4$，$0 \leqslant x \leqslant 1$（中括号及大括号内的阳离子占据八面体位置，括号外的阳离子占据四面体位置）。HPC/NiCo$_2$O$_4$ 复合材料中存在高价态的金属离子和氧缺陷中心，这在依赖表面的电化学反应中起着促进作用[10]。

5. HPC/NiCo$_2$O$_4$ 电极的电化学性质

将 HPC/NiCo$_2$O$_4$ 复合材料、乙炔黑和 PVDF 按 8：1：1 的质量比混合制成工作电极材料，溶解于 1-甲基-2-吡咯烷酮中。将混合物均匀浇注在泡沫镍（1cm×1cm）上，在真空炉中干燥 12h，除去 1-甲基-2-吡咯烷酮。活性物质的负载为 3mg。循环伏安测量采用三电极结构及铂板对电极、Hg/HgO 参比电极和 6mol/L KOH 电解质溶液。以 HPC/NiCo$_2$O$_4$ 复合材料为正极，HPC 为负极，介孔纳米纤维素膜为隔膜，6mol/L KOH 为电解质，在 CR2025 电池中制备了双电极 ASC。

为了评价复合材料的电容性能，对 HPC/NiCo$_2$O$_4$ 基电极进行了三电极结构的电化学测试。扫描速率在 1～200mV/s 之间，CV 曲线有一对形状相似的氧化还原峰（图 15-14），暗示其具有快速氧化还原反应动力学的电池特性[11]。

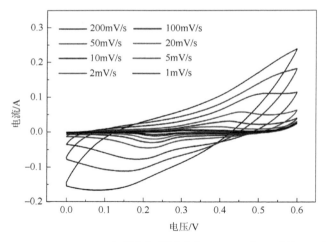

图 15-14　HPC/NiCo$_2$O$_4$ 电极在扫描速率为 1～200mV/s 时的 CV 曲线

随着扫描速率的增加，阴极和阳极的峰值电位逐渐向正/负电位移动，氧化还原电流增加，表明其具有扩散控制反应动力学性质[10]。除了 HPC 的双层效应外，扫描速率在 20mV/s 时，在 0.21V 和 0.45V 处出现了一对宽的氧化还原峰，这主要对应于与 Ni^{2+}/Ni^{3+} 和 Co^{2+}/Co^{3+} 有关的连续的多重法拉第氧化还原反应（图 15-15）。

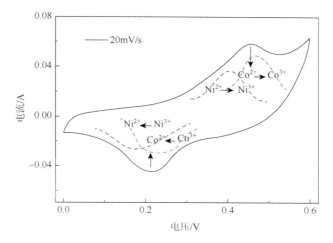

图 15-15　HPC/NiCo$_2$O$_4$ 电极在 20mV/s 时的 CV 曲线

在碱性电解液中的氧化还原反应为：NiCo$_2$O$_4$ + OH$^-$ + H$_2$O $\longleftrightarrow$ NiOOH + 2CoOOH + e$^-$；CoOOH + OH$^-$ $\longleftrightarrow$ CoO$_2$ + H$_2$O + e$^{-[12]}$。电流密度在 0.5～20A/g 之间测量的恒流充放电图显示出明显的电位平台（图 15-16），这归因于 NiCo$_2$O$_4$ 的表面限制的法拉第贡献和复合电极的高度可逆性。

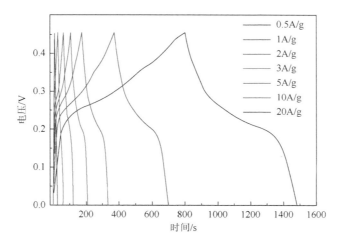

图 15-16　HPC/NiCo$_2$O$_4$ 电极在不同电流密度下的恒流充放电图

根据放电曲线，在 0.5A/g 下，比电容估算为 706F/g（图 15-17）。即使在 20A/g 的高电流密度下，比电容仍可高达 623F/g。当放电电流从 0.5A/g 增加到 20A/g 时，容量仅衰减 12%，其表现出良好的倍率性能。这是由于多孔 HPC 辅助 NiCo$_2$O$_4$ 形成高效电荷转移[12]。

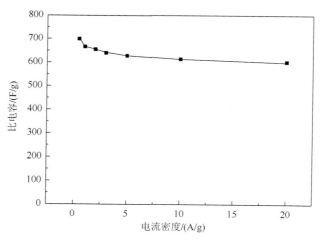

图 15-17　HPC/NiCo$_2$O$_4$ 电极在电流密度为 0.5～20A/g 时的比电容

该电极还具有良好的可逆性，在 10A/g 下循环 1000 次后，循环效率为 96.8%（图 15-18）。

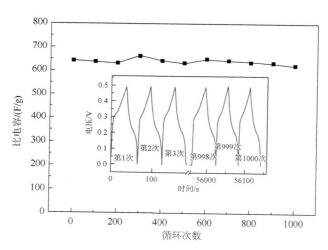

图 15-18　HPC/NiCo$_2$O$_4$ 电极在 10A/g 时的循环性能（插图表示前三次和后三次循环的恒流充放电曲线）

第 1 次和第 1000 次充放电循环对应的恒流充放电曲线几乎相同，表明经过长时间的稳定性试验（图 15-19）后，HPC/NiCo$_2$O$_4$ 的结构得到了很好的保留。这种优异的性能可以归因于 NiCo$_2$O$_4$ 的高比电容量和 HPC/NiCo$_2$O$_4$ 复合材料中的互连孔隙。

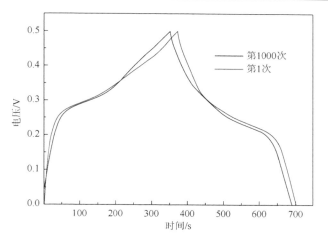

图 15-19 HPC/NiCo$_2$O$_4$ 电极在 1A/g 下第 1 次和第 1000 次充放电循环的恒流充放电曲线的比较

与文献报道的其他 NiCo$_2$O$_4$ 基电极相比（表 15-1），该材料的电化学性能一般，但电容保持率显著。

表 15-1 本工作制备的 HPC/NiCo$_2$O$_4$ 电极的电化学性能与文献报道的 NiCo$_2$O$_4$ 基电极的电化学性能对比

电极结构	比电容/(F/g)	负载量/mg	电容保持率	循环衰减	文献
HPC/NiCo$_2$O$_4$ 泡沫	20A/g 时 623	3.0	91%，1～20A/g	3.2%，1000 循环	本工作
NiCo$_2$O$_4$/石墨烯纸	10A/g 时 530	1.0	81%，1～10A/g	2.0%，1000 循环	[13]
NiCo$_2$O$_4$ 纳米片	50A/g 时 700	1.29	87%，1～20A/g	26.4%，15000 循环	[14]
NiCo$_2$O$_4$ 纳米片/Ni 泡沫	20A/g 时 610	0.8	67%，1～20A/g	15.1%，6000 循环	[15]
多孔 NiCo$_2$O$_4$ 纳米线	20A/g 时 650	1.54	68%，1～20A/g	6.2%，3000 循环	[16]
NiCo$_2$O$_4$ 纳米片/Ni 泡沫	20A/g 时 532	1.0	70%，1～20 A/g	19.0%，3000 循环	[17]

为了研究 HPC 和 HPC/NiCo$_2$O$_4$ 基电极在 ASC 上的反应动力学和电荷转移电阻，在 0.01～100kHz 频率范围内进行 5mV 电压幅值的交流阻抗测试。图 15-20（a）中的交流阻抗图具有相对较大的相角，这与几乎理想的电容行为和低 Warburg 阻抗相对应。高频下的小直径半圆代表着可逆氧化还原反应下的低电荷转移电阻（R_{ct}）。显然，HPC 电极在低频区域沿着虚坐标呈现出一条几乎垂直的线，这代表了理想的双电层电容行为[7]。但是，HPC/NiCo$_2$O$_4$ 基电极在相同的低频范围内表现出较大的倾斜曲线，这是法拉第氧化还原反应的主要性能。在高频段，通过等

效电路图的拟合，HPC 的电荷转移电阻（0.54Ω）略大于 HPC/NiCo₂O₄ 基电极的电荷转移电阻（0.26Ω）。离子扩散过程可以用 Warburg 型线的长度（中频区交流阻抗图 45°部分的斜率）来表示。HPC/NiCo₂O₄ 的 Warburg 型谱线较短，表明离子在三维导电网络中的扩散速度较快。此外，图 15-20（b）中的 Bode 相位曲线表明，HPC 的相角约为 86°，接近理想电容器的相角 90°。相比之下，由于法拉第反应，HPC/NiCo₂O₄ 复合材料的相角约为 75°。

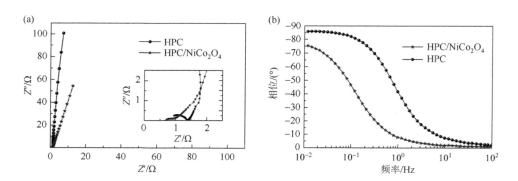

图 15-20　HPC 基电极和 HPC/NiCo₂O₄ 基电极的交流阻抗图（a）和 Bode 相图（b）

15.3.3　全纳米纤维超级电容器组装与表征

1. 纤维素隔膜

作为电容器的隔膜，必须具备正负极之间离子传导，阻止电子传导的作用。因此，需要隔膜具有较高的孔隙率、较低的电阻、良好的力学性能以及反复充放电过程中对电解液保持高度的浸润性。图 15-21（a）中，制备的纳米纤维素膜具有丰富和均匀的中孔结构，孔隙率可高达约 59%。这些孔隙结构提供了足够的空间，可用于吸收和储存电解液，从而改善纳米纤维素隔膜的离子电导率，其值可达 0.265S/cm［图 15-21（b）］，且该隔膜还具有良好的力学性能。纤维素表面含有大量羟基官能团，相比于疏水性的传统聚烯烃类隔膜，其具有良好的电解液浸润性［图 15-21（c）］，以及高的电解质吸收率（770%）［图 15-21（d）］。

2. 全纳米纤维超级电容器性能表征

基于纳米纤维素衍生的 HPC 阳极、HPC/NiCo₂O₄ 复合阴极和介孔纳米纤维素膜的全纳米纤维 ASC 的设计理念，组装了全纳米纤维 ASC 器件（图 15-21）。

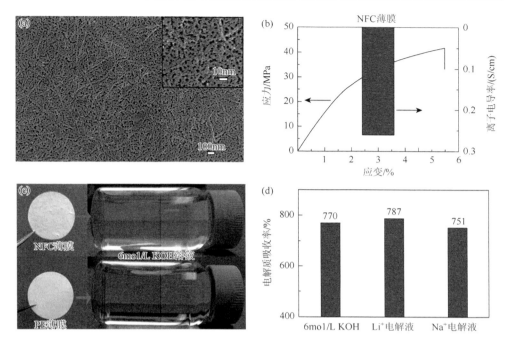

图 15-21 （a）纳米纤维素隔膜的 SEM 图；（b）纳米纤维素膜的拉伸应力-应变曲线和离子电导率；（c）用 6mol/L KOH 溶液浸泡纳米纤维素膜后的浸润性，（d）纳米纤维素隔膜的电解质吸收率

根据库仑电荷平衡（$Q = C\Delta Vm$，其中，C 为比电容，ΔV 为工作电位窗口，m 为活性电极材料的质量）计算两个电极的相对质量。质量平衡遵循式（15-1）[18]：

$$\frac{m_+}{m_-} = \frac{C_- \times \Delta V_-}{C_+ \times \Delta V_+} \qquad （15\text{-}1）$$

根据 HPC/NiCo$_2$O$_4$ 阴极和 HPC 阳极的比电容值和电位窗口，电极间的最佳质量比应为 m_+(HPC/NiCo$_2$O$_4$)/m_-(HPC) = 0.66。具体地说，正负活性物质的负荷量分别为 2.3mg 和 3.5mg。

HPC 和 HPC/NiCo$_2$O$_4$ 电极在 50mV/s 的扫描速率下的典型 CV 曲线如图 15-22 所示。HPC 的矩形 CV 曲线为双电层电容，而 HPC/NiCo$_2$O$_4$ 的变形 CV 曲线除具有双层效应外，还表现为氧化还原行为。

图 15-23 显示在 50mV/s 的扫描速率下，不同的电位窗口中，呈现出 ASC 的准矩形 CV 曲线，且两种电极材料的结合可获得较宽的工作电位范围（0~1.6V）。

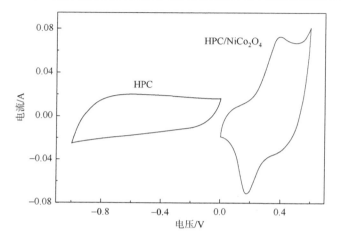

图 15-22　HPC 和 HPC/NiCo$_2$O$_4$ 在不同工作电位窗口下的三电极结构的 CV 曲线

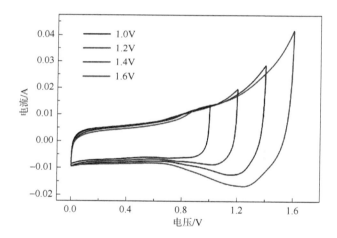

图 15-23　全纳米纤维 ASC 器件在 50mV/s 扫描速率下不同电位窗口中的 CV 曲线

图 15-24 显示了 ASC 在 0~1.6V 电位窗口中的 CV 曲线，在不同的扫描速率（5mV/s、10mV/s、20mV/s、50mV/s、100mV/s 和 200mV/s）下，只观察到轻微的形状失真。所有的 CV 曲线形状几乎相同，并保留了一对氧化还原峰，这与 HPC/NiCo$_2$O$_4$ 在 KOH 电解液中的法拉第反应和 HPC 的双层贡献相对应。

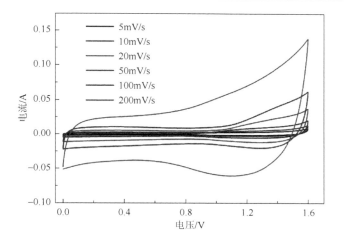

图 15-24　全纳米纤维 ASC 器件在 0～1.6V 宽电位窗口内的不同扫描速率下的 CV 曲线

如图 15-25 所示，在 0～1.6V 中绘制了不同电流密度下 ASC 的恒流充放电曲线。充放电曲线的非线性特征支持快速可逆的氧化/还原峰。

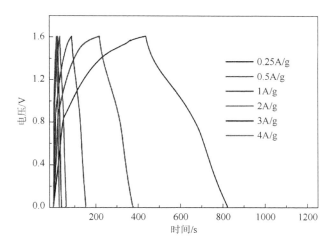

图 15-25　全纳米纤维 ASC 器件在 0～1.6V 宽电位窗口内的不同扫描速率下的恒流充放电曲线

比电容作为外加电流密度的函数如图 15-26 所示。分别基于 ASC 器件的总质量，在电流密度为 0.25A/g、0.5A/g、1A/g、2A/g、3A/g、3A/g 和 4A/g 时，计算出比电容值分别为 64.83F/g（10.84F/cm^3）、53.42F/g、44.39F/g、39.70F/g、34.89F/g 和 32.78F/g（5.48F/cm^3）。

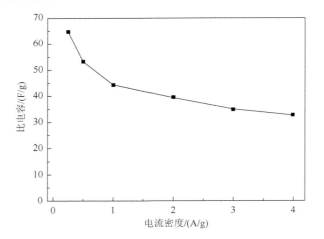

图 15-26　全纳米纤维 ASC 器件在不同电流密度下的比电容

图 15-27 中的 Ragone 图比较了全纳米纤维 ASC 和其他报道的 ASC 设备之间的能量/功率密度。在功率密度为 213W/kg（35.63mW/cm^3）时，ASC 显示的最大能量密度为 23.05W·h/kg（3.85mW·h/cm^3）。在极高的功率密度 3.38kW/kg（0.56W/cm^3）下，保持 11.65W·h/kg（1.9mW·h/cm^3）。

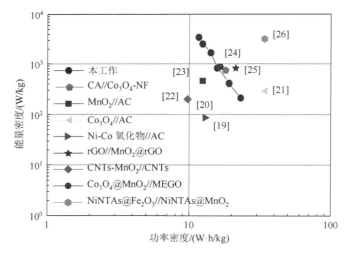

图 15-27　全纳米纤维 ASC 器件的 Ragone 图和其他 ASC 的比较

//表示掺杂

与不同的碳-金属氧化物/氢氧化物（表 15-2）相比，全纳米纤维 ASC 的能量密度和功率密度都是以前报道的所有基于金属氧化物的 ASC 器件中的最高值之一。

表 15-2　全纳米纤维 ASC 和其他已报道的基于金属氧化物的 ASC 的性能比较

电极材料	负载量/mg	能量密度/(W·h/kg)	功率密度/(kW/kg)	循环稳定性	参考文献
ZnO@MnO$_2$	2	15	6.5	2000 圈后为 93.5%	[27]
NiCo$_2$O$_4$/MSBPC	3	8.47	—	2000 圈后为 88%	[28]
CNi(OH)$_2$/UGF//a-MEGO	1.3	13.4	85	2000 圈后为 90%	[29]
GMGA//GA	—	15.8	3.2	2000 圈后为 84.1%	[30]
MnO$_2$/AC//Co(OH)$_2$/Ni 泡沫	—	20.3	0.72	1000 圈后为 72.4%	[31]
Ni-CoS/AC/CoAl 双氢氧化物	—	15.5	0.43	1000 圈后为 90%	[32]
HPC//HPC/NiCo$_2$O$_4$	5.8	23.05	3.38	1000 圈后为 93%	本工作

为了评价全纳米纤维 ASC 器件的循环性能,进行 1000 次连续恒流充放电测试。电容保持率如图 15-28 所示,在 1000 次循环后仍保持初始值的 93%以上。这种优异的循环稳定性可以归功于在充电/放电过程中促进离子扩散的分级多孔结构。

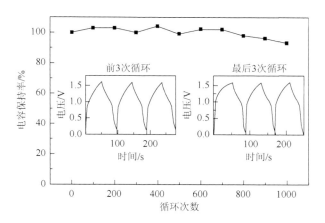

图 15-28　全纳米纤维 ASC 器件在 1000 次循环下的循环稳定性和库仑效率

全纳米纤维 ASC 器件能够为 LED 供电或驱动风扇旋转（图 15-29）,说明其具有潜在的实际应用价值。

图 15-29 由 ASC 电池原型供电的绿色发光二极管和风扇的光学照片

15.4 本章总结

综上所述，本章基于纳米纤维素衍生的 HPC 阳极、介孔纳米纤维隔膜和 HPC/NiCo$_2$O$_4$ 阴极，提出了一种全纳米纤维 ASC 器件。独特的全纤维结构的全纳米纤维 ASC 器件具有两个关键的优点：①高导电的三维互连纤维网络为电子的快速传输提供了连续的通道；②分级孔隙（宏孔、中孔和微孔）不仅有利于电解质的渗透从而加速离子传输，而且为电荷储存提供了丰富的活性中心（微孔）。实验表明，全纳米纤维 ASC 在 0.25A/g 下可提供 64.83F/g（10.84F/cm^3）的高比电容，以及在 4A/g 下可提供 32.78F/g（5.48F/cm^3）的高比电容，这是基于纤维素的 ASC 设备的最高值之一。本章所提出的策略从全纳米纤维电极和隔膜的设计开始，能够平衡电极的孔结构、能量/功率密度、可再生性和生物降解性，代表了一种不限于超级电容器的可再生能源存储设备的合理设计。

参 考 文 献

[1] Luo W，Schardt J，Bommier C，et al. Carbon nanofibers derived from cellulose nanofibers as a long-life anode material for rechargeable sodium-ion batteries[J]. Journal of Materials Chemistry A，2013，1（36）：10662-10666.

[2] Xu D，Chen C，Xie J，et al. A hierarchical N/S-codoped carbon anode fabricated facilely from cellulose/polyaniline microspheres for high-performance sodium-ion batteries[J]. Advanced Energy Materials，2016，6（6）：1501929.

[3] Choi K H，Yoo J T，Lee C K，et al. All-inkjet-printed，solid-state flexible supercapacitors on paper[J]. Energy & Environmental Science，2016，9（9）：2812-2821.

[4] Kim J H，Gu M，Lee D H，et al. Functionalized nanocellulose-integrated heterolayered nanomats toward smart battery separators[J]. Nano Letters，2016，16（9）：5533-5541.

[5] Leijonmarck S，Cornell A，Lindbergh G，et al. Flexible nano-paper-based positive electrodes for Li-ion batteries—preparation process and properties[J]. Nano Energy，2013，2（5）：794-800.

[6] Chen W，Yu H，Lee S Y，et al. Nanocellulose：a promising nanomaterial for advanced electrochemical energy storage[J]. Chemical Society Reviews，2018，47（8）：2837-2872.

[7] Chen W，Yu H，Liu Y，et al. Individualization of cellulose nanofibers from wood using high-intensity ultrasonication combined with chemical pretreatments[J]. Carbohydrate Polymers，2011，83（4）：1804-1811.

[8] Hu B C，Wu Z Y，Chu S Q，et al. SiO$_2$-protected shell mediated templating synthesis of Fe-N-doped carbon

nanofibers and their enhanced oxygen reduction reaction performance[J]. Energy & Environmental Science, 2018, 11 (8): 2208-2215.

[9]　Yan C, Zhu Y, Li Y, et al. Local built-in electric field enabled in carbon-doped Co_3O_4 nanocrystals for superior lithium-ion storage[J]. Advanced Functional Materials, 2018, 28 (7): 1705951.

[10]　Lei Y, Li J, Wang Y, et al. Rapid microwave-assisted green synthesis of 3D hierarchical flower-shaped $NiCo_2O_4$ microsphere for high-performance supercapacitor[J]. ACS Applied Materials & Interfaces, 2014, 6(3): 1773-1780.

[11]　Li G, Li W, Xu K, et al. Sponge-like $NiCo_2O_4/MnO_2$ ultrathin nanoflakes for supercapacitor with high-rate performance and ultra-long cycle life[J]. Journal of Materials Chemistry A, 2014, 2 (21): 7738-7741.

[12]　Huang L, Chen D, Ding Y, et al. Nickel-cobalt hydroxide nanosheets coated on $NiCo_2O_4$ nanowires grown on carbon fiber paper for high-performance pseudocapacitors[J]. Nano Letters, 2013, 13 (7): 3135-3139.

[13]　Yang P, Ding Y, Lin Z, et al. Low-cost high-performance solid-state asymmetric supercapacitors based on MnO_2 nanowires and Fe_2O_3 nanotubes[J]. Nano Letters, 2014, 14 (2): 731-736.

[14]　Xiao J, Yang S. Sequential crystallization of sea urchin-like bimetallic (Ni, Co) carbonate hydroxide and its morphology conserved conversion to porous $NiCo_2O_4$ spinel for pseudocapacitors[J]. Rsc Advances, 2011, 1 (4): 588-595.

[15]　Deng F, Yu L, Sun M, et al. Controllable growth of hierarchical $NiCo_2O_4$ nanowires and nanosheets on carbon fiber paper and their morphology-dependent pseudocapacitive performances[J]. Electrochimica Acta, 2014, 133: 382-390.

[16]　Gao G, Wu H B, Ding S, et al. Hierarchical $NiCo_2O_4$ nanosheets grown on Ni nanofoam as high-performance electrodes for supercapacitors[J]. Small, 2015, 11 (7): 804-808.

[17]　Wang H, Gao Q, Jiang L. Facile approach to prepare nickel cobaltite nanowire materials for supercapacitors[J]. Small, 2011, 7 (17): 2454-2459.

[18]　Chen Z, Augustyn V, Wen J, et al. High-performance supercapacitors based on intertwined CNT/V_2O_5 nanowire nanocomposites[J]. Advanced Materials, 2011, 23 (6): 791-795.

[19]　Tang C, Tang Z, Gong H. Hierarchically porous Ni-Co oxide for high reversibility asymmetric full-cell supercapacitors[J]. Journal of The Electrochemical Society, 2012, 159 (5): A651-A656.

[20]　Guo C X, Chitre A A, Lu X. DNA-assisted assembly of carbon nanotubes and MnO_2 nanospheres as electrodes for high-performance asymmetric supercapacitors[J]. Physical Chemistry Chemical Physics, 2014, 16 (10): 4672-4678.

[21]　Salunkhe R R, Tang J, Kamachi Y, et al. Asymmetric supercapacitors using 3D nanoporous carbon and cobalt oxide electrodes synthesized from a single metal-organic framework[J]. ACS Nano, 2015, 9 (6): 6288-6296.

[22]　Wang Y T, Lu A H, Zhang H L, et al. Synthesis of nanostructured mesoporous manganese oxides with three-dimensional frameworks and their application in supercapacitors[J]. The Journal of Physical Chemistry C, 2011, 115 (13): 5413-5421.

[23]　Huang M, Zhang Y, Li F, et al. Facile synthesis of hierarchical $Co_3O_4@MnO_2$ core-shell arrays on Ni foam for asymmetric supercapacitors[J]. Journal of Power Sources, 2014, 252: 98-106.

[24]　Liu W, Li X, Zhu M, et al. High-performance all-solid state asymmetric supercapacitor based on Co_3O_4 nanowires and carbon aerogel[J]. Journal of Power Sources, 2015, 282: 179-186.

[25]　Wu S, Chen W, Yan L. Fabrication of a 3D MnO_2/graphene hydrogel for high-performance asymmetric supercapacitors[J]. Journal of Materials Chemistry A, 2014, 2 (8): 2765-2772.

[26]　Li Y, Xu J, Feng T, et al. Fe_2O_3 nanoneedles on ultrafine nickel nanotube arrays as efficient anode for

high-performance asymmetric supercapacitors[J]. Advanced Functional Materials，2017，27（14）：1606728.

[27] Radhamani A V，Shareef K M，Rao M S R. ZnO@ MnO$_2$ core-shell nanofiber cathodes for high performance asymmetric supercapacitors[J]. ACS Applied Materials & Interfaces，2016，8（44）：30531-30542.

[28] Xiong W，Gao Y，Wu X，et al. Composite of macroporous carbon with honeycomb-like structure from mollusc shell and NiCo$_2$O$_4$ nanowires for high-performance supercapacitor[J]. ACS Applied Materials & Interfaces，2014，6（21）：19416-19423.

[29] Ji J，Zhang L L，Ji H，et al. Nanoporous Ni(OH)$_2$ thin film on 3D ultrathin-graphite foam for asymmetric supercapacitor[J]. ACS Nano，2013，7（7）：6237-6243.

[30] Liu Y，He D，Wu H，et al. Hydrothermal self-assembly of manganese dioxide/manganese carbonate/reduced graphene oxide aerogel for asymmetric supercapacitors[J]. Electrochimica Acta，2015，164：154-162.

[31] Yang S，Cheng K，Ye K，et al. A novel asymmetric supercapacitor with buds-like Co(OH)$_2$ used as cathode materials and activated carbon as anode materials[J]. Journal of Electroanalytical Chemistry，2015，741：93-99.

[32] Wang Y G，Cheng L，Xia Y Y. Electrochemical profile of nano-particle CoAl double hydroxide/active carbon supercapacitor using KOH electrolyte solution[J]. Journal of Power Sources，2006，153（1）：191-196.

索　引